中央高校基本科研业务资助项目"网络安全治理前沿研究"最终成果。

网络安全治理
教程

孙宝云　漆大鹏　主编

北京

国家行政管理出版社

图书在版编目 (CIP) 数据

网络安全治理教程 / 孙宝云，漆大鹏主编 . —北京：
国家行政管理出版社，2020.1

ISBN 978-7-5150-2452-3

Ⅰ.①网… Ⅱ.①孙… ②漆… Ⅲ.①计算机网络—
网络安全—教材 Ⅳ.① TP393.08

中国版本图书馆 CIP 数据核字（2020）第 006690 号

书　　名	网络安全治理教程	
	WANGLUO ANQUAN ZHILI JIAOCHENG	
主　　编	孙宝云　漆大鹏	
责任编辑	张翠侠	
出版发行	国家行政管理出版社	
	（北京市海淀区长春桥路 6 号　100089）	
电　　话	（010）68920640　68929037	
编 辑 部	（010）68922648	
经　　销	新华书店	
印　　刷	北京虎彩文化传播有限公司	
版　　次	2020 年 1 月北京第 1 版	
印　　次	2020 年 1 月北京第 1 次印刷	
开　　本	185 毫米 ×260 毫米　1/16	
印　　张	16.25	
字　　数	278 千字	
书　　号	ISBN 978-7-5150-2452-3	
定　　价	45.00 元	

本书如有印装质量问题，可随时调换。联系电话：（010）68929022

前言
Foreword

当今世界，网络信息技术日新月异，互联网已经融入社会生活的方方面面，深刻改变了人们的生产和生活方式。同时，网络安全问题也日益突出，全球范围内的网络犯罪形势严峻，个人信息泄露问题也十分严重，关键信息基础设施保护迫在眉睫。习近平总书记指出，没有网络安全就没有国家安全，没有信息化就没有现代化。网络安全和信息化是事关国家安全和国家发展、事关广大人民群众工作生活的重大战略问题，要从国际国内大势出发，总体布局，统筹各方，创新发展，努力把我国建设成为网络强国。

党的十九大把坚持总体国家安全观确立为新时代坚持和发展中国特色社会主义的十四条基本方略之一，明确提出统筹发展和安全，增强忧患意识，做到居安思危，是我们党治国理政的一个重大原则。必须坚持国家利益至上，以人民安全为宗旨，以政治安全为根本，统筹外部安全和内部安全、国土安全和国民安全、传统安全和非传统安全、自身安全和共同安全，完善国家安全制度体系，加强国家安全能力建设，坚决维护国家主权、安全、发展利益。网络安全属于非传统安全，是坚持总体国家安全观的重要内容。因此，坚持总体国家安全观、实施网络强国战略和大数据战略，是本书撰写的指导思想。

本书聚焦网络安全治理，属于跨学科研究，覆盖网络空间安全、管理学、政治学、计算机、保密管理等多学科的专业知识。全书共分为十章，第一章是绪论，介绍了相关概念及基本理论，界定了网络安全治理的内涵，系统研究了网络安全治理的方针与原则。第二章是历史沿革，聚焦互联网的起源与发展，全面梳理网络安全威胁及面临的挑战，系统回顾了我国网络安全治理的发展历程。第三章是网络安全治理的指导思想，包括坚持总体国家安全观、网络强国战略思想和国家大数据战略，分别介绍了基本概念与背景、发展、体系、要求等。第四章是网络安全治理的顶层设计，介绍了基本概念，分析了加强顶层设计的意义，系统研究了国家网络安全战略的内容、网络安全法律法规等。第五章是网络安全治理体制，界定了基本概念，梳理了我国网络安全治理的历史，分析了网络安全治理的领导机构、管理机构及地方层面的网络安全治理体制。第六章是网络安全治理机制，既包括宏观层面的统筹协调、多元参与、宣传教育、国际合作机制，也包括微观层面的监测预警、应急处置、监督检查机制。第七章是个人信息保护，在概述基础上，介绍了个人信息保护的现状、内容，并在分析国外经验的基础上总结了对国内的启示。第八章聚焦关键信息基础设施保护，梳理了基本概念，分析了关键信息基础设施保护现状、主要做法及国外的经验。第九章是网络安全人才队伍建设，分析了我国网络安全人才队伍的建设现状，总结了国外网络安全人才培养的主要经验。第十章是网络安全技术，介绍了网络安全技术的特点与发展情况、网络安全技术的主要内容、网络安全技术与应用等。

本书是网络安全治理方面的初级读本，适用范围广，既可用于高等学校本科专业的相关课程教学，也可用于领导干部的相关培训课程。本书的研究框架完整、内容丰富、可读性强，可以作为网络安全治理工作的参考书。

《网络安全治理教程》编写组

2019年9月

目录
Contents

第一章 绪 论

第一节 信息安全、网络安全与网络空间安全

一、信息安全

信息安全的发展源于军事领域的需求，"二战"期间，密码技术已广泛用于军方的远程通信保密。电影《模仿游戏》就讲述了艾伦·图灵协助盟军破译德国密码系统"英格玛"的故事，不仅扭转了战局，图灵也因此成为"计算机科学之父"。信息安全的概念正式进入公众视野是在 1949 年，香农发表了重要论文《保密系统的信息理论》。在早期，信息安全的核心问题是政府和军队的通信安全，主要通过密码技术解决远程通信的保密问题。到 20 世纪 70 年代，随着美国先后公布《数据加密标准》和《可信计算机系统评估标准》，信息安全进入计算机安全阶段，其科学化、规范化程度获得进一步提高。20 世纪 90 年代，随着互联网走进千家万户，网络安全防护需求不断向各个领域扩展，人们的关注重点开始由计算机转向信息本身，信息系统安全开始成为信息安全的核心内容。到 20 世纪 90 年代末，针对信息系统的攻击日趋频繁，美国军方首次提出了信息保障的概念："保护和防御信息及信息系统，确保其可用性、完整性、保密性、可鉴别性、不可否认性等特性。这包括在信息系统中融入保护、检测、反应功能，并提供信息系统的恢复功能。"[①]在这个概念中，强调了系统的入侵检测能力、反应能力、修复能力，直到今天依然是信息安全概念的核心内容。

目前，学术界对信息安全的界定不尽相同，有学者认为，信息安全是要保障信息化健康发展，防止信息化发展过程中出现的各种消极和不利因素，这些消极和不利因素不

---

① 沈昌祥.信息安全导论［M］.北京：电子工业出版社，2009：10.

仅仅表现为信息被非授权窃取、修改、删除以及信息系统被非授权中断，还更深刻地表现为对国家安全、公众利益和个人权益的影响。这种影响可能来源于计算机、网络、系统的技术原因，也可能源于信息内容本身。[①] 也有学者认为，信息安全就是以不同形式存在和流动于计算机、磁带、磁盘、光盘和网络上的各种信息不受威胁和侵害。[②] 本书认为，信息安全就是采取各种措施保障系统中存储、传输、交换的信息的真实性、保密性、完整性、可用性和不可抵赖性。

二、互联网的发展与网络安全问题的出现

根据美国国家安全委员会的《国家信息保障词汇表》的定义：网络是信息系统通过互联网组件集合的实现。这些互联网组件包括：路由器、集线器、布线、电信控制器、密钥分发中心和技术控制设备。对网络安全的定义则等同于信息保障，即通过确保可用性、完整性、可验证性、机密性和不可抵赖性来保护信息和信息系统，包括利用综合保护、监测和反应能力来使信息得以恢复，以保障网络安全。从这个定义不难看出，信息安全与网络安全具有交叉性和融合性。无论互联网如何发展，信息安全都是网络安全的核心内容。

网络安全问题发轫于互联网的快速发展，因此，这里需要简要回顾互联网的发展历史：互联网源自阿帕网，1969 年 10 月 29 日 22 时 30 分，互联网之父之一的伦纳德·克兰罗克与助手在洛杉矶成功发送出两个字母 LO 到 500 多公里外的斯坦福研究所，这是人类互联网发展的开端。最初的阿帕网只在 4 个大学设立了节点，一年以后扩大为 15 个，此后，平均每 20 天就有一台大型计算机登录网络。1973 年，阿帕网跨越大西洋与英国、挪威实现连接，开启了世界范围的互联。1983 年 1 月 1 日，TCP/IP 协议成为人类至今共同遵循的网络传输控制协议，这意味着网络割据的时代结束了，通过 IP 地址可以连接全球互联网中任何一台计算机，让不同网络上的不同计算机一起工作。就在这一年，由于保密需要及其他原因，美国军方网络从阿帕网分离出来独立建网，阿帕网转为民用，原本的研究资金支持也由国防部变成了美国国家科学基金会，科学家们决定将阿帕网正式更名为互联网。但直到 1991 年伯纳斯·李发明 http 超文本传输协议和

---

① 沈昌祥.信息安全导论［M］.北京：电子工业出版社，2009：8.
② 刘跃进.信息安全、网络安全、国家安全之间的概念关系与构成关系［M］.保密科学技术，2014（5）.

html 超文本标记语言之前，互联网并不属于普通人，只有专业人士才能任意冲浪。伯纳斯·李贡献的超文本浏览器及相关协议，就是今天我们输入网址时出现的 http，他命名的 word wide web，也就是今天妇孺皆知的万维网（WWW），此后网页开始出现，所有人的登录开始了。^①伯纳斯·李没有申请专利，把万维网无偿奉献给了全人类，万维网以前所未有的方式极大地推广了互联网，让互联网得以快速普及，伯纳斯·李的发明成为互联网发展史上的里程碑，他也因此赢得全世界的尊重，2012 年伦敦奥运会还因此特别向他致敬。

从第一封电子邮件在 1971 年被发送，到 2013 年有 40 万亿封电子邮件被发送；从第一个"网站"在 1991 年出现，到 2013 年有超过 30 万亿个人网页。从屈指可数的联网电脑到 2012 年，思科公司已生产了 87 亿台连接到互联网的设备，并相信到 2020 年，这个数字将上升到 400 亿台，实现汽车、冰箱、医疗设备等的万物互联。^②可以说，互联网正以前所未有的方式深刻改变着我们的生活。但是，互联网带给我们的不仅仅是高效和便捷，还有巨大的网络安全风险，在《网络安全：输不起的互联网战争》一书中，辛格和弗里德曼这样写道：拥有 97% 的财富的 500 强企业已经被黑客攻击（剩余 3% 可能也已被攻击，只是不知道而已），以及一百多个国家政府都在摩拳擦掌准备在网上开战。^③于是，网络安全开始成为问题。

至此，人们对网络安全和网络空间安全的关注开始逐渐加强，信息安全不再是焦点。有学者的研究表明，20 世纪 90 年代以来，信息安全开始向网络安全聚焦，经历了一个逐步发展和逐步强化的过程，表现为随着互联网在全世界的普及与应用，信息安全更多地聚焦于网络数字世界。网络带来的诸多安全问题成为信息安全发展的新趋势和新特点，已很难直接用"信息安全"一词来准确表述网络安全和网络空间安全的新进展，且无法深刻揭示网络安全和网络空间的新特征。因此，在 20 世纪 90 年代广泛使用的"信息安全"一词，在进入 21 世纪的十多年中，已逐步与"网络安全"和"网络空间安全"并用，而网络安全与网络空间安全的使用频度不断增加，这在发达国家的相关文献中尤为突出，而中国对网络安全和网络空间安全的认知相对滞后。^④"9·11"

---

①② 中央电视台大型纪录片《互联网时代》主创团队.互联网时代［M］.北京：北京联合出版公司，2015：10-15.

③ P. W. 辛格，艾伦·弗里德曼，网络安全：输不起的互联网战争［M］.中国信息通信研究院译，北京：中国工信出版集团、电子工业出版社，2015：XII – XIII.

④ 王世伟.论信息安全、网络安全、网络空间安全［J］.中国图书馆学报，2015（3）.

事件发生后，美国颁布了《2002年国土安全法案》，其中有专章讲到网络安全，确定在涉及计算机犯罪量刑时，要考虑下述情况[①]：一是该罪行是否涉及政府用于推动国防、国家安全或司法行政的计算机；二是该违法行为是否存在故意或明显干扰或破坏关键基础设施；三是该违法行为是否打算或对公众健康或安全构成威胁，或对任何人造成伤害。

在国内，一些学者认为中国互联网络信息中心（china internet network information center，简称 CNNIC）的成立，是"网络安全"在学术、技术和政策领域早期发展的典型案例。[②]1997年6月，受国务院原信息化工作领导小组办公室的委托，中国科学院组建中国互联网络信息中心，行使国家互联网络信息中心的职责。该中心包括国家网络基础资源的技术研发和安全中心，机构的任务之一是构建全球领先、服务高效、安全稳定的互联网基础资源服务平台，支撑多层次、多模式、公益的互联网基础资源服务，积极寻求我国网络基础资源核心能力和自主工具的突破，从根本上确保我国网络基础资源体系的可信、安全和稳定。目前，CNNIC 是中央网络安全和信息化委员会办公室（国家互联网信息办公室）的直属事业单位，行使国家互联网络信息中心职责，其官网信息显示，中国互联网络信息中心作为中国信息社会重要的基础设施建设者、运行者和管理者，"负责国家网络基础资源的运行管理和服务，承担国家网络基础资源的技术研发并保障安全，开展互联网发展研究并提供咨询，促进全球互联网开放合作和技术交流，不断追求成为'专业·责任·服务'的世界一流互联网络信息中心"。[③]

三、网络空间、网络安全与网络空间安全

随着技术的进步，人类的活动疆域从陆地、海洋逐渐向天空、太空扩展，而网络空间是与上述四个传统疆域并列的第五域。"在相当长的一段时间内，网络空间被错误地理解为超越现实空间的领域，不受国家控制，更不受国际规则限制。但近年来，各国

---

① Public Law 107–296［H. R. 5005］. Homeland Security Act of 2002，Nov. 25，2002. p. 23. https：//www. law. cornell. edu/uscode/text/6/145.

② 王世伟，曹磊，罗天雨. 再论信息安全、网络安全、网络空间安全［J］. 中国图书馆学报，2016（9）.

③ 中国互联网信息中心简介［N/OL］. 中国互联网信息中心，http：//www. cnnic. net. cn/gywm/CNNICjs/jj.

纷纷出台相关网络战略,出于各自国情与国内外战略的考虑,无一例外地加大了对信息流动的管理力度"。[1]学术文献中较早使用"网络空间安全"一词的是兰德公司研究人员理查德·亨得莱和罗伯特·安德森,1995 年年底在《人类所面临的"网络空间安全"的全新挑战》一文中,他们认为,随着个人、组织和国家越来越多地在网络空间活动,这些活动的安全性成为社会新兴的挑战,网络空间安全模糊了"犯罪"和"战争"、警察责任和军队责任的区别。此后,"网络空间安全"一词开始较多地出现在政策文献之中。

美国是第一个发布网络空间安全战略的国家,早在 2003 年 2 月,小布什政府就发布了《确保网络空间安全国家战略》,直言不讳地指出:"在过去几年中,网络空间威胁急剧增加。美国的政策就是要防止关键基础设施信息系统的运行受到削弱破坏,进而保护美国人民、经济和国家安全。我们必须采取行动,减少系统漏洞,确保支持国家关键基础设施的网络系统安全,有效降低断网的频度、时长,实现网络空间的可管理并将损害降到最低。"[2]虽然第一版网络空间安全战略只提出了三个战略目标:阻止针对美国关键基础设施的网络攻击;减少易遭受网络攻击的漏洞;如果发生网络攻击要最大限度地减少损坏并尽快恢复正常。但是整个战略却紧紧围绕"网络空间安全"问题展开,其中分析"国家网络空间安全优先战略"部分有 30 页,占总篇幅的近一半。这对其他国家后来发布的同类战略产生了深远影响。

从各国后来陆续发布的网络空间安全战略文本看,不仅大量使用了"网络空间"一词,而且对"网络空间"及相关概念进行了界定:如法国把网络空间定义为"由自动化数据处理设备在全世界范围内相互连接而构成的交流空间";[3]英国的网络安全战略则认为"网络空间概念涵盖了所有形式联网的数字活动,包括通过数字网络实施的内容传递及其行为";[4]而德国的网络安全战略认为"网络空间是在世界范围内、被数字联系在一起的信息技术系统虚拟空间,网络空间的基础是互联网,是在全球范围普遍存在、可

---

[1] 李艳. 网络空间治理机制探索——分析框架与参与路径 [M]. 北京:时事出版社,2018:40–41.

[2] The National Strategy to Secure Cyberspace(2003),February,2003. https://www. us-cert. gov/ sites/default/files/publications/cyberspace_strategy. pdf.

[3] Information systems defense and security France's strategy,15 February 2011(in English). p. 21.

[4] Cyber Security Strategy of the United Kingdom safety,security and resilience in cyber space. Presented to Parliament by the Prime Minister,by Command of Her Majesty,June 2009.

公开访问的连接和传输网络，并且可以通过任何附加数据网络进行深度扩展。在独立虚拟空间中的信息技术系统不属于网络空间的一部分"。[①]虽然这些国家的定义并不相同，但是却凸显了对虚拟世界引发的安全问题的共同担忧，显然，相对于传统安全领域——陆域、海域、空域、太空——网络空间作为第五域已经成为非传统安全问题的发源地。

2008 年 1 月 9 日，小布什政府《美国国家安全总统指南 54 号和国土安全总统指南 23 号》（NSPD-54/HSPD-23）正式下发，确立了美国政府的网络安全政策。该指南为绝密级，总统特别助理和国土安全委员会秘书长戴维·V. 特鲁里奥（David V. Trulio）在备忘录中特别强调，由于涉及敏感政策和国家安全，分发需要遵循最小化原则。从目前已解密的这个指南中可以看到，到 2008 年，美国政府不仅清晰界定了网络空间及相关概念，而且明确了网络攻击和网络情报搜集的内涵，与其他概念不同的是，这两个名词的定义被确定为机密级（S）[②]，详见图 1-1。

《美国国家安全总统指南 54 号和国土安全总统指南 23 号》明确界定了以下核心概念。

（1）网络空间，指信息技术关键基础设施相互依存的网络，包括互联网、电信网，计算机系统以及关键工业领域的嵌入式处理器和控制器。

（2）网络安全，指防止受到损害，保护和恢复计算机、电子通信系统、电子通信服务、有线通信和电子通信以及所包含的信息，确保其可用、完整、认证、保密和不可抵赖。

Definitions

(7)　　In this directive:

　　(a)　"computer network attack" or "attack" means actions taken through the use of computer networks to disrupt, deny, degrade, manipulate, or destroy computers, computer networks, or information residing in computers and computer networks; (S)

　　(b)　"computer network exploitation" or "exploit" means actions that enable operations and intelligence collection capabilities conducted through the use of computer networks to gather data from target or adversary automated information systems or networks; (S)

图1-1　NSPD-54/HSPD-23关于"计算机网络攻击"和计算机网络应用开发的定义[③]

---

① Cyber Security Strategy for Germany. February 2011. p. 9.

② The White House. National security presidential directive /NSPD-54、Homeland security presidential directive /HSPD-23，January 8，2008. http：//www. lloydthomas. org/5-SpecialStudies/nspd-54Jan08. pdf.

③ 图 1-1 中，a 的中文翻译见上文（6），b 的中文翻译是上文（7），S 代表机密级解密。

（3）网络事件，指任何未经授权尝试或成功访问、泄露、操纵或损害数据、应用程序或信息系统的完整性、保密性、安全性或可用性的行为。

（4）网络威胁调查，指根据适用法律和总统指南，在美国境内采取的行动，以确定一个或多个网络威胁团体或个人的身份、地点、意图、动机、能力、联盟、资金或方法。

（5）入侵，指未经授权访问联邦政府或关键基础设施网络、信息系统及应用程序。

（6）计算机网络攻击，指通过使用计算机网络进行的扰乱、拒绝、降低、操纵、破坏计算机、计算机网络或计算机以及计算机网络中的信息的行动。

（7）计算机网络应用或开发，指通过计算机网络开展业务和情报收集行动，从目标、对手的自动信息系统或网络收集数据。

在国内，也有学者对网络空间、网络空间安全的概念进行了界定。2015年12月，在第二届世界互联网大会"网络安全论坛"上，方滨兴提出，网络空间是一个虚拟的空间，包含三个基本要素：一是载体，即通信信息系统；二是主体，即网民、用户；三是构造一个集合，用规则管理起来。他认为，网络空间是人运用信息通信系统进行交互的空间，其中信息技术通信系统包括各类互联网、电信网、广电网、物联网、在线社交网络、计算系统、通信系统、控制系统、电子或数字信息处理设施，等等。人间交互指信息通信技术活动。网络空间安全涉及在网络空间中的电子设备、电子信息系统、运行数据、系统应用中存在的安全问题，分别对应这四个层面：设备、系统、数据、应用。网络空间安全包括两个部分：一是防治、保护、处置包括互联网、电信网、广电网、物联网、工控网、在线社交网络、计算系统、通信系统、控制系统在内的各种通信系统及其承载的数据不受损害；二是防止对这些信息通信技术系统的滥用所引发的政治安全、经济安全、文化安全、国防安全。换句话说，一个是保护系统本身，一个是防止利用信息系统带来别的安全问题。[①]所以针对这些风险，要采取法律、管理、技术、自律等综合手段来应对，而不是像过去所说的保护信息安全主要是靠技术手段。

2016年年底，我国《国家网络安全战略》发布，开篇即强调"网络空间安全（以下称网络安全）事关人类共同利益，事关世界和平与发展，事关各国国家安全"。可以看出，战略中将网络空间安全简称为网络安全，意味着网络空间安全与网络安全是相同

---

① 方滨兴互联网大会谈网络空间安全：包括四个层面［N/OL］. 腾讯科技, http: //www. techweb. com. cn/column/2015－12－16/2242511. shtml.

概念。本书沿用《国家网络安全战略》的表述,将网络安全与网络空间安全作为相同概念使用,其内涵与外延完全相同,同时为减少歧义,全书各章节核心名词均使用网络安全一词。

关于网络及网络安全的定义,本书采用法律明晰的概念。根据《中华人民共和国网络安全法》(以下简称《网络安全法》)附则,网络"是指由计算机或者其他信息终端及相关设备组成的按照一定的规则和程序对信息进行收集、存储、传输、交换、处理的系统"。网络安全"是指通过采取必要措施,防范对网络的攻击、侵入、干扰、破坏和非法使用以及意外事故,使网络处于稳定可靠运行的状态,以及保障网络数据的完整性、保密性、可用性的能力"。

第二节 治理理论的相关概念及发展

一、治理理论的相关概念

网络安全治理是国家治理体系的重要组成部分,事关国家整体治理能力的提升,因此,治理理论是网络安全治理研究的理论基础。在这里,需要简单梳理治理理论的相关概念。

1. 治理

治理是 20 世纪末才开始出现的新名词。成立于 1992 年的联合国全球治理委员会曾在 1995 年这样定义治理:是各种公共的或私人的个人和机构管理其共同事务的诸多方式的总和,是使相互冲突的或不同的利益得以调和并且采取联合行动的持续的过程。[①] 治理不同于一直以来的"统治"。俞可平认为,从统治走向治理,是人类政治发展的普遍趋势。从政治学理论看,统治与治理主要有五个方面的区别:[②] 第一,权威主体不同。统治的主体是单一的,即政府及其他国家公共权力;治理的主体则是多元的,除了政府外,还包括企业组织、社会组织和居民自治组织等。第二,权威性质不同,统治是强制性的,

---

[①] 全球治理委员会.我们的全球伙伴关系[M]//潘小娟,张辰龙.当代西方政治学新词典.长春:吉林人民出版社,2001:223.

[②] 俞可平.走向善治:国家治理现代化的中国方案[M].北京:中国文史出版社,2016:2-3.

治理虽然有强制的内涵，但更多是协商的。第三，权威的来源不同。统治的来源就是强制性的国家法律；治理的来源除了法律之外，还包括各种非国家强制的契约。第四，权力运行的向度不同。统治的权力运行是自上而下的，运用政府的政治权威，通过发号施令对社会公共事务实行单一向度的管理；治理的权力可以说是自上而下的，但更多是平行的。它主要通过合作、协商、伙伴关系、确立认同和共同目标等方式实施对公共事务的管理。① 第五，作用所及的范围不同。统治所及的范围以政府权力所及领域为边界，而治理所及范围则以公共领域为边界，后者比前者要宽广得多。

也有学者给出了中国语境下的治理含义。如王浦劬认为，中国共产党人对于"治理"概念的运用，坚持和贯彻了党的领导、人民当家做主和依法治国有机结合的根本要求，汲取了中国传统政治文化治国理政的有益精神，扬弃地吸收了西方"治理"概念关于管理方式的有益要素。从中国共产党人在政治意义上对于"治理"概念的运用来看，"其基本含义是指在中国共产党领导下，基于人民当家做主的本质规定性，遵循人民的意志要求，在社会主义市场经济发展和社会变化的新的历史条件下，按照科学、民主、依法、有效性来优化领导方式和执政方式，优化执政体制机制和国家管理体制机制，优化执政能力，实现国家与社会的协同和谐，达成政治的长治久安"。②

2. 国家治理

围绕国家治理，学者们提出了很多观点。如在《政治秩序的起源：从前人类时代到法国大革命》一书中，福山认为：国家、法治和负责制政府是考察现代国家治理的三个维度。也就是说，现代国家治理实际上取决于三个要素，即"政府能力"、"法治"和"民主问责"三种要素的均衡发展。在此基础上，燕继荣认为，从中国的实际情况来看，政府能力是长项，而法治和民主问责是短板，中国国家治理现代化的任务就是要补上短板，并提出"中国国家制度改革应该遵循'有效性'和'有限性'双向发展的进程。以现实为基础，以问题为导向，扬长避短，应该是中国国家制度改革的原则"。③

在党的十八届三中全会公报中，全面深化改革的总目标的完整表述是"完善和发

---

① 俞可平.权利政治与公益政治［M］.北京：社会科学文献出版社，2003：134.
② 王浦劬.科学把握"国家治理"的含义［N］.光明日报，2013-12-29（07）.
③ 燕继荣.国家治理的基础建设［J］.北京电子科技学院学报，2015（1）.

展中国特色社会主义制度，推进国家治理体系和治理能力现代化"，因此，王浦劬认为应该从整体上全面地理解"国家治理"的含义，包括三个方面[①]：一是推进国家治理体系和治理能力现代化的前提是完善和发展中国特色社会主义制度，这是对于全面深化改革与推进国家治理体系和治理能力现代化的性质及方向的定位。也就是说，全面深化改革，推进国家治理体系和治理能力现代化，必须在坚持中国特色社会主义制度的前提下进行，在完善和发展中国特色社会主义制度的方向上进行。二是推进国家治理体系和治理能力现代化，目的和归宿是完善和发展中国特色社会主义制度。全面深化改革，从根本上说是为了更好地坚持和发展中国特色社会主义，为了全面建成小康社会，实现全体人民的福祉。三是推进国家治理体系和治理能力现代化既是全面深化改革达成的目标内容，又是完善和发展中国特色社会主义制度的实际内容。

3. 国家治理体系

关于国家治理体系，学者分析的视角有所不同，代表性的观点包括以下几种。

许耀桐、刘祺认为，国家治理体系是由政治权力系统、社会组织系统、市场经济系统、宪法法律系统、思想文化系统等构成的有机整体，这一有机整体包括治理理念、治理制度、治理组织和治理方式四个层次。他们提出在当下中国，推进国家治理体系现代化必须坚持四个原则，即科学治理、民主治理、制度治理、中国特色等原则，并提出五条路径即树牢目标理念、加强顶层设计、突出制度建设、推进各项改革及夯实社会基础。[②]

俞可平则认为，国家治理体系就是规范社会权力运行和危害公共秩序的一系列制度和程序。它包括规范行政行为、市场行为和社会行为的一系列制度和程序，政治治理、市场治理和社会治理是现代国家治理体系中三个最重要的次级体系。有效的国家治理涉及三个基本问题：谁治理、如何治理、治理得怎样。这三个问题实际上也就是国家治理体系的三大要素，即治理主体、治理机制和治理效果。现代国家治理体系是一个有机、协调、动态和整体的制度运行系统。衡量一个国家治理体系的现代化，至少有以下五个标准[③]（见图1-2）：一是公共权力运行的制度化和规范化，它要求政府治理、企业治理

---

① 王浦劬. 科学把握"国家治理"的含义 [N]. 光明日报，2013-12-29（07）.
② 许耀桐，刘祺. 当代中国国家治理体系分析 [J]. 理论探索，2014（1）.
③ 俞可平. 走向善治：国家治理现代化的中国方案 [M]. 北京：中国文史出版社，2016：104-106.

和社会治理有完善的制度安排和规范的公共秩序。二是民主化，即公共治理和制度安排都必须保障主权在民或人民当家做主，所有公共政策要从根本上体现人民的意志和人民的主体地位。民主是现代国家治理体系的本质特征，是区别于传统国家治理体系的根本所在。三是法治，即宪法和法律成为公共治理的最高权威，在法律面前人人平等，不允许任何组织和个人有超越法律的权力。四是效率，即国家治理体系应当有利于维护社会稳定和社会秩序，有利于提高行政效率和经济效益。五是协调，现代国家治理体系是一个有机的制度系统，从中央到地方各个层级，从政府治理到社会治理，各种制度安排作为一个统一的整体相互协调，密不可分。

图1-2　俞可平关于国家治理体系现代化的标准

何增科提出，国家治理体系是一个以目标体系为追求、以制度体系为支撑、以价值体系为基础的结构性功能系统。其中，国家治理体系的目标体系由三大目标组成：可持续的发展、民生与民权的改善和可持续的稳定。国家实现这三大目标的绩效，构成国家治理绩效的主要内容。国家治理能力主要表现为实现这三大目标的能力。国家治理的制度体系，主要由11类机构或个人行动者等治理主体以及塑造他们行为的规则与程序等11根制度支柱组成[1]（见图1-3），它们共同支撑着国家治理目标体系，共同完成国家治理的目标任务，因此应当均衡发展。国家治理的核心价值体系则构成国家治理体系的基础，核心价值体系在各类机构和个人行动者以及规范其行为的规则与程序体系中内化和普及化的程度，直接影响着这些行动者的行为选择和行为方式，影响着规则与程序的执行力度。现代善治的基本价值构成国家治理的核心价值体系，它们是：合法性、透明、参与、法治、回应、责任、效益、廉洁、公正、和谐。

---

① 何增科.理解国家治理及其现代化［J］.马克思主义理论与现实，2014（1）.

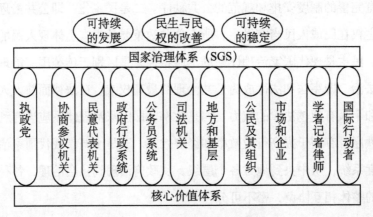

图1-3　国家治理体系框架图[①]

党的十九届四中全会审议通过的《中共中央关于坚持和完善中国特色社会主义制度、推进国家治理体系和治理能力现代化若干重大问题的决定》，对我国国家制度和国家治理体系进行了权威分析，强调我国国家制度和国家治理体系具有多方面的显著优势，主要是：坚持党的集中统一领导，坚持党的科学理论，保持政治稳定，确保国家始终沿着社会主义方向前进的显著优势；坚持人民当家做主，发展人民民主，密切联系群众，紧紧依靠人民推动国家发展的显著优势；坚持全面依法治国，建设社会主义法治国家，切实保障社会公平正义和人民权利的显著优势；坚持全国一盘棋，调动各方面积极性，集中力量办大事的显著优势；坚持各民族一律平等，铸牢中华民族共同体意识，实现共同团结奋斗、共同繁荣发展的显著优势；坚持公有制为主体、多种所有制经济共同发展和按劳分配为主体、多种分配方式并存，把社会主义制度和市场经济有机结合起来，不断解放和发展社会生产力的显著优势；坚持共同的理想信念、价值理念、道德观念，弘扬中华优秀传统文化、革命文化、社会主义先进文化，促进全体人民在思想上精神上紧紧团结在一起的显著优势；坚持以人民为中心的发展思想，不断保障和改善民生、增进人民福祉，走共同富裕道路的显著优势；坚持改革创新、与时俱进，善于自我完善、自我发展，使社会始终充满生机活力的显著优势；坚持德才兼备、选贤任能，聚天下英才而用之，培养造就更多更优秀人才的显著优势；坚持党指挥枪，确保人民军队绝对忠诚于党和人民，有力保障国家主权、安全、发展利益的显著优势；坚持"一国两制"，保持香港、澳门长期繁荣稳定，促进祖国和平统一的显著优势；坚持独立自主和

---

① 何增科.理解国家治理及其现代化［J］.马克思主义理论与现实，2014（1）.

对外开放相统一，积极参与全球治理，为构建人类命运共同体不断作出贡献的显著优势。这些显著优势，是我们坚定中国特色社会主义道路自信、理论自信、制度自信、文化自信的基本依据。

4. 善治

在《什么是善治？》中，联合国亚太经济社会委员会提出了善治的八项标准：共同参与、厉行法治、决策透明、及时回应、达成共识、平等和包容、实效和效率、问责。王利明认为，善治的"治"包含双重含义：一是指一种治理的方式和模式。作为一种治理模式，善治本身是良法之治，其实质就是要全面推进依法治国的战略方针，把法治真正作为治国理政的基本方式，真正实现国家治理的现代化。二是指一种秩序、一种状态、一种结果。所谓"天下大治"指的就是善治，其最终目的是实现人民生活幸福、社会和谐有序以及国家长治久安。建设一个政治开明、经济发达、人民幸福、国泰民安的法治国家，就是我们要追求的善治。[①]俞可平认为，国家治理的理想状态就是善治。简单地说，善治就是公共利益最大化的治理过程，其本质特征就是国家与社会处于最佳状态，是政府与公民对社会政治事务的协同治理。[②]要实现善治的理想目标，就必须建立与社会经济发展、政治发展和文化发展相适应的现代治理体制，实现国家治理体系的现代化。

5. 政府治理

政府治理是政府联合多方力量对社会公共事务的合作管理和社会对政府与公共权力的约束的规则和行为的有机统一体，其目的是维护社会秩序，增进公共利益，保障公民的自由和权利。何增科认为，政府治理有两个面向[③]：一方面是政府内部管理的效率和政府对社会治理的有效性，它属于有效治理的范畴，以行政效率高、治理能力强大的政府为基础；另一方面是政府治理行为的正当性，它属于民本治理（古代）或民主治理（现代）的范畴，以社会对政府约束的有效性为基础。

王浦劬则认为，在中国政治话语和语境中，政府治理概念是一个与我国国情相适应的概念，其基本含义基于国家治理的基本含义而生。在中国共产党人治国理政的话

① 王利明. 法治：良法与善治［J］. 中国人民大学学报，2015（2）.
② 俞可平. 走向善治：国家治理现代化的中国方案［M］. 北京：中国文史出版社，2016：105.
③ 何增科. 政府治理现代化与政府治理改革［J］. 行政科学论坛，2014（4）.

语和理论意义上，"政府治理"是指在中国共产党领导下，国家行政体制和治权体系遵循人民民主专政的国体规定性，基于党和人民根本利益一致性，维护社会秩序和安全，供给多种制度规则和基本公共服务，实现和发展公共利益。按照这一基本含义，我国的政府治理通常包含三方面的内容[①]：一是政府通过对自身的内部管理，优化政府组织结构，改进政府运行方式和流程，强化政府的治理能力，从而使政府全面正确履行职能，提高政府行政管理的科学性、民主性和有效性。二是政府作为市场经济中的"有形之手"，通过转变政府职能、健全宏观调控对市场经济健康运行，更好地发挥政府的作用，进行经济和市场治理活动。三是政府作为社会管理主体，在党委领导、政府负责、社会协同、公众参与和法治保障的基本格局下，对社会公共事务进行的管理活动。

二、国内有关治理理论的研究发展

国内最早对治理理论进行系统研究的是时任中央编译局副局长的俞可平，他在2000年出版了《治理与善治》一书，现在已成为学术界经常引用的原始文献。据俞可平回忆，当时对一些重要概念，如 governance 和 good governance 的翻译是经过认真讨论和思考的，没有将其译为"治道""良政"，而是将它们分别译为"治理"与"善治"，并以此作为书名。当然，当时治理还只是一个学术概念，到成为官方术语经过了十余年的时间。按照俞可平的说法，官方文件使用这个概念相当谨慎，开头都在"治理"前面加上"经济"的定语，如把 governance 翻译为"经济治理"，把 global governance 翻译成"全球经济治理"，直到党的十八大以后，这些限定词才被去掉。到党的十八届三中全会、四中全会时，像全球治理、国家治理、社会治理、政府治理、善治等概念正式进入官方文件。在此期间，学者们的长期倡导与推动起到了积极作用。例如，2011年俞可平受命完成中央领导部门的课题"中国社会管理评价指标体系"，以一个政治学学者的敏锐，他正式提交了一份请示报告，建议将"社会管理"改为"社会治理"。上级领导同意了他的建议。2012年6月，课题组发布该项目的最终成果时，正式名称就叫做"中国社会治理评价指标体系"。党的十八届三中全会提出了"国家治理体系和治理能力的命题"，采纳了"国家治理"的概念，并把"社会管理"变成了"社会治理"。党的十八

---

① 王浦劬.国家治理、政府治理和社会治理的含义及其相互关系［J］.国家行政学院学报，2014（3）.

届四中全会提出了"良法是善治之前提"，正式采纳了"善治"的概念。"所有这些都表明，治理问题在中国已经不再是纯粹的学术研究，而是重要的现实问题了；不仅为学者所关注，也为决策者所关注。"[①]

党的十八大以来，"治理"一词在中央政策文件中出现的频次呈现上升趋势，例如，在党的十八大报告中，"治理"出现了 12 次，主要涉及国家治理、全球治理、综合治理、社区治理、治理结构等方面；在党的十八届三中全会《中共中央关于全面深化改革若干重大问题的决定》中，"治理"一词出现 24 次，涉及国家治理、政府治理、社会治理、治理体系、治理能力、治理结构、综合治理等多个方面；在党的十九大报告中，治理一词出现 44 次，其中述及治理体系 14 次、治理能力 6 次。

党的十九大报告强调要"不断推进国家治理体系和治理能力现代化"，并提出到2035 年"基本实现国家治理体系和治理能力现代化"，到本世纪中叶"实现国家治理体系和治理能力现代化"的两阶段目标。党的十九届四中全会从党和国家事业发展的全局和长远出发，着眼于充分发挥中国特色社会主义制度优越性，对坚持和完善中国特色社会主义制度、推进国家治理体系和治理能力现代化作出了全面部署，提出了明确要求。党的十九届四中全会再次明确了坚持和完善中国特色社会主义制度、推进国家治理体系和治理能力现代化的总体目标：到建党一百年时，在各方面制度更加成熟更加定型上取得明显成效；到二○三五年，各方面制度更加完善，基本实现国家治理体系和治理能力现代化；到新中国成立一百年时，全面实现国家治理体系和治理能力现代化，使中国特色社会主义制度更加巩固、优越性充分展现。党的十九届四中全会抓住了国家治理的关键和根本，准确把握国家制度和国家治理体系的演进方向和规律，突出坚持和完善党的领导制度，对于更好发挥我国国家制度和国家治理体系的显著优势，确保党始终成为中国特色社会主义事业的坚强领导核心，具有重大意义和深远影响。

三、网络空间治理的内涵

网络空间治理研究具有明显的跨学科特征，涉及政治学、管理学、社会学、安全学、情报学等多个学科。当不同学科研究同一个问题时，必然出现的情境之一就是核心名词的混乱，因此，当前学术界对"网络空间治理"一词有很多种不同的表述，如网络

[①]　俞可平 . 走向善治：国家治理现代化的中国方案 [M]. 北京：中国文史出版社，2016：185–186.

治理、网络综合治理、互联网治理、线上治理、虚拟社会治理，等等。这些名词虽然称谓不尽相同，但是内涵却基本相同或十分相近。为研究便利，本书统一使用"网络空间治理"一词替代上述各种名词，在本书的研究范围内，上述词语表达的是相同的含义。

那么，什么是网络空间治理呢？明确这个概念需要从互联网治理的概念说起，因为最早出现的名词是互联网治理。

2003 年 12 月，信息社会世界峰会达成《原则声明》和《行动计划》，要求联合国秘书长安南建立互联网治理工作组，专门负责界定什么是"互联网治理"，确定相关的改革政策议题，并且发展"一种关于政府、现有的国际组织和其他国际平台以及发展中国家和发达国家的私营部门和公民社会各自的角色和职责的共同认识。"[1] 2005 年 7 月，互联网治理工作组发表工作报告，明确了互联网治理的概念，提出"互联网治理是各国政府、私营部门和民间社会根据各自制定和实施旨在规范互联网发展和使用的共同原则、准则、规则、决策程序和法案。"[2] 此后，互联网治理项目细化了互联网治理的概念，将互联网治理定义为"所有者、运营商、开发者和用户共同参与一个由互联网协议所连接起来的网络相关的决策，包括建立政策、规则和技术标准的争端解决机制、资源分配和全球互联网中人类行为标准。"[3] 在学术界，对互联网治理的界定有很大差异，如有学者认为，"互联网治理可以被界定为权力决策机构通过展现其才能制定政策来约束或达成目的性成果的行为。"[4] 亦有学者提出，"互联网治理指的是由互联网协议连接而成的所有者、运营商、开发商和用户做出的集体决策，用以制定政策、规则、技术标准争端的解决程序、资源分配以及人参与全球网络互连活动的行为准则。"[5]

随着互联网的快速发展，越来越多的学者聚焦网络空间治理的研究，很多学者都给出了网络空间治理的定义。例如，有学者认为，网络空间治理的定义不应偏于技术方面，而应全面涵盖公共政策治理的人和组织的行为；提出网络空间治理至少应包含三个功能：技术标准化（网络协议，软件应用程序和数据格式）、资源分配（协调域名地址、运营职责与资源分配，如 DNS 根服务器管理）、公共政策（政策制定、政策执行

① 王艳 . 互联网全球治理［M］. 北京：中央编译出版社，2017：6.
② 李艳 . 网络空间治理机制探索——分析框架与参与路径［M］. 北京：时事出版社，2018：46.
③ 鲁传颖 . 网络空间治理与多利益攸关方理论［M］. 北京：时事出版社，2016：54–55.
④ Robert J. Domanski. 谁治理互联网［M］. 北京：中国工信出版集团，2018：8.
⑤ 王艳 . 互联网全球治理［M］. 北京：中央编译出版社，2017：30.

和纠纷解决）。[1] 也有学者认为，网络空间治理是"国际社会各利益相关方（政府、私营部门、民间团体乃至用户个人）着眼于全球互联网发展所具有的技术与社会双重影响，为促进网络空间有序、良性发展所进行的国际协调与合作实践活动。"[2] 还有学者提出，"网络空间治理是以网络空间稳定安全和有序发展为目的，由政府、企业、个人等多元主体根据自己的角色和作用，相互协调，基于共同认可的原则、准则、规则、决策程序和方案，管理网络空间事务的过程。简言之，网络空间治理就是多元主体创建并实施机制的过程。"[3]

综合上述研究，结合前面对网络空间概念及治理概念的界定，本书将网络空间治理（cyberspace governance）定义如下：为了构建和平、安全、开放、合作的网络空间，由网络空间利益相关方共同参与制定政策、规章、规则、标准、程序等，以实现分配资源、建立约束、解决争端或达成目的性成果的行为。

与前面学者的研究不同，本书对网络空间治理的定义立足于网络空间而不是国际互联网层面界定概念，更适用于国内的网络空间治理研究。上述定义包含以下四个要点：一是强调网络空间治理主体的多元性，网络空间的利益相关方既包括政府，也包括企业，还包括社会组织和个人；二是揭示网络空间治理途径的多样化，既包括制定政策、规章，也包括设计规则、标准、程序等；三是突出网络空间治理的主要内容，包括分配资源、建立约束、解决争端等在内；四是明确网络空间治理的目的，即为了促进网络空间的健康发展，建立良性网络空间秩序。

第三节　网络安全治理的内涵、方针与原则

一、网络安全治理的内涵

网络安全治理在很多著作和论文中被当成不言自明的名词，迄今尚无人对网络安全治理的含义进行梳理界定。《网络安全法》开篇第一条即明确了立法是"为了保障网络安

① John Mathiason：Internet Governance：The new frontier of global institutions，Routledge Global Institutions，2009.
② 李艳.网络空间治理机制探索——分析框架与参与路径［M］.北京：时事出版社，2018：47.
③ 闫晓丽.网络治理的概念及构成要素［J］.网络空间安全，2018（5）.

全，维护网络空间主权和国家安全、社会公共利益，保护公民、法人和其他组织的合法权益，促进经济社会信息化健康发展"；第二条规定"在中华人民共和国境内建设、运营、维护和使用网络，以及网络安全的监督管理，适用本法"；第八条规定"国家网信部门负责统筹协调网络安全工作和相关监督管理工作"；第十五条明确"国家支持企业、研究机构、高等学校、网络相关行业组织参与网络安全国家标准、行业标准的制定"。

上述立法条款事实上已经明确了网络安全治理的内涵与外延。本书结合前文对网络安全、治理、互联网治理及网络空间治理要点的梳理，将网络安全治理（cybersecurity governance）的概念定义为：网络安全治理是网络空间治理的重要组成部分，是为了保障网络安全，维护网络空间主权和国家安全、社会公共利益，保护公民、法人和其他组织的合法权益，在党的领导下，在国家网信部门的统筹协调下，在企业、研究机构、高等学校、行业组织的参与下，依法对我国境内建设、运营、维护和使用网络，以及网络安全的监督管理。

本书对网络安全治理的定义包含以下四个要点。

1.网络安全治理是网络空间治理的重要组成部分

按照本书界定的网络空间治理的内涵，网络空间治理的范围覆盖技术和政策，包含互联网的应用和发展。而网络安全治理要解决的是互联网应用和发展中出现的安全问题，既包括保护网络信息安全也包括维护网络运行安全，《网络安全法》是网络安全治理的基础指南和根本遵循，因为《网络安全法》是网络安全领域的基础性法律，保障网络安全是其首要目的。

2.网络安全治理主体

按照性质，网络安全治理主体可以分为三个层次：顶层是中国共产党的领导，具体表现在网络安全治理的最高领导机构是中央网络安全和信息化委员会，主任由习近平总书记担任。中层是各级政府部门，包括国家互联网信息办公室、国务院电信主管部门、公安部门和其他有关机关、县级以上地方人民政府有关部门在内。底层是企业、研究机构、高等学校、互联网的相关行业组织等。按照职能，网络安全治理主体分工明确：国家网信部门负责统筹协调网络安全工作和相关监督管理工作；国务院电信主管部门、公安部门和其他有关机关依照《网络安全法》和有关法律、行政法规的规定，在各自职责范围内负责网络安全保护和监督管理工作；县级以上地方人民政府有关部门的网络安全保护和监督管理职责，按照国家有关规定确定。

3. 网络安全治理的对象与应用范围

根据《网络安全法》的规定，网络安全治理的对象是建设、运营、维护和使用网络，以及网络安全问题，既包括网络内容安全也包括网络运行安全。从应用范围看，网络安全治理的地域范围主要指我国境内，但由于网络活动的特殊性，网络安全治理的应用范围也包括预防和处理来自国外或境外的网络攻击以及其他涉网违法行为。

4. 网络安全治理的目的

网络安全治理的首要目的是保障网络安全，防范对网络的攻击、侵入、干扰、破坏、非法使用等，"提高网络安全保护能力和水平，保障网络处于稳定可靠的运行状态，保障网络存储、传输、处理信息的完整性、保密性、可用性"。[①]其次，网络安全治理的目的是维护网络空间主权和国家安全、社会公共利益。特别需要说明的是，网络空间主权是国家主权在网络空间的体现和延伸，是我国维护国家安全和利益、参与网络国际治理与合作所坚持的重要原则。最后，网络安全治理的目的是保护公民、法人和其他组织的合法权益，促进经济社会信息化健康发展。

二、网络安全治理的方针

《网络安全法》第三条规定，国家坚持网络安全与信息化发展并重，遵循积极利用、科学发展、依法管理、确保安全的方针，推进网络基础设施建设和互联互通，鼓励网络技术创新和应用，支持培养网络安全人才，建立健全网络安全保障体系，提高网络安全保护能力。这一条款明确了互联网治理的基本方针。

1. 积极利用

积极利用，就是要主动适应互联网发展的要求，积极应对网络发展带来的挑战，充分利用网络技术，开发利用信息自由，促进信息交流和知识共享，发挥网络推动经济社会发展各方面的作用。[②]2016 年 4 月，在网络安全与信息化工作座谈会的讲话中，

---

① 杨合庆.中华人民共和国网络安全法解读［M］.北京：中国法制出版社，2017：2.
② 杨合庆.中华人民共和国网络安全法解读［M］.北京：中国法制出版社，2017：8.

习近平总书记指出，对互联网来说，我国虽然是后来者，接入国际互联网只有 20 多年，但我们正确处理安全和发展、开放和自主、管理和服务的关系，推动互联网发展取得令人瞩目的成就。现在，互联网越来越成为人们学习、工作、生活的新空间，越来越成为获取公共服务的新平台。统计报告显示，到 2018 年底，互联网覆盖范围进一步扩大，贫困地区网络基础设施"最后一公里"逐步打通，"数字鸿沟"加快弥合；移动流量资费大幅下降，跨省"漫游"成为历史，居民入网门槛进一步降低，信息交流效率得到提升。① 到 2019 年 6 月底，我国网民规模已达 8.54 亿，普及率达 61.2%。手机网民规模达到 8.147 亿，网民通过手机接入互联网的比例高达 99.1%。②

2. 科学发展

科学发展，就是把握互联网发展特点，尊重网络发展规律，科学决策，合理布局，加强顶层设计和规划，促进网络技术和产业规范健康可持续发展。当前，从国内环境看，我国已经进入新型工业化、信息化、城镇化、农业现代化同步发展的关键时期，信息革命为我国加速完成工业化任务、跨越"中等收入陷阱"、构筑国际竞争新优势提供了历史性机遇，也警示我们面临不进则退、慢进亦退、错失良机的巨大风险。③ 党的十八届五中全会提出、十二届全国人大四次会议审议通过的《中华人民共和国国民经济和社会发展第十三个五年规划纲要》（以下简称"十三五"规划）对实施网络强国战略、"互联网+"行动计划、大数据战略等做了部署，要切实贯彻落实好，着力推动互联网和实体经济深度融合发展，以信息流带动技术流、资金流、人才流、物资流，促进资源配置优化，促进全要素生产率提升，为推动创新发展、转变经济发展方式、调整经济结构发挥积极作用。以在线政务服务为例，政府积极出台政策推动政务线上化发展，打通信息壁垒，构建全流程一体化在线服务平台，建设人民满意的服务型政府。截至 2019 年 6 月，我国在线政务服务规模达到 5.09 亿，占总体网民的 59.6%，有 297 个地级行政区政府开通了"两微一端"等新媒体传播渠道，

---

① 第 43 次《中国互联网络发展状况统计报告》[EB/OL]. 中国互联网信息中心，http://www.cnnic.net.cn/hlwfzyj/hlwxzbg/hlwtjbg/201902/P020190318523029756345.pdf.

② 第 44 次《中国互联网络发展状况统计报告》[EB/OL]. 中国互联网信息中心，http://www.cnnic.net.cn/hlwfzyj/hlwxzbg/hlwtjbg/201908/P020190830356787490958.pdf.

③ 国务院关于印发"十三五"国家信息化规划的通知[EB/OL]. 中国政府网，http://www.gov.cn/zhengce/content/2016-12/27/content_5153411.htm.

总体覆盖率达到 88.9%，其中，包括政府网站 15 143 个，经过新浪平台认证的政务机构微博 13.9 万个，各级政府开通的政务头条号 81 168 个，微信城市服务累计用户达到 6.2 亿。[①]

3. 依法管理

依法管理，就是要加强互联网领域法制建设，推进科学立法、严格执法、公正司法、全民守法，保障网络安全和信息化发展始终在法治的轨道上进行。[②] 在《国家网络安全战略》中，把"依法治理网络空间"列为四大原则之一，明确"全面推进网络空间法治化，坚持依法治网、依法办网、依法上网，让互联网在法治轨道上健康运行。依法构建良好网络秩序，保护网络空间信息依法有序自由流动，保护个人隐私，保护知识产权。任何组织和个人在网络空间享有自由、行使权利的同时，须遵守法律，尊重他人权利，对自己在网络上的言行负责"。党的十八大以来，我国的网络安全立法取得巨大成就，《网络安全法》《中华人民共和国国家安全法》《中华人民共和国反恐怖主义法》等一批法律颁布实施。国务院相关部门出台了一系列法规政策，构建了网络安全制度，这些规章指向明确、实用性强、内容全面细致，在完善我国网络安全治理工作中发挥了积极作用，成效十分显著。[③] 以《网络安全法》为例，该法自2017年6月正式实施，共七章七十九条，除总则和附则外，分章对网络安全支持与促进、网络运行安全、网络信息安全、监测预警与应急处置及法律责任作出了明确规定，是我国网络安全治理的根本法，标志着我国网络安全已实现依法治理，具有里程碑意义，影响深远。

4. 确保安全

确保安全，就是要针对网络安全领域的突出问题，提高防范网络安全风险、抵御网络安全威胁的能力和水平，切实保障网络安全，维护网络空间主权和国家安全、社会公共利益。[④] "十三五"发展规划也明确提出要"强化信息安全保障"，完善国家

---

① 第 44 次《中国互联网络发展状况统计报告》[EB/OL]．中国互联网信息中心，http://www.cnnic.net.cn/hlwfzyj/hlwxzbg/hlwtjbg/201908/P020190830356787490958.pdf.

② 杨合庆．中华人民共和国网络安全法解读［M］．北京：中国法制出版社，2017：8.

③ 孙宝云．构建新时代网络安全治理新格局［J］．保密科学技术，2018（10）.

④ 杨合庆．中华人民共和国网络安全法解读［M］．北京：中国法制出版社，2017：8.

网络安全保障体系，强化重要信息系统和数据资源保护，提高网络治理能力，保障国家信息安全。党的十八大以来，我国"加强互联网内容建设，建立网络综合治理体系，营造清朗的网络空间"[①]，取得显著成绩。建立网络综合治理体系是一项宏大的系统工程，涉及多个主体、渗透政治、经济、文化、社会等方方面面，既包括党委领导、政府管理、企业履责、社会监督、网民自律等多主体参与，也需要依靠经济、法律、技术等多种手段；既需要充分运用硬权力，如开展"净网 2019"行动，依法严厉打击侵犯公民个人信息、黑客攻击破坏等突出网络违法犯罪，依法严厉打击涉"暗网"等新型犯罪活动，及时预警处置网络相约犯罪，配合侦查打击黑恶、电信网络诈骗、涉枪涉爆等犯罪，切实保障人民群众生命财产安全；[②]也需要充分运用软权力，例如，举办"国家网络安全宣传周"，截至 2019 年 9 月，"国家网络安全宣传周"已举办六届，2016 年以来，宣传周的主题一直是"网络安全为人民，网络安全靠人民"。

三、网络安全治理的原则

根据习近平总书记关于网络安全和信息化的系列讲话，结合《网络安全法》的核心内容，以及《国家网络安全战略》和其他相关法律、法规、政策的规定，我们认为，网络安全治理的基本原则主要包括以下五个方面。

1. 网络安全与信息化发展并重原则

2014 年 2 月，在中央网络安全和信息化领导小组第一次会议上，习近平总书记就指出，网络安全和信息化是一体之两翼、驱动之双轮，必须统一谋划、统一部署、统一推进、统一实施。做好网络安全和信息化工作，要处理好安全和发展的关系，做到协调一致、齐头并进，以安全保发展、以发展促安全，努力建久安之势、成长治之业。2016 年 4 月，在网络安全和信息化工作座谈会上的讲话中，习近平总书记再次强调，网络安全和信息化是相辅相成的。安全是发展的前提，发展是安全的保障，安全和发展要同步

---

① 习近平. 决胜全面建成小康社会夺取新时代中国特色社会主义伟大胜利［N］. 人民日报，2017-10-28（01）.

② 王传宗，袁猛. 公安部召开"净网 2018"专项行动总结暨"净网 2019"专项行动部署会［N］. 人民公安报，2019-01-23（01）.

推进。《国家网络安全战略》也把统筹网络安全与发展作为基本原则，强调要正确处理发展和安全的关系，坚持以安全保发展，以发展促安全。安全是发展的前提，任何以牺牲安全为代价的发展都难以持续。发展是安全的基础，不发展是最大的不安全。没有信息化发展，网络安全也没有保障，已有的安全甚至会丧失。

2. 统一领导下的协同合作原则

《网络安全法》第八条规定："国家网信部门负责统筹协调网络安全工作和相关监督管理工作。国务院电信主管部门、公安部门和其他有关机关依照本法和有关法律、行政法规的规定，在各自职责范围内负责网络安全保护和监督管理工作。"从这一条款可以看出，我国网络安全治理由国家网信部门统一领导，由国务院电信部门、公安部门和其他有关机关协同合作完成，体现了统一领导下的协同配合原则。这是由网络安全问题的复杂性决定的，随着互联网的快速发展，网络空间安全问题的深度和广度不断拓展，传统的管理和执法分工已无法应对新形势下的新问题，统一领导下的协同合作是应对网络安全严峻挑战的必然选择。

3. "谁主管谁负责、谁运行谁负责"原则

"谁主管谁负责"原则是行政管理的通用原则，也是确保网络安全治理责任末端落实的基本原则之一。旨在督促各级各主管部门恪尽职守、履职尽责，要求各级领导、各个部门勇于担当，形成各负其责、相互配合、齐抓共管的良好工作局面。网络安全治理中的"谁运行谁负责"原则，体现了网络空间需要合理分配网络信息安全风险的特点，要求互联网的建设、使用单位对由本系统造成的损害，或者严重影响社会公共安全、秩序的事件承担责任。《网络安全法》第三章对网络运行安全专门进行了立法规定，明确了关键信息基础设施主管部门的职责、关键信息基础设施运营者的安全保护义务、关键信息基础设施采购的安全保密义务等，是"谁主管谁负责、谁负责谁运行"原则的具体体现。

4. 积极防御原则

网络安全治理的积极防御原则，是指网络空间各主体采取各种技术防范措施，完善各项管理制度，规范网络安全教育，以法的强制性防范网络产品和服务在研发和应用过

程中的各种安全风险。[①] 网络安全风险具有爆发性、多元化、普遍化等特点，这些特点随着"互联网+"的快速发展日益向政治、经济、文化等各个领域扩散，使得网络威胁呈现出高度组织化、危害全局的趋势，[②] 因此，积极防御，感知网络安全态势是最基本、最基础的工作，因为"维护网络安全，首先要知道风险在哪里，是什么样的风险，什么时候发生风险"。[③] 在全国网络安全与信息化工作座谈会的讲话中，习近平总书记就如何落实积极防御原则提出了具体要求，明确要全面加强网络安全检查，摸清家底，认清风险，找出漏洞，通报结果，督促整改。要建立统一高效的网络安全风险报告机制、情报共享机制、研判处置机制，准确把握网络安全风险发生的规律、动向、趋势。要建立政府和企业网络安全信息共享机制，把企业掌握的大量网络安全信息用起来，龙头企业要带头参加这个机制。

5. 重点保护原则

网络安全涉及的范围十分广泛，需要明确重点保护的关键环节，采取特别措施加强保护。《网络安全法》第三十一条规定，"国家对公共通信和信息服务、能源、交通、水利、金融、公共服务、电子政务等重要行业和领域，以及其他一旦遭到破坏、丧失功能或者数据泄露，可能严重危害国家安全、国计民生、公共利益的关键信息基础设施，在网络安全等级保护制度的基础上，实行重点保护。"为落实重点保护原则，2017年7月，国家互联网信息办公室发布了《关键信息基础设施安全保护条例（征求意见稿）》；2018年6月，公安部发布了《网络安全等级保护条例（征求意见稿）》。上述征求意见稿明确了网络安全的五个等级，"根据网络在国家安全、经济建设、社会生活中的重要程度，以及其一旦遭到破坏、丧失功能或者数据被篡改、泄露、丢失、损毁后，对国家安全、社会秩序、公共利益以及相关公民、法人和其他组织的合法权益的危害程度等因素，网络分为五个安全保护等级。"[④] 同时，征求意见稿中也明确了我国关键信息基础设施的范围："（1）政府机关和能源、金融、交通、水利、卫生医疗、教育、社保、环境

① 马民虎.网络安全法适用指南［M］.北京：中国民主法制出版社，2018：17.

② 孙宝云，封化民.网络安全风险的特点及应对［N］.学习时报，2018-01-15（06）.

③ 习近平.在网络安全和信息化工作座谈会上的讲话［N］.人民日报，2016-04-26（02）.

④ 公安部关于《网络安全等级保护条例（征求意见稿）》公开征求意见的公告［NO/OL］.公安部网站，http://www.mps.gov.cn/n2254536/n4904355/c6159136/content.html.

保护、公用事业等行业领域的单位；（2）电信网、广播电视网、互联网等信息网络，以及提供云计算、大数据和其他大型公共信息网络服务的单位；（3）国防科工、大型装备、化工、食品药品等行业领域科研生产单位；（4）广播电台、电视台、通讯社等新闻单位；（5）其他重点单位。"[1]

---

[1]　国家互联网信息办公室关于《关键信息基础设施安全保护条例（征求意见稿）》公开征求意见的通知［NO/OL］. 中国网信网，http：//www.cac.gov.cn/2017-07/11/c_1121294220.htm.

第二章 互联网与网络安全治理的发展

第一节 互联网的起源与发展

纵观世界文明发展史，人类社会经历了农业革命、工业革命，正在经历信息革命。作为人类文明进步的重要成果，互联网将世界变成了"地球村"，使国际社会日益形成相互依赖的命运共同体。互联网的概念有狭义和广义之分。狭义的互联网是指基于传输控制协议/互联网协议（TCP/IP）的计算机网络，这时的"互联网"也音译为因特网（internet）。广义的"互联网"是指通过将计算机网络连接在一起（即网络互联）而发展出覆盖全世界的全球性互联网络。① 互联网的诞生不是社会发展的偶然产物，而是人类历史探索和科技发展的必然成果。国务院新闻办公室发表的《中国互联网状况》白皮书指出，互联网是"人类智慧的结晶，20 世纪的重大科技发明，当代先进生产力的重要标志"。作为人类认识世界和改造世界的产物和工具，互联网的发展经历了漫长的历程。与此同时，互联网的迅速发展也给网络空间安全乃至其他传统安全和非传统安全都带来了新的挑战。日益严峻和错综复杂的网络安全形势迫使世界各国高度重视网络安全治理，促进了全球网络安全治理体系的发展。

一、世界互联网的发展

因特网与其他计算机网络有所不同，因特网是由美国所主导的计算机网络。国际互联网的发展历程基本就是美国因特网的发展历程。一般来说，全球互联网的发展大致经过了 5 个阶段：互联网的初创（20 世纪 60 年代—1992 年）、互联网的成长（1993—2000 年）、互联网的普及（2001—2007 年）、移动互联（2008—2016 年）和万

---

① 方滨兴.论网络空间主权［M］.北京：科学出版社，2017：43—44.

物互联（2016年至今）。

1. 互联网的初创（20世纪60年代—1992年）

互联网不是凭空产生的，它在人类思想中孕育了千百年。莱布尼茨齿轮计算器、巴贝奇差分机、电报、图灵机、范内瓦·布什 Memex 机器、信息论都是这一过程中的重要标志，发挥了理论指引和技术奠基作用。在今天的互联网中还有其痕迹。

（1）阿帕网的诞生。1967年10月，美国国防部高级研究计划局（简称"ARPA"）信息处理技术办公室的第二任主任——鲍勃·泰勒，在他前任利克里德提出的"星际计算机网络"构想的基础上，第一份建立网络的计划——《多电脑网络与电脑间通讯》中提出阿帕网的构想。1968年6月，他所在的信息处理技术办公室向 ARPA 正式提交了"资源共享的电脑网络"研究计划。这个网络就是阿帕网。在拉里·罗伯茨完成阿帕网的总体结构和规范后，BBN 公司获得 ARPA 授权、开始筹建网络。1969年10月，阿帕网正式诞生。当时的四个网络节点分别是加利福尼亚州大学洛杉矶分校、加州大学圣巴巴拉分校、斯坦福大学、犹他州大学四所大学，网速为 2.4kbps。在其后的几年内，施乐帕洛阿尔托研究中心研发的"以太网"等类似分组交换网络陆续面世。1974年6月，连入阿帕网的主机数量迅速增至 62 台。次年7月，结束试验阶段的阿帕网移交国防部国防通信局运行。1982年，美国国防部国防通信局和高级研究计划局制定传输控制协议（TCP）和互联网协议（IP），统称为 TCP/IP 协议簇；挪威采用 TCP/IP 协议经 SANNET 接入互联网。1983年1月，阿帕网使用的协议从网络控制协议（NCP）切换为 TCP/IP 协议。这第一次引出了关于互联网络的定义，即因特网是通过 TCP/IP 协议连接起来的互联网（internet）。[①]

（2）美国国家科学基金会网的建立。阿帕网最初是美国政府为军事目标而设立，同时也得到了计算机科研人员的广泛应用。随着越来越多的非军事领域用户的使用，出于军事安全考虑，1983年，国防部高级研究计划局将阿帕网（当时有 113 个节点）分成军用网络（包括 68 个节点）和民用网络（包括 45 个节点）。1981年，为了服务无法访问阿帕网的高校和研究机构，在美国国家科学基金会资助下，特拉华大学、兰德公司等共同建立了计算机科学网。随着不断联系，CSNET 最终连接了全球 180 多家机构。1985年，基于 CSNET 的技术基础、采用阿帕网已有的互联网基础设施和 TCP/IP 协议，

---

① 方滨兴.论网络空间主权［M］.北京：科学出版社，2017：46.

建立了美国国家科学基金会网（NSFNET）。该网络连接了 5 个超级计算中心和国际大气研究中心，并逐渐发展成为美国互联网的骨干网络。因为 NSFNET 的崛起，阿帕网于 1990 年正式退出历史舞台。

在美国发展 NSFNET 的同时，其他国家也在开始建设自己的广域网络。1992 年，泛欧互联网骨干 EBONE 上线。同年，UUCP 网络连接至英国、荷兰、丹麦、瑞典 4 国。1994 年，中国科学技术网 CSTNET 也首次实现和 internet 直接连接。

在互联网初创期，主要互联网应用是电子邮件、公告板、新闻组和信息检索等。其中，电子邮件被认为是互联网"杀手级应用"。它是 20 世纪 70 年代推动互联网发展的重要创新应用之一。1972 年，BBN 工程师雷·汤姆林森成功开发了本地用户电子邮件程序 SNDMSG，并选择"@"作为用户名和地址间的间隔符号，在阿帕网上发送了第一封电子邮件。随着阿帕网的推广和电子邮件相关软件和标准（如 SMTP）的出现，电子邮件的用户开始飞速增长。至 1973 年，阿帕网上 75％的流量都是电子邮件。1978 年和 1979 年，第一个公告板系统和新闻组分别由美国芝加哥地区计算机交流会的两名成员和美国杜克大学与北卡罗来纳大学的学生创建，随后得到广泛应用。1991 年，明尼苏达大学开放的"gohper"系统大大方便了互联网的信息检索。

2. 互联网的发展（1993—2000 年）

在这一阶段，第一个标志是万维网的诞生。20 世纪 80 年代末，互联网的用户从科学研究和技术开发走向了普通大众。90 年代初，万维网的诞生，推动了互联网在全世界范围内的迅速扩散和广泛应用。1990 年，欧洲原核能研究中心的英国工程师蒂姆·伯纳斯－李通过建立一个超文本系统实现了全球性连接。1991 年，万维网很快传播到欧洲其他地方。同年 8 月，他又开发出项目简介以寻求合作。这标志美国万维网向互联网世界的开放。

另一个标志是互联网的商业化。1995 年 5 月，美国国家科学基金会终止了对互联网主干网的资助，取消了对商业领域应用的限制。随即而来的是互联网的飞速发展，互联网开始成为世界经济增长的重要动力，并一直持续至今。此间，与互联网应用相关的重要事件见表 2-1。

表2-1　与互联网应用相关的重要事件

年份	事件	意义
1993	mosaic 网站浏览器推出	第一个网络图形浏览器
1994	网景导航者（netscape navigator）浏览器面世	第一个商业网络浏览器
1994	比萨热线（pizza hot）网站上线	第一个网络购物网站
1994	搜索引擎"infoseek"面世	第一个搜索引擎
1995	微软推出 internet explorer 1.0 浏览器	开启了第一轮浏览器大战
1995	美国安全第一网络银行（security first network bank）营业	世界第一家网络银行
1995	杨致远和大卫·费罗推出了雅虎网站（yahoo!）	第一个主要搜索引擎
1995	拍卖网 auctionweb 成立，并于 1997 年更名为 eBay	著名拍卖网站
1995	杰夫·贝索斯推出了亚马逊网站	"世界上最大的书店"
1996	以色列 mirabilis 公司发布 ICQ 软件	第一个重要即时通信软件
1998	拉里·佩奇和谢尔盖·布林推出谷歌搜索	重要搜索引擎

资料来源：根据《世界互联网发展报告 2017》有关资料整理。

3. 互联网的普及（2001—2007年）

自 20 世纪 90 年代末开始，互联网得到了快速的普及。根据国际电信联盟的统计，2007 年全球互联网用户数达到13.7亿，占当时全世界人口的20.5%（即互联网普及率）[①]。这是互联网发展史上的重要里程碑。

值得注意的是，在这一互联网发展进程中，形成了全球第一波互联网泡沫。数据显示，1999 年至 2001 年，在互联网泡沫高峰时期，全球共有 964 亿美元风险投资进入互联网创业领域，其中 80%（将近 780 亿美元）被投向了美国。[②]1999 年，美国 457 只上市新股绝大多数是高科技初创公司，约 100 家与互联网直接相关。2000 年 3 月，纳斯达克股市崩盘，大批互联网初创公司破产，IT 产业损失 5 万亿美元市值。[③]伴随着这一进程，亚马逊、谷歌、雅虎等一批具有代表性的互联网公司涌现了出来。

在 2004 年首届 web 2.0 大会举办后，越来越多的企业，如微软、雅虎等，都成为 web 2.0 的积极推动者。博客、维基和对等网络标志性的 Web 2.0 产品开始出现。在

---

① ITU. Time series of ICT data for the world 2005–2018［EB/OL］. https：//www. itu. int/en/ITU–D/Statistics/Pages/stat/default. aspx.

② 王丽颖.美国网络泡沫破裂纪事［N］.国际金融报，2014–03–03（22）.

③ 阿伦·拉奥，阿皮埃尔·闫景立．侯爱华，译．硅谷百年史［M］// 中国网络空间研究院．世界互联网发展报告 2017.北京：中国工信出版社和电子工业出版社，2018：121.

Web 2.0 浪潮下，互联网媒体开始具有更强的数字化、多媒体、超文本和强交互等特征。以用户创造内容为核心特征的新媒体时代（也称互联网媒体 2.0 时代）开始到来。马克·扎克伯格等一推出 facebook，立刻风靡一时，到 2006 年 8 月向全世界开放。如今，广泛流行的社交媒体还有 instagram、twitter、whatsApp、linkedin、snapchat 等。中国本土的微博、微信、QQ，韩国本土的 line 和俄罗斯本土的 VK、odnoklassniki 等都发展很快。

4. 移动互联（2008—2016年）

随着 3G 移动网络的兴起和智能手机的普及，全球进入了移动互联时代。通过将移动网络作为接入网络的互联网及服务，移动互联网将移动通信和互联网这两个发展最快、创新最活跃的领域连接在一起。从 2007 年到 2013 年，全球智能手机用户由 33.7 亿增至近 66.6 亿，5 年间的增长率达到了 100%。据国际电信联盟公布，2014 年全球已有 69.96 亿手机用户，正接近 71 亿的世界人口总量。[①] 从产业上看，在这一时期，移动互联网（或称移动通信产业）已经成为全球经济发展的主要贡献力量之一。中国信息通信研究院发布的《移动互联白皮书（2005）》显示，2014 年移动通信行业为全球经济贡献了 3.3 万亿美元。[②] 相较于传统的"桌面式"互联网，移动互联网极大地拓展了人类存在的时空边界。

在这一阶段后期，随着用户规模效应的递减，移动互联网的发展开始平稳。以我国为例，2007—2009 年的移动互联网用户规模增速均在 100% 以上，2010 年的增速降至 30%，2011—2013 年，增速降为 20% 左右。2014 年和 2015 年，只维持 11% 的增长。2016 年，我国移动互联网的用户规模仍然保持 11% 的增长率。[③] 经过 2011 年到 2015 年的高度发展，2016 年，我国移动互联网的发展逐渐进入平稳阶段。

5. 万物互联（2017年至今）

随着移动互联网的兴起，越来越多的实体、个人、设备都连接在了一起，互联网已不再仅仅是虚拟经济，而是主体经济社会不可分割的一部分，每一个经济社会的细胞都

---

① ITU. Time series of ICT data for the world 2005—2018［EB/OL］. https：//www. itu. int/en/ITU-D/Statistics/Pages/stat/default. aspx.

② 中国信息通信研究院. 移动互联网白皮书（2015 年）［R］. 2016.

③ 余清楚. 中国移动互联网发展报告（2017）［M］. 北京：社会科学文献出版社，2017：85.

需要与互联网相连，互联网与万物共生共存，这成为大趋势。未来，"互联网+"生态，将构建在万物互联的基础之上。通过利用信息通信技术（ICT）与各行各业的跨界融合，推动各行业优化、增长、创新、新生。在此过程中，新产品、新业务与新模式会层出不穷，彼此交融，最终呈现出一个万物互联的新生态。

有分析认为，到2020年，将有超过500亿台机器、设备进行互联，超过2 000亿个联网传感器产生海量数据。[①] 物物相联、物人相联、人人相联的万物互联时代正在到来。根据国际电信联盟的数据，截至2019年6月，全球互联网用户总数约为45.1亿，占世界人口总数的58.4%（见表2-2）。[②] 未来，随着互联网普及率的进一步提高，特别是在发展中国家和地区，万物互联时代将成为连接你、我、他的时代。

表2-2　世界互联网用户数（截至2019年6月）

区域	人口总数	占比	互联网用户数	互联网普及率	用户增长率（2000—2019）	用户数占（世界）比
非洲	1 320 038 716	17.1	521 614 944	39.5	11 454	11.6
亚洲	4 241 972 790	55.0	2 275 469 859	53.6	1 891	50.5
欧洲	829 173 007	10.7	727 559 682	87.7	592	16.1
拉美/加勒比海	658 345 826	8.5	453 702 292	68.9	2 411	10.1
中东	258 356 867	3.3	175 502 589	67.9	5 243	3.9
北美	366 496 802	4.7	327 568 628	89.4	203	7.3
大洋洲/澳大利亚	41 839 201	0.5	28 636 278	68.4	276	0.6
世界	7 716 223 209	100	4 510 054 272	58.4	1 149	100

资料来源：笔者根据 https：//www.internetworldstats.com/stats.htm 网站数据整理。

二、我国互联网的发展

20世纪80年代是全球互联网发展的关键时期。自此至实现全功能接入互联网（1994年）之前，我国互联网发展经历了从"暗度陈仓"到书面获许、从信息检索到全

---

① 杨成.以人工智能赋能"万物互联"［N］.人民日报，2019-07-02（05）.

② Internet World Statis. World Internet Users and 2019 Population Stats［EB/OL］.（2019-08-20）https：//www.internetworldstats.com/stats.htm.

功能接入、从科研推动到商业萌芽的引入过程。[①]1993 年，在全球信息化风起云涌的大背景下，我国成立了国家经济信息化联席会议，对信息化建设，特别是国家信息网络基础设施建设作出了部署。1993 年，国家公用经济信息通信网（简称金桥工程）正式启动，拉开了我国信息化的序幕。1994 年，国务院批准中国科学院全面接入互联网。4 月 20 日，中国国家计算机与网络设施工程——中关村地区教育与科研示范网络通过 64 kbps 国际专线实现了与互联网的全功能连接，开启了中国的互联网时代。中国网络空间研究院发布的《中国互联网 20 年发展报告》认为，此后，我国互联网发展经历了波澜壮阔的发展，主要经过了基础初创期、产业形成期、快速发展期，目前正处于融合创新期。

1. 基础初创期（1994—2000 年）

全面接入互联网后约 6 年的时间，是我国互联网发展的基础初创期。在"积极发展、加强管理、趋利避害、为我所用"的原则思路指引下，我国网络基础设施和关键资源部署逐步步入正轨，网民数量经历了迅猛增长。随着接入互联网的用户规模扩大，以门户网站为代表的互联网信息服务等应用拉开了互联网市场发展的序幕。

1997 年，我国将互联网列入国家信息基础设施建设计划，逐步建成了中国教育和科研计算机网、中国公用计算机互联网、中国科技网、中国金桥信息网四大具有国际出口能力的骨干网，并建立了国家顶级域名（.CN）运行管理体系。从此，我国互联网成为全球信息高速公路的重要组成部分。

根据中国互联网络信息中心统计，截至 1997 年 10 月，中国上网计算机数为 29.9 万台，网民数量为 62 万人。到 2000 年 12 月，中国上网计算机数约 892 万台，网民数量达到 2 250 万人。[②]伴随着网民规模的增大，以网易、搜狐、新浪三大门户网站为代表的一批互联网企业相继成立，人民网、新华网等中央新闻网站陆续上线，通过网络新闻、电子邮件、互联网广告等服务打开了一个前所未有的网络空间。1996 年瀛海威公司在北京中关村竖起的"中国人离信息高速公路还有多远？向北一千五百米"的广告牌，在互联网行业留下了深刻印记。1997 年 7 月，中华网在美国纳斯达克上市，随后

---

① 陈建功，李晓东 . 中国互联网发展的历史阶段划分［J］. 互联网天地，2014（3）.
② 中国互联网络发展状况调查统计报告［EB/OL］. 中国互联网信息中心，http：//www. cnnic. net. cn/hlwfzyj/hlwxzbg/index_5. htm.

新浪、网易、搜狐相继上市，开启了互联网企业融资发展的新进程。

2.产业形成期（2000—2005年）

21世纪之初的五年，是我国互联网发展的产业形成期。2000年10月，党的十五届五中全会明确指出，大力推进国民经济和社会信息化是覆盖现代化建设全局的战略举措，以信息化带动工业化，发挥后发优势，实现社会生产力的跨越式发展。2002年11月，党的十六大提出，以信息化带动工业化，以工业化促进信息化，走出一条科技含量高、经济效益好、环境污染少、人力资源优势得到充分发挥的新型工业化路子。随着中央政策的贯彻实施，我国网民规模进一步扩大，用户规模效应初步形成。到2005年12月，我国网民数量由2000年的2 250万增至1.11亿（见图2-1），跃居世界第二，上网计算机数达到4 950万台，固定宽带成为接入互联网的主要方式。

这一时期，我国互联网信息服务业体系初步建立，网民数量实现了翻两番，初步形成互联网服务市场的用户规模效应。

伴随着网民规模的扩大，以百度、阿里巴巴、腾讯为代表的搜索引擎、电子商务、即时通信、社交网络等领域互联网企业迅速崛起。网络接入、电子商务、网络营销、网络游戏等领域的商业模式初步形成，全产业链共同发展的产业格局基本建立。

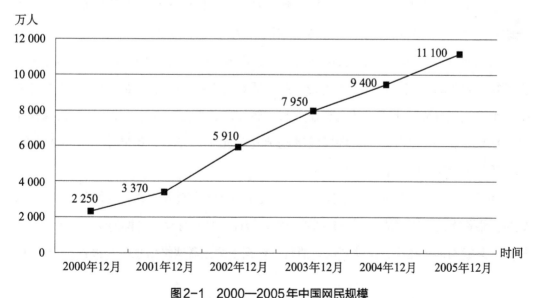

图2-1　2000—2005年中国网民规模

资料来源：中国互联网络信息中心（CNNIC）。

在这一时期，我国第一个互联网行业组织成立。2001 年 5 月，经民政部批准，中国互联网协会成立。2002 年 3 月，由网络运营商、服务提供商、设备制造商、系统集成商以及科研、教育机构等多家单位发起成立的中国互联网协会组织 130 余家单位签署了我国第一部互联网行业自律公约。[①]《中国互联网行业自律公约》的出台，正是为了迎接挑战、促进互联网健康有序发展、加快信息化建设而采取的重要举措，对促进我国互联网行业乃至国家信息网络化的快速、稳步发展具有重要意义。

3. 快速发展期（2006—2013 年）

2006—2013 年，是我国互联网的快速发展期。党的十七大报告提出"大力推进信息化与工业化融合""加强网络文化建设和管理，营造良好网络环境"。《2006—2020 年国家信息化发展战略》《国家经济和社会发展信息化"十一五"规划》《关于大力推进信息化发展和切实保障信息安全的若干意见》等一系列政策，为信息化发展和信息安全保障做了全面部署。党的十八大报告提出"推动信息化和工业化深度融合"，"加强和改进网络内容建设"，"加强网络社会管理"。

这一时期，网民数量保持快速增长，为互联网的快速发展奠定了坚实的用户基础。根据中国互联网络信息中心报告，2008 年 6 月，中国网民规模达到 2.53 亿，超过美国成为全球第一。2008 年末，网民规模达到 2.98 亿，互联网普及率达到 22.6%，超过了全球平均水平（21.9%）。到 2013 年末，网民数量已经突破 6 亿。

与此同时，电子商务成为我国互联网极具代表性的应用。2013 年，我国网络零售交易额达到 1.85 万亿，位列世界首位，网购活跃用户数、网购商品数及配送支付的快捷程度达到国际先进水平。社会交往方面，部分线下活动转移到了线上。即时通信工具、社交网站、微博等应用的网民覆盖率分别达到 86.9%、60.7% 和 55.4%。[②]"无社交，不生活"成为我国网民生活的新常态。

为了满足日益增长的网络服务需求，固定和移动宽带建设多次提速增质。2013 年，宽带网络首次列入国家战略性公共基础设施。智能终端和移动互联网的快速普及，大大推动了互联网的泛在化，拉动了信息消费。根据中国互联网络信息中心报告，2012 年，

---

① 我国首部互联网行业自律公约出台［J］. 中国信息导报，2002（4）.
② 2013 年中国社交类应用用户行为研究报告［R/OL］. 中国互联网信息中心，http：//www.cnnic. net. cn/hlwfzyj/hlwxzbg/201409/P020140901333379491503.pdf.

手机首度超越台式电脑成为第一上网终端。手机网民规模由 2007 年的 5 050 万，增至 2013 年的 5 亿。

4. 融合创新期（2014 年至今）

2014 年以来，融合创新成为现在进行时。自网络强国战略提出以来，互联网的创新成果与经济、政治、社会、文化等各领域的融合更加深入，创新发展的步伐不断加快。根据第 44 次《中国互联网络发展状况统计报告》，截至 2019 年 6 月，我国网民规模达到 8.54 亿，互联网普及率达 61.2%，手机网民规模达到 8.47 亿。

2014 年 2 月，在中央网络安全和信息化领导小组第一次会议上，习近平总书记强调，建设网络强国的战略部署要与"两个一百年"奋斗目标同步推进，向着网络基础设施基本普及、自主创新能力显著增强、信息经济全面发展、网络安全保障有力的目标不断前进。

2015 年，"互联网+"写入政府工作报告，成为国家层面的重大举措。同年 9 月，十八届五中全会审议通过的"十三五"规划建议，明确提出实施网络强国战略，实施"互联网+"行动计划，发展分享经济，实施国家大数据战略。2016 年以来，随着《国家信息化发展战略纲要》《"十三五"国家信息化规划》《国家网络空间安全战略》《网络空间国际合作战略》等政策文件的出台和《网络安全法》的颁布，在习近平新时代中国特色社会主义思想特别是习近平总书记关于网络强国的重要思想指引下，抓住信息化发展的历史机遇，不断加强网上正面宣传，积极维护网络安全，主动参与网络空间国际治理进程，不断推动我国乃至世界互联网健康发展，推动经济社会进步与繁荣。

第二节　网络安全威胁与治理挑战

随着互联网的发展，新的网络安全威胁亦在不断出现，世界各国国家安全和公民在网络空间的合法权益面临严峻风险与挑战。我国《国家网络安全空间战略》指出，信息技术广泛应用和网络空间兴起发展，极大促进了经济社会繁荣进步，同时也带来了新的安全风险和挑战。

一、网络安全威胁概述

对于何为网络安全威胁，目前社会各界没有统一的定义。根据我国工业与信息化部制定的《公共互联网网络安全威胁监测与处置办法》，公共互联网网络安全威胁是指公共互联网上存在或传播的、可能或已经对公众造成危害的网络资源、恶意程序、安全隐患或安全事件。但从风险治理和应急管理角度，网络安全事件已成为治理的重要对象。我国《国家网络安全事件应急预案》对网络安全事件作出了明确界定：由于人为原因、软硬件缺陷或故障、自然灾害等，对网络和信息系统或者其中的数据造成危害，对社会造成负面影响的事件，可分为有害程序事件、网络攻击事件、信息破坏事件、信息内容安全事件、设备设施故障、灾害性事件和其他事件。

对于网络安全威胁的类型，按照不同方法可以有不同形式的划分。根据网络安全威胁的原因，可以分为人为原因、软硬件缺陷或故障、自然灾害等。根据网络攻击行为体的不同，可将网络安全威胁划分为黑客攻击、有组织网络犯罪、网络恐怖主义以及国家支持的网络战争这四种类型。[①] 根据网络攻击所带来的后果，网络安全威胁又包括关键信息基础设施受到破坏，国家秘密信息、敏感信息或个人信息丢失或被窃取、篡改、假冒等。按照网络攻击的行为性质，可以将网络安全威胁分为一般网络攻击、网络犯罪、网络恐怖主义、网络战争等。

这里简单介绍网页仿冒、拒绝服务攻击、木马和僵尸网络等几种典型的攻击手段及其特点（见表2-3）。

表2-3　几种典型的攻击手段及其特点

攻击手段	具体方法	特点
网页仿冒	通过伪造与某一目标网站高度相似的页面诱骗用户的攻击方式。作为常见形式之一，钓鱼网站常以垃圾电子邮件、即时聊天、手机短信或网页广告等方式传播	成本低、收益高
拒绝服务攻击	向某一目标信息系统发送密集的攻击包，或执行特定攻击操作，以期致使目标系统停止提供服务	攻击数量少、破坏性强、获利与犯罪意图明显

---

① 郎平. 网络空间安全：一项新的全球议程 [J]. 国际安全研究，2013（1）

续表

攻击手段	具体方法	特点
木马和僵尸网络	木马是由攻击者安装在受害者计算机上秘密运行、以盗取用户个人信息、远程控制用户计算机为主要目的的恶意程序，勒索软件就是一种流行的木马程序。僵尸网络是指采用各种传播手段，将大量主机感染僵尸程序病毒，从而在控制者和被感染主机之间形成的一个可一对多控制的网络	规模大、破坏性强

二、网络安全威胁的演变

伴随着网络的发展，网络攻击行为的目的、技术、危害等一直在不断变化。总的来说，可分为个人炫技、组织化程度提升、政府介入程度加深三个阶段。[①]

1. 个人炫技

自 20 世纪 80 年代，网络攻击行为出现之初，攻击者发起网络攻击的目的较为单纯，主要是个人炫技为主，以获得在技术研究上的"成就感"。这一特点基本延续到 21 世纪初。1986 年，第一个计算机病毒"C-Brain"诞生，该病毒真正具备了完整的计算机病毒特征。"C-Brain"的设计者设计该病毒的目的不在于主动去攻击某个目标，而主要是用于防止正版软件被任意盗用。此后陆续出现的"CIH"、"梅丽莎"（melissa）、爱虫（i love you）、"红色代码"、"蠕虫王"（worm. netkiller）、"冲击波"（blaster）等计算机病毒，也带有明显的个人炫技的特征。其中"红色代码"与"蠕虫王"的特点如表 2-4 所示。

表 2-4 "红色代码"与"蠕虫王"的比较[②]

	红色代码	蠕虫王
感染对象	只感染 windows 2000 server 英文版（"红色代码 2"能感染中、英文版）	可感染 windows NT 且安装了 SQL server 2000 的服务器
病毒传播	通过漏洞进入内存后建立 100 个线程，然后随机产生新的 IP 地址并对其发起攻击（"红色代码 2"则会建立 300～600 个线程进行传播，且本身还携带一个木马病毒）	进入内存后调用系统功能，产生伪 IP 地址并发起攻击

---

① 中国网络空间研究院.世界互联网发展报告 2017［M］.北京：电子工业出版社，2018：209.

② "2003 蠕虫王" VS "红色代码"［N］.中国电脑教育报，2003-02-17（A51）.

续表

	红色代码	蠕虫王
病毒破坏	会对美国白宫发起拒绝服务攻击，如果是英文的系统，则首页会被恶意修改	向外循环发送同样的数据包时，会造成主干网络拥塞，同时本机 CPU 将被占用99%，从而导致本机拒绝服务
病毒特性	利用漏洞只通过服务器之间的内存进行传播，中间没有文件操作	利用漏洞只通过服务器之间的内存进行传播，中间没有文件操作

2. 组织化程度提升

自 21 世纪初开始，随着互联网的成长和普及，网络技术门槛和网络攻击门槛都在不断降低，这在一定程度上带来了网络攻击行为的泛滥。从行为者角度看，网络攻击已由"个人炫技"转向利用网络攻击行为进行获利，组织化、团伙化作案增多。由于组织化程度的提升，逐渐形成了恶意程序开发、恶意程序传播、网络攻击入侵、网络欺骗实施、数据信息贩卖等分工明确的黑色产业链。同时，其对互联网稳定运行带来的威胁日益严重。

在这一阶段，一个典型的网络攻击事件是"暴风影音"事件。[①] 2009 年 5 月 19 日，我国有 20 余个省份互联网域名解析服务无法正常工作。据了解，在这次断网事件中导致至少 10 万个网站出现无法访问，是继 2006 年 12 月 27 日台湾地震导致海底光缆中断以来最严重的一次网络事故。经调查，犯罪分子长期在互联网上经营网络游戏私人服务器，并通过租用服务器专门协助他人攻击其他游戏私服网站牟利。事发当晚，犯罪分子对其他游戏私服网站的域名解析服务器（由 DNSPod 免费提供）实施攻击，导致服务器瘫痪。因 DNSPod 同时为"暴风影音"软件提供域名解析服务，造成"暴风影音"软件域名解析请求堵塞。由于"暴风影音"终端数量巨大，加上广告弹出、升级请求频繁，引发了安装该软件的终端用户频繁发起巨量解析请求，在 DNSPod 服务器被攻击和瘫痪时，大量的请求流向运营商 DNS 递归服务器，最终导致了本次域名系统重大网络安全事件。

3. 政府介入程度加深

2010 年 6 月，作为世界上首个网络"超级破坏性武器"，"震网"首次被检测出来。

---

① 中国网络空间研究院 . 世界互联网发展报告 2017［M］.北京：电子工业出版社，2018：211.

它是第一个专门定向攻击真实世界中基础（能源）设施的"蠕虫"病毒。[①] 该病毒的爆发引起各国政府对网络安全问题特别是波及现实世界问题的空前关注。正是从这时起，有国家背景的网络攻击行为正式开始进入人们的视线。此后爆发的"棱镜门"事件、乌克兰电网事件、黑客组织工具被盗事件等，是几个典型的重大事件。这里简单介绍下"棱镜门"事件。

2013 年 6 月，前美国中央情报局雇员爱德华·约瑟夫·斯诺登将绝密资料交给英国《卫报》和美国《华盛顿邮报》，美国国家安全局的"棱镜"等一系列秘密项目被披露，导致全球舆论震动，此次事件被称为"棱镜门"事件。[②] 根据当时曝光信息，美国投入巨额资金，分别通过互联网、通信网、企业服务器等多种渠道以及采用网络入侵手段，对包括中国、巴西等发展中国家在内的国家实施信息监听和收集。"棱镜门"丑闻让包括美国民众在内的全世界惊醒，原来美国政府才是网络渗透和信息搜集的最大黑手。

三、网络安全治理的主要挑战

1. 网络安全威胁的手段层出不穷

网页仿冒方面，新型的网页仿冒技术不断更新，网页仿冒者开始利用社交媒体和一些合法的网站发起攻击，引导用户对其仿冒网页产生信任，增加了监测和处置难度。[③] 根据全球反网络钓鱼组织统计，2016 年全球至少有 25.506 5 万次钓鱼攻击，比 2015 年增加了 10% 以上。[④] 《2018 年威胁态势报告》显示，75% 的欧盟成员国遇到了网络仿冒，90% 以上的恶意软件和 72% 的数据泄露源于网页仿冒。[⑤]

拒绝服务攻击方面，欧洲网络与信息安全局发布的《2016 年威胁态势报告》

---

① 本刊采编部."震网"病毒袭击伊朗核设施［J］.信息安全与通信保密，2016（9）.

② 陈一鸣."棱镜门"让世界重新审视网络安全［N］.人民日报，2014-03-31（21）.

③ ENISA. ENISA Threat Landscape Report 2017［EB/OL］. https：//www. enisa. europa. eu/
publications/enisa-threat-landscape-report-2017.

④ APWG. Global Phishing Survey：Domain Name Use and Trends in 2016［EB/OL］. http：//docs.
apwg. org/reports/APWG_Global_Phishing_Report_2015-2016. pdf.

⑤ ENISA. ENISA Threat Landscape Report 2018［EB/OL］. https：//www. enisa. europa. eu/
publications/enisa-threat-landscape-report-2018.

显示，2015 年最常见的拒绝服务攻击（DDoS）攻击类型是浏览器模仿者（占 45％）；而 2016 年最常见的攻击类型是反射型攻击；《2017 年威胁态势报告》显示，从攻击的 TCP/IP 结构看，应用层的攻击已超过网络层攻击，成为数量最多的攻击类型。

木马和僵尸网络方面，网络安全威胁手段也出现一些新的特征。根据《2016 年威胁态势报告》，僵尸网络仍然是攻击的主要工具之一，且攻击的手段已逐渐转向物联网。《2017 年威胁态势报告》显示，网络犯罪者正在利用部署在云端的虚拟机并将其转变为傀儡机（也被称为"肉鸡"）来构建僵尸网络。而根据《2018 年威胁态势报告》，非法者已开始通过非法买入 instagram 各种配置文件和买入或入侵获取数据的方式获得访问权限，从而利用多物联网相关僵尸网络谋取利益。

另外，勒索软件等恶意程序也开始出现更新迭代，高级持续性攻击活动越发活跃。思科公司发布的《2018 年度网络安全报告》显示，2017 年最重要的攻击特点之一是勒索软件的更新迭代。例如，继"想哭"软件之后，出现 nyetya 这一新的变种。[①] 勒索软件已演化为家族式发展模式。另外，具有持续性、复杂性、高破坏性的高级持续威胁（APT 攻击）等新型网络攻击逐渐成为网络空间的常态存在。

2. 保护关键信息基础设施任重道远

作为经济社会运行的神经中枢，金融、能源、电力、通信、交通等领域的关键信息基础设施是可能遭到重点攻击的目标，因而也是网络安全的重中之重。其"物理隔离"防线可被跨网入侵，电力调配指令可被恶意篡改，金融交易信息可被窃取，这些都是重大风险隐患。不出问题则已，一出就可能导致交通中断、金融紊乱、电力瘫痪等问题，具有很大的破坏性和杀伤力。以"震网"事件为例[②]，据统计，全球在 2 个月内就有约 4.5 万个网络被感染，其中伊朗遭到的攻击最多，占全球受害主机总数的 60％。俄罗斯常驻北约代表罗戈津称，病毒给伊朗布什尔核电站造成严重影响，导致放射性物质泄漏，危害不亚于切尔诺贝利核电站事故，可见，其破坏力多么惊人。

---

① Cisco. 2018 Annual Cybersecurity Report：The evolution of malware and rise of artificial intelligence [EB/OL]．https：//www. cisco. com/c/dam/m/digital/elq-cmcglobal/witb/acr2018/acr2018final. pdf?dtid=odicdc 000016&ccid=cc000160&oid=anrsc005679&ecid=8196&elqTrackId=686210143d34494fa27ff73da9690a5b&el qaid=9452&elqat=2.

② 本刊采编部．"震网"病毒袭击伊朗核设施 [J]．信息安全与通信保密，2016（9）．

3. 大规模数据泄露事件频发

近年来，一系列数据泄露事件被曝光引起了各国政府、社会和个人的广泛关注。国际方面，2016 年前 10 个月，全球已有约 3 000 起公开的数据泄露事件，22 亿条记录被披露，已经超过 2015 年全年记录。[①]另外，根据英国《观察家报》和美国《纽约时报》等多家媒体发布报道，英国政治咨询公司"剑桥分析"（cambridge analytica）非法使用了从 facebook 获得的超过 5 000 万用户的数据。剑桥分析公司及其母公司 SCL 集团，以及同一集团的 SCL elections，在 5 月 2 日宣布实时停止运作，并申请破产。[②]

在我国，数据泄露事件也十分严重。2015 年我国发生多起危害严重的个人信息泄露事件。例如某应用商店用户信息泄露事件、约 10 万条应届高考考生信息泄露事件、酒店入住信息泄露事件、某票务系统近 600 万用户信息泄露事件等。[③]2016 年公安机关共侦破侵犯个人信息案件 1 800 余起，查获各类公民个人信息 300 亿余条。[④]2017 年数据泄露事件数量较近几年来有增无减，且泄露的数据总量创历史新高。[⑤]第 42 次《中国互联网络发展状况统计报告》显示，2018 年上半年有 54％的网民在上网过程中遇到网络安全问题，其中遭遇个人信息泄露问题占比最高，达 28.5％。

在大数据环境下，除了商业数据、个人信息泄露外，政府数据也面临各种安全风险。随着我国国家大数据战略的实施和"互联网 + 政务"的推进，在数据共享开放过程中的泄密风险等数据安全问题逐渐凸显。

4. 网络犯罪危害公共安全

网络犯罪是指在互联网上运用计算机专业知识实施的犯罪行为[⑥]，既包括以网络为利用工具的犯罪，也包括以网络为目标的犯罪。实际上，它是现实社会犯罪因素在网络

① 张继春．网络安全面临的风险挑战与战略应对［J］．前线，2017（5）．

② "剑桥分析"申请破产后仍掌握大批数据引发担忧［EB/OL］．中国新闻网，http：//www.chinanews.com/gj/2018/05-04/8505780.shtml.

③ 2015 年中国互联网网络安全态势综述［N/OL］．国家计算机应急技术处理协调中心，http：//www.cert.org.cn/publish/main/upload/File/2015％20Situation.pdf.

④ 2016 年中国互联网网络安全态势综述［N/OL］．国家计算机应急技术处理协调中心，http：//www.cert.org.cn/publish/main/upload/File/2016％20situation.pdf.

⑤ 2017 年中国互联网网络安全态势综述［N/OL］．国家计算机应急技术处理协调中心，http：//www.cert.org.cn/publish/main/upload/File/situation.pdf.

⑥ 刘守芬，孙晓芳．论网络犯罪［J］．北京大学学报（哲学社会科学版），2001（3）．

上的反映，其根本和源头在现实社会。从世界范围看，网络犯罪已经成为妨害公共安全和公共秩序的重要威胁。赛门铁克旗下诺顿公司《2017 诺顿网络安全调查报告》显示，全球共有 20 个国家和地区的 9.78 亿消费者曾遭受网络攻击，导致黑客牟利高达 1 720 亿美元。

在我国，共有 3.53 亿人在去年受到网络犯罪的影响，受害者财产损失超过 660 亿美元，平均每人损失 132 美元，而每位受害者平均花费近 4 个工作日（28.3 个小时）对攻击所带来的影响进行善后。[①]美国互联网犯罪投诉中心发布的《2016 互联网犯罪报告》显示，过去 5 年平均每年收到 28 万起投诉事件，2016 年为 29.872 8 万起，造成的经济损失高达 14.507 亿美元。数量上，我国网络犯罪已占犯罪总数的三分之一，并以每年 30% 以上速度增长。[②]据统计，我国公安机关办理的网络犯罪案件数量从 1998 年的 142 起猛增至 2008 年的 3.5 万起，10 年间增加了近 250 倍，2010 年更是达到 4.9 万起。新华网、猎律网联合发布的《2011—2015 年度网络违法犯罪大数据报告》显示，2011—2015 年我国公安机关侦办的网络违法犯罪案件数量分别为 2011 年 4.7 万件、2012 年 11.8 万件、2013 年 14.4 万件、2014 年 15.7 万件、2015 年 173 万件，与 2011 年相比，2015 年增长了 35.8 倍。

5. 网络恐怖主义形势严峻

自 1997 年美国加州情报与安全研究所资深研究员柏利·科林首次提出"网络恐怖主义"一词以来，网络恐怖主义一词开始得到越来越多的国际关注。2012 年，联合国"毒品和犯罪问题办公室"将网络恐怖主义定义为"故意利用计算机网络发动攻击以扰乱如计算机系统、服务器或底层基础设施的正常运行"。

近年来，网络空间成为恐怖组织蛊惑人心、招兵买马、密谋策动的重要平台，网络恐怖主义甚嚣尘上，严重危及国家与社会安全。2014 年，全世界范围内极端组织的网站已发展到近 1 万个，传播语言有 24 种之多。2015 年 4 月，法国电视台 TV5Monde 遭到来自"伊斯兰国"（IS）拥护者、黑客组织 Cyber Caliphate 的大规模网络攻击，攻击者入侵了电视台的广播传输渠道，劫持了 TV5Monde 官方网站和社交媒体账号。

---

① Symantec. 2017 Norton Cyber Security Insights Report-Global Results［N/OL］. https：//www.symantec.com/content/dam/symantec/docs/about/2017-ncsir-global-results-en. pdf.

② 汤瑜. 中央政法委：确保司法责任制改革年内基本完成［N］. 民主与法制时报，2017-02-26（05）.

2015 年 9 月，"伊斯兰国"劫持了英国政府的机密邮件，内阁中多名部长的邮箱均遭到了攻击。[①]

2014 年至今，基地组织、"伊斯兰国"、"联合网络哈里发"等恐怖组织先后成立网络行动小组，策划并实施多起恶性网络事件，在网上营造恐怖气氛，进一步扩大其影响力。[②]几十万个推特账号被攻陷，数以千计的法国网站被篡改成极端主义内容，攻破叙利亚反对派武装网站和电子邮件系统并利用掌握的叙反对派成员名单直接进行策反，公布有上千名美英军人的"猎杀名单"，频频入侵北约官网、英政府机密邮件、美日企业和团体网站，造成了显著的恐怖威慑。

第三节　全球网络安全治理的发展

一、全球网络空间治理体系的发展

作为继陆、海、空、天外的"第五空间"，全球网络空间治理日益成为全球治理体系的重要领域，受到世界各国和地区的高度关注和积极参与。各类网络空间治理主体十分多元，既包括政府、国际组织，也包括技术社群、企业、专家、研究机构等。

目前，全球网络治理模式主要有两种：多方模式和多边模式。两种模式的根本区别就是政府在治理中角色的不同。多方模式，也被称为多利益相关方模式。这一模式认为，网络空间在性质上属于"全球公域"，治理应当主要依托政府部门以外的行为体来完成。多边模式则是多边主义全球治理理念在网络空间的一种延伸。不少发展中国家和新兴经济体倡导多边主义治理，它们主张网络空间具有主权属性，认为国家政府应当是全球网络空间治理的主导者。

从发展历程上看，自 20 世纪 90 年代以来，全球网络空间治理理念和治理实践的动态进程整体上是由"全球公域说"与国家主权原则对立、多方模式与多边模式的博弈所主导。具体来说，这个进程主要围绕技术社群主导治理和政府介入治理两条主线推进。中国网络空间研究院认为，可以将全球网络空间治理体系的变革划分为

---

① 朱业鹏.网络恐怖主义的危害及其防范措施［J］.法制博览，2017（1）.
② 赵晨.网络空间已成国际反恐新阵地［N］.光明日报，2017-06-14（14）.

"1990—2005 年""2005—2013 年""2013—2016 年""2016 年至今"四个阶段。[①]

1. 多方治理的确立（1990—2005年）

通常将 20 世纪 90 年代互联网名称与数字地址分配机构（the internet corporation for assigned names and numbers，ICANN）的建立作为全球网络空间治理体系形成的起点。自此时至 2005 年全球信息社会世界峰会突尼斯会议召开，是治理体系发展的第一阶段。

在阿帕网时期，由于网络规模很小，主机名称和互联网地址间的映射表由美国资助的斯坦福研究院网络信息中心维护。域名系统建立后，互联网核心资源的管理和分配工作由互联网号码分配局（IANA）负责。在早期的互联网标准方面，互联网架构委员会、互联网工程任务组技术社群发挥了重要作用。进入 20 世纪 90 年代后，互联网发展开启了商业化和国际化进程。网络规模的扩大和商业活动促成了国际互联网协会、万维网联盟和互联网名称与数字地址分配机构等组织的成立，以技术治理为核心的全球互联网治理制度形成雏形。

由于 ICANN 在互联网治理中的特殊重要地位，一般认为，1998 年该机构的成立标志着多利益相关方治理模式（也称多方模式）的确立。该机构承接 IANA 职能管理权后，掌握根服务器、互联网协议地址分配等关键互联网资源的具体管理权限。虽然是一个具有国际色彩的非营利性机构，但实质上美国商务部对于 IANA 的运行有最终的管理权。成立之初，美国商务部与 ICANN 签订合同，约定 IANA 所管理的根服务器系美国政府资产。因此，可以认为，在这一阶段，表面上是技术社群主导的多利益相关方治理模式，实质上是美国政府单方掌控了治理大局。

2. 多方治理开始受到多边治理挑战（2005—2013年）

从 2005 年全球信息社会峰会突尼斯会议的召开，至 2013 年斯诺登披露"棱镜系统"（PRISM）之前，美国政府单方面管辖 ICANN 的权限受到质疑与挑战，但多方模式（多利益相关方治理模式）占据主流。

在这一阶段，全球网络空间治理的模式、主要任务、动力机制以及行动主体等问题，开始成为各方聚焦的焦点。2005 年，全球信息社会峰会突尼斯会议召开，在全球

---

① 中国网络空间研究院 . 世界互联网发展报告 2017［M］. 北京：电子工业出版社，2018：358-361.

性的平台上，首次聚焦互联网是否要治理、如何治理等关键问题，对此展开大范围讨论。实际上，这次会议讨论的焦点问题是基于依据 2003 年召开的全球信息社会峰会日内瓦会议成立的互联网治理工作组的工作报告上提炼得到的。根据日内瓦会议通过的《日内瓦原则宣言》和《日内瓦行动计划》，互联网治理工作组得以成立，并就互联网治理的定义等基础性问题开展研究、发布报告。2006 年，根据《突尼斯信息社会议程》的建议，成立了互联网治理论坛。作为联合国框架下的平台，该论坛举办了多届，为开放式讨论互联网治理相关议题发挥了重要作用。

2011 年，中国、俄罗斯等国向第 66 届联合国大会提交了"信息安全国际行为准则"，主张在联合国框架下达成网络安全国际公约。同年，美国、英国等国政府主导的全球网络空间治理大会正式召开，并由此开启"伦敦进程"。

3. 多边治理与多方治理对立（2013—2016 年）

从 2013 年斯诺登披露"棱镜系统"，至 2016 年 9 月美国政府有条件放弃对 ICANN 的监管权，美国商务部下属的国家电信与信息管理局的监管权限由行政管辖转为司法管辖，多方模式受到多边模式的挑战。

2013 年 6 月，"棱镜门"系统的曝光严重动摇了美国公开垄断全球网络空间关键基础设施管辖权的道义优势与理论基础，赋予了网络空间治理体系变革充分的合理性与必要性。随着"良性霸权的善治"的破产，长期停滞不前的 ICANN 改革迎来突破性契机。

此后，全球网络空间治理得到各方特别是世界各国政府的高度关注。围绕治理模式的分歧和博弈进一步激化，全球网络空间治理在一定程度上陷入混乱与困境。[①]巴西、中国先后启动了网络空间多利益相关方会议和世界互联网大会机制，借由这些平台探讨网络与国家安全、网络主权等核心问题。迫于国际压力，2014 年 3 月美国商务部电信和信息管理局宣布将有条件地放弃对 ICANN 的监管权，并最终在 2016 年 10 月正式放弃监管。虽然这一变化并不意味着美国政府放弃了对互联网关键资源的掌控，但从全球网络空间治理实践来看，仍然具有值得肯定的积极之处。

与此同时，巴西、印度等行为体还就 ICANN 的改革提出具体改革方案。比如巴西等国在圣保罗会议上提出的方案、东西方研究所在柏林凤凰上提出的方案、印度在 ICANN 釜山峰会上提出的改革方案等。这些改革方案在一定程度上遵循了多边主义的

---

① 鲁传颖. 网络空间治理的力量博弈、理念演变与中国战略［J］. 国际展望，2016（1）.

设想。[①]

作为世界网络大国，中国致力于推动国际社会尊重网络主权原则，构建网络空间命运共同体。早在 2010 年发布的《中国互联网白皮书》中提到，"中国政府认为，互联网是国家重要基础设施，中华人民共和国境内的互联网属于中国主权管辖范围，中国的互联网主权应受到尊重和维护"。[②] 2014 年，中国创办首届世界互联网大会，邀请世界各国政府首脑、主管部长、企业家、技术社群专家等参与大会，共商全球网络空间发展与治理大计，特别是中国国家主席习近平出席第二届世界互联网大会，提出推进全球互联网治理体系变革、构建网络空间命运共同体"四项原则""五点主张"，赢得国际社会广泛认同，并对全球网络空间的发展与治理发挥着越来越大的影响力，政府积极参与主导的多边治理机制日益受到国际社会的认同与接受。

4. 多边治理、多方治理并行（2016年至今）

自 2016 年 10 月美国政府放弃对 ICANN 的监管权限至今，全球网络空间治理进入了多边、多方治理并行阶段，各国政府对网络空间治理主导程度加深。

随着互联网的快速普及和发展，网络对政治、经济、文化、社会、军事等各领域的融合渗透不断深化，多边治理模式已经远远不能满足现实需要。与此同时，世界各国政府普遍把网络空间发展治理作为国际合作的新领域，作为提升国家竞争力的新高地，联合国、北约、G20、APEC、金砖会议、亚信会议等多边机制与中美、中俄、中英、美俄等双边对话机制都把网络空间治理问题作为重点议题，打击网络犯罪、网络反恐、维护网络秩序等问题成为政府间讨论与合作的焦点。当前，无论是国家行为体还是技术社群等其他非国家行为体，都充分认识到全球网络空间的战略价值，都充分认识到全球网络空间治理体系对自身的发展、安全和利益的关键作用。虽然治理理念、治理模式和治理规则等许多方面存在分歧，但多边模式和多方模式已开始共存。

二、国外网络安全治理的主要举措

随着网络安全形势的日益严峻，世界各国对网络安全问题逐渐重视。总的来看，各

---

① 沈逸. 全球网络空间治理原则之争与中国的战略选择［J］. 外交评论（外交学院学报），2015（2）.

② 中国互联网状况［EB/OL］. 国务院新闻办，http：//www.scio.gov.cn/zfbps/ndhf/2010/Document/662572/662572.htm.

国结合各自国情和互联网发展实际，采取了一系列网络安全治理举措。比如重视制定网络安全战略、建立网络安全治理体制、强化信息基础设施保护、加强关键基础设施保护、强化网络信息安全监管、开展网络安全国际合作、健全网络安全保障体系等。

1. 重视制定网络安全战略

为了应对网络安全严峻形势和重大挑战，世界各国普遍重视网络安全的顶层设计。国际电信联盟发布的《2017 年全球网络安全指数》报告指出，经过对 193 个成员国的调查发现，约 38% 的国家发布了国家网络安全战略，但是只有 11% 的国家制定了专门独立的战略，另有 12% 的国家正在制定网络安全战略。[①]自 2003 年美国小布什政府发布全球首个网络安全战略《确保网络安全国家战略》以来，目前已有 67 个国家出台国家网络空间安全战略。[②]作为网络强国，继小布什政府之后，美国奥巴马和特朗普两届政府又先后推出了网络安全战略等一系列政策文件。2018 年 9 月，特朗普政府发布《网络空间战略》，概述了美国网络安全的四项支柱、十项目标与 42 项优先行动，凸显了网络安全在国家安全中的地位。除美国外，其他国家也先后出台了网络安全战略：英国于 2009 年发布首个《网络安全战略》，2011 年又更新了战略；法国于 2011 年发布了《信息系统防护和安全法国战略》；德国内政部于 2011 年发布了《德国网络安全战略》；加拿大于 2010 年首次颁布《网络安全战略》，并于 2018 年出台新版战略；日本于 2013 年出台首个网络安全战略，并于 2015 年和 2018 年两次制定新的战略；意大利 2013 年发布《网络空间安全国家战略框架》；俄罗斯则是用 2016 年修订版的《俄联邦信息安全学说》作为网络安全治理的战略文件。另外，印度 2013 年 5 月出台《国家网络安全策略》，以色列于 2015 年 11 月颁布实施《以色列网络安全战略》。

2. 建立网络安全治理体制

作为网络安全治理各项制度制定和实施的主体，网络安全治理体制建设受到各国的高度重视。经过多年的发展，美国目前主要的网络安全治理部门包括国土安全部、国防部、司法部、国家情报总监办公室等。俄罗斯则由俄罗斯联邦安全局主要负责。此外，日本、英国、加拿大、以色列等国政府纷纷设立网络安全领导协调机构或专门

---

① 国际电信联盟全球网络安全指数报告概要［J］.信息安全与通信保密，2017（7）.
② 中国网络空间研究院.世界互联网发展报告 2017［M］.北京：电子工业出版社，2018：224.

工作机构。2015年1月，经过不断演变，日本建立了由首相任主管大臣的网络安全战略本部，负责制定网络安全战略并推动实施等工作。英国的网络安全战略的制定和实施推进则由内阁办公厅下设网络和政府办公室负责，英国另一个重要组织是2017年2月成立的国家网络安全中心。加拿大的主要网络安全治理部门是公共安全部和国防部。另外，以色列的网络安全治理体制也比较有特色：国家网络空间局与国家网络空间安全管理局并驾齐驱、分工合作，共同组成向总理报告的国家网络指挥部，此外还有国家应急管理局、公共安全部、国防部等政府部门承担网络安全治理相关职能。

3. 加强关键基础设施保护

关键基础设施保护工作直接关系到国家安全、国计民生和公共利益。作为网络安全治理的重中之重，其他主要国家十分重视。在这些国家中，美国的关键基础设施保护制度是非常有特色的一个。早在克林顿政府时期，美国就开始重视加强关键基础设施保护。1996年5月，克林顿签发第13010号行政令，成立了总统关键基础设施保护委员会；1998年5月，克林顿签发第63号总统决定令，建立由国家基础设施保障委员会、关键基础设施协调组和国防、外交、情报和执法四个牵头部门组成的体制。"9·11"事件后，布什于2003年签发第13231号行政令，成立全面负责网络安全的总统关键基础设施保护委员会。同年，签发第7号国家安全总统令，明确关键基础设施标识、优先级等要求。2013年，奥巴马签发了以"增强关键基础设施网络安全"为名的第13636号行政令和以"提高关键基础设施的安全性和恢复力"为名的第21号总统令，建立了国家基础设施保护计划。2017年，特朗普签发了"增强联邦政府网络与关键性基础设施网络安全"行政令，对关键基础设施保护提出新的要求。俄罗斯的《关键信息基础设施保护法》也于2018年1月正式生效。

4. 强化网络信息安全监管

作为网络安全治理的另一个重要方面，网络信息安全的监管也得到各国政府的关注。在网络内容安全监管和个人信息保护、数据安全等方面，主要国家都积极采取了主动措施，以维护网络安全和秩序。

作为互联网的发源地和网站数量最多的国家，美国从20世纪就高度重视互联网内容治理，已经形成了一套涵盖监管机构、监管法律、民间机构、治理技术与手段以及专项行动各方面的成熟体系。比如，监管机构上，美国形成了由传统行政机构和独立委员会构成的监管体系，涉及美国白宫、国防部、中央情报局、司法部、联邦调查局、国土安全部、国土安全局等。联邦通信委员会是主管互联网的独立机构，负责互联网信息传播的规范与引导工作。为了加强对各类信息的监管，还成立了诸如第67网络大队、互联网犯罪投诉中心、打击儿童网络犯罪特种部队等新机构，并建立了专门监管脸谱、推特等社交媒体的"社交网络监控中心"等项目。

5. 开展网络安全国际合作

随着世界各国对网络安全威胁的危害性和网络安全治理重要性认识的不断加深，网络安全国际合作日益成为中国、美国等世界主要国家促进网络安全的战略选择。这种合作既有全球层面的，也有地区层面和双边层面的。

在全球层面，在联合国框架下，典型的平台包括联合国信息安全政府专家组、信息社会峰会、互联网治理论坛、国际电信联盟等。另一个重要的交流和合作平台是互联网名称与数字地址分配机构。其中第三届联合国信息安全政府专家组于2013年6月24日达成了一份具有里程碑意义的共识性文件，提出面对恶意使用信息通信技术造成的威胁，必须在国际层面采取合作行动，包括就如何适用相关国际法及由此衍生的负责任国家行为规范、规则或原则达成共同理解；国际法特别是《联合国宪章》的适用，对国际维持和平与稳定及促进创造开放、安全、和平和无障碍的信息通信技术环境至关重要。[①]

在地区层面，形成了亚太地区计算机应急响应组织、金砖国家网络安全工作组、北约网络合作防御卓越中心、上海合作组织网络反恐联合演习、东盟网络安全部长级会议等合作成果。在双边层面，美日、美俄、中美、中俄等网络安全对话和打击网络犯罪等交流合作也有丰硕成果。

6. 健全网络安全保障体系

世界各国纷纷通过支持网络安全技术和产业发展、加强网络安全人才培养、开展网络安全宣传教育、制定网络安全标准等措施，建立健全网络安全保障体系，维护网络空间安全和秩序。

（1）将网络安全技术和产业发展视为维护网络安全的重要基础。比如，美国颁布

---

① 黄志雄.网络空间负责任国家行为规范：源起、影响和应对［J］.当代法学，2019（1）.

《2002年网络安全研发法》，赋予国家科学基金会和国家标准与技术研究院开展网络安全研究的职责；实施"网络和信息技术研究发展计划"资助网络安全等项目。欧盟于2013年发布的《欧盟网络安全战略》提出，制定鼓励研发、支持产业发展的政策；利用公共行政机构的购买力促进信息通信技术产品和服务安全性能的提升。欧盟还通过"地平线2020研发与创新框架计划"，支持新兴信息通信技术的安全研究。[①]

（2）重视人才培养问题，采取多种方式支持培养网络安全人才。美国《2002年网络安全研发法》明确规定国家资助网络安全技术人才培养的措施；《2014年网络安全人员评估法》要求制定和完善提高网络安全人员能力以及招聘、保留网络安全人员的人力资源管理战略和计划；2015年《国防部网络安全战略》要求国防部制订并实施强化网络安全人才培养的计划。具体来说，美国通过《国家网络空间安全教育计划（NICE）》《国家网络空间安全战略规划》《NICE网络空间安全人才队伍框架》等政策标准和举办网络安全挑战赛等方式，支持网络安全人才培养工作。

（3）加强网络安全宣传教育，提升公众网络安全意识。美国、英国、澳大利亚等国家通过在战略层面规划网络安全宣传教育、构建政府主导的宣传教育体系、针对不同对象开展活动、举办网络安全意识月等主题活动等措施，加强宣传教育。[②]比如，美国于2010年颁布《国家网络空间安全教育计划（NICE）》，是第一个专门针对网络空间安全教育的国家计划。美国、欧洲、日本等国家每年举办网络安全意识月活动提升公众网络安全意识。另外，为了保障网络产品和服务以及网络运行安全，许多国家相关国际组织制定了很多网络安全标准。如国际信息安全标准化分技术委员会制定了《信息技术—安全技术—网络空间安全指南》。

三、当前主要的网络安全国际治理平台

近年来，世界各国已深刻认识到共同应对网络安全威胁的重要性，网络安全国际合作已成大趋势。从全球到区域、从多边到双边，不同的网络安全的国际治理平台在不同层次和程度上影响和推动了全球网络安全治理的发展。

---

① 杨合庆.中华人民共和国网络安全法解读［M］.北京：中国法制出版社，2017：38.
② 封化民，孙宝云著.网络安全治理新格局［M］.北京：国家行政学院出版社，2018：258-266.

1. 全球性网络安全治理平台

（1）联合国及其他组织。在联合国框架下，设计网络安全国际治理的平台包括联合国信息安全政府专家组、信息社会世界峰会、互联网治理论坛、国际电信联盟、联合国经济和社会理事会等。此外，世界经济论坛、世界银行、国际刑警组织等对网络安全治理也多有涉及。重要的全球性网络安全治理国际组织见表2-5。

表2-5 重要的全球性网络安全治理国际组织①

序号	机构	概 况	重要成就
1	信息安全政府专家组	曾于2004—2005年、2009—2010年，2012—2013年、2014—2015年、2016—2017年数度组建	向联合国大会提交专家组报告
2	信息社会世界峰会	最重要的互联网领域对话平台；2003年第一阶段会议在日内瓦召开，2005年第二阶段会议在突尼斯召开	《日内瓦原则宣言》、《日内瓦行动计划》、《突尼斯承诺》和《突尼斯信息社会议程》
3	互联网治理论坛	研讨全球性互联网治理问题的最高级别政府间对话平台；2006年正式成立，由联合国秘书长授权成立的多利益相关方咨询组及秘书处运作	举办年会等多种活动，聚焦全球网络空间治理
4	国际电信联盟	主管信息和通信技术事务的联合国专门机构；主要职能是建立国际无线电和电信的管理制度与标准，有193个成员国	《国际电信公约》、《国际电信联盟组织法》、《衡量信息社会报告》、信息通信技术发展指数、全球网络安全指数
5	世界经济论坛	成立于1971年，每年举办达沃斯论坛，并发起多种活动、倡议	达沃斯关于网络安全的讨论；全球风险报告；成立新的全球网络安全中心；网络就绪指数

（2）互联网名称与数字地址分配机构。成立于1998年的互联网名称与数字地址

---

① 中国网络空间研究院. 世界互联网发展报告2017［M］. 北京：电子工业出版社，2018：370-371.

分配机构（ICANN）在网络安全国际治理上具有极为重要的地位。ICANN 掌握跟服务器、互联网协议地址分配等关键互联网资源的具体管理权限。自成立以来，国际社会一直在推动 ICANN 的改革，特别是 2014 年"棱镜门"事件爆发后，美国商务部下属的国家电信与信息监管局（NTIA）发表正式声明，宣布将有条件地放弃对 ICANN 的监管权。

除了联合国框架下的国际组织、互联网名称与数字地址分配机构等，世界互联网大会、全球网络空间大会（GCCS）"伦敦进程"等平台在网络安全国际治理中也发挥着重要作用。

2. 区域性网络安全治理平台

在区域层面，成立于 2004 年的欧盟网络与信息安全局（ENISA）是一个非常特别的网络安全国际治理平台。作为欧盟的独立政府机构，该局负责组织、协调欧洲国家战略规划、实践、基础设施保护和应急响应等网络安全治理工作。[①] 其他典型的区域性网络安全国际治理平台见表 2-6。

表2-6　区域性网络安全国际治理平台概览[②]

机构名称	概　况	网络安全治理重要成就
亚太经贸合作组织	成立于 1989 年，现有 21 个成员国；召开经济领导人峰会及部长级会议	《数字 APEC 战略》，"值得信赖的安全和可持续的网络环境"；亚太地区计算机应急响应组织
金砖国家	成立于 2008 年，成员国包括巴西、俄罗斯、印度、中国、南非；建立了新开发银行和应急储备机制	金砖国家网络安全工作组；《厦门宣言》：承诺五国将在信息通信技术研发、数字经济、网络安全、国际网络空间秩序方面协调立场，采取共同行动
北大西洋公约组织	成立于 1949 年，现有 29 个正式成员国；下设军事委员会等，多次采取共同的军事行动	北约网络合作防御卓越中心；北约计算机事件响应能力；北约网络防御誓约

---

① 付凯，陈诗洋，姜宇泽，郭佳颖，郭建南. 欧盟互联网治理对我国的启示［J］. 信息通信技术与政策，2018（6）.

② 中国网络空间研究院. 世界互联网发展报告 2017［M］. 北京：电子工业出版社，2018：75-376.

续表

机构名称	概　况	网络安全治理重要成就
上海合作组织	成立于 2001 年，现有 8 个正式成员国和 4 个观察员国；以打击"三股势力"等为主要的合作目标	向联合国提议构建信息安全国际行为准则；网络反恐联合演习
东南亚国家联盟	成立于 1967 年，现有 10 个成员国及 2 个观察员国；形成了独特的"东盟方式"，2015 年宣布建成东盟共同体	东盟网络安全部长级会议

3. 双边网络安全治理对话与合作机制

在双边层面，中国、美国等国家大力开展了网络安全治理对话与合作，这些机制为网络安全国际治理的经验交流、政策协调、合作行动等创造了重要机遇（见表 2-7）。

表 2-7　双边网络安全国际治理对话与合作机制概览[①]

双边国家	主要成就
中美	中美打击网络犯罪及相关事项高级别联合对话，中美执法及网络安全对话
中俄	《中华人民共和国政府和俄罗斯联邦政府关于在保障国际信息安全领域合作协定》《中华人民共和国主席和俄罗斯联邦总统关于协作推进信息网络空间发展的联合声明》
中欧	中欧信息社会合作论坛，中国欧盟信息技术、电信和信息对话会，中欧数字经济对话论坛
美日	美日网络对话
美印	美印网络对话，美印网络伙伴关系框架
美俄	美俄双边应对信息通信技术威胁总统委员会工作组，白宫与克里姆林宫的网络安全热线机制
俄印	俄印网络安全合作协议

当前，对国家和非国家行为体来说，网络空间的战略价值和意义十分重要，网络安全治理极为关键。作为将世界紧密联系在一起的网络，促进了经济、社会、政治、文化等各方面快速发展，也面临着一系列安全治理挑战。比如关键信息基础设施保护、个人信息保护、跨境数据流动监管、跨国网络犯罪、防止国家级网络武器扩散等。应对这些共同的挑战，是世界所有负责任行为体共同的时代使命。通过加强网络空间安全治理，打造更加和平、安全、开放、合作、繁荣的网络空间，是民心所向，是大势所趋，也是

---

① 中国网络空间研究院 . 世界互联网发展报告 2017［M］. 北京：电子工业出版社，2018：378.

历史必然。

展望未来，世界各国虽然国情不同、互联网发展阶段不同、面临的现实挑战不同，但推动数字经济发展的愿望相同、应对网络安全挑战的利益相同、加强网络空间治理的需求相同，推进全球网络空间治理体系变革势必会成为包括中美两国在内的所有负责任行为体共同的使命。

第三章 网络安全治理的指导思想

网络安全治理的指导思想包括三个层次：顶层是坚持总体国家安全观，坚持总体国家安全观是新时代坚持和发展中国特色社会主义的十四条基本方略之一，是网络安全治理的核心指导思想。中层是网络强国战略思想，建设网络强国是坚持总体国家安全观的终极目标，网络强国战略思想是建设网络强国的根本指南。底层是国家大数据战略，实施国家大数据战略是落实总体国家安全观的重要抓手，是建设数字中国的指导思想，而数字中国是网络强国建设的核心内容。

第一节 坚持总体国家安全观

一、坚持总体国家安全观概述

全面理解坚持总体国家安全观，需要正确把握国家安全、坚持总体国家安全观的内涵。2015 年 7 月 1 日，第十二届全国人民代表大会常务委员会第十五次会议通过《中华人民共和国国家安全法》（以下简称《国家安全法》），自公布之日起实施。该法明确了国家安全和坚持总体国家安全观的概念，其中第二条规定，国家安全是指国家政权、主权、统一和领土完整、人民福祉、经济社会可持续发展和国家其他重大利益相对处于没有危险和不受内外威胁的状态，以及保障持续安全状态的能力。同时，《国家安全法》第三条规定，国家安全工作应当坚持总体国家安全观，同时明确了坚持总体国家安全观的内涵：以人民安全为宗旨，以政治安全为根本，以经济安全为基础，以军事、文化、社会安全为保障，以促进国际安全为依托，维护各领域国家安全，构建国家安全体系，走中国特色国家安全道路。

1. 坚持总体国家安全观立法定义包含的三个要点

（1）坚持总体国家安全观的逻辑起点是重视所有领域的国家安全问题，包括政治、经济、社会、文化、生态等各个方面，用总体概括，意在强调国家安全领域的广泛性。

（2）坚持总体国家安全观的目标是构建国家安全体系。总体国家安全观具有五位一体的安全架构，即人民安全是宗旨，政治安全是根本，经济安全是基础，军事安全、文化安全、社会安全是保障，促进国际安全是依托。这五位一体搭建起总体国家安全观的体系架构，表明中国特色国家安全道路的基本取向。

（3）坚持总体国家安全观明确了走中国特色国家安全道路。即国家安全的价值是人民安全，国家安全的根本是政治安全，国家安全的基础是经济安全，国家安全的保障是军事、文化、社会安全，国家安全的环境是国际安全。

2. 坚持总体国家安全观的提出有着深刻的时代背景

（1）国内安全形势严峻复杂，国家安全工作机制面临新的挑战。当前，我国公共安全形势十分严峻复杂，表现为公共安全风险更加广泛，某些突发事件呈现出高频次、大规模的趋势，部分突发事件的跨地域程度加大，突发事件的敏感性、危害性、影响力都逐渐加大。与此同时，公共安全治理中的不适应和能力不足的状况也需要加以解决。[①]在《关于〈中共中央关于全面深化改革若干重大问题的决定〉的说明》中，习近平总书记指出，国家安全和社会稳定是改革发展的前提。只有国家安全和社会稳定，改革发展才能不断推进。当前，我国面临对外维护国家主权、安全、发展利益，对内维护政治安全和社会稳定的双重压力，各种可以预见和难以预见的风险因素明显增多。而我们的安全工作体制机制还不能适应维护国家安全的需要，需要搭建一个强有力的平台统筹国家安全工作。设立国家安全委员会，加强对国家安全工作的集中统一领导，已是当务之急。国家安全委员会主要职责是制定和实施国家安全战略，推进国家安全法治建设，制定国家安全工作方针政策，研究解决国家安全工作中的重大问题。

（2）国际社会的安全形势复杂多变，不确定性因素急剧增多。近年来，全球范围内经济发展失衡、复苏增长乏力，各种社会矛盾和社会问题加剧，治理困境、民主困境开始凸显，英国的"脱欧"、美国的"退群"、法国的"黄背心"运动、意大利的公投事件

---

① 李雪峰.中国特色公共安全之路［M］.北京：国家行政学院出版社，2018：20.

等就是显例。在大数据时代，贸易保护主义、逆全球化、新冷战思维开始抬头，以美国为首的西方国家，长期炒作"中国威胁论"，近年来有愈演愈烈之势。例如，特朗普政府上台后，美国单方面挑起贸易摩擦，充斥着冷战思维和"唯美独尊"式傲慢与偏见，让中美关系蒙上新的阴影。再例如，2019年新年伊始，美国司法部宣布对华为提出23项刑事起诉，并向加拿大司法部发出引渡华为首席财务官孟晚舟的正式请求，"美国司法部正式提起刑事诉讼是其在全球范围内打压华为行动的一部分，华盛顿正在极力向盟国施压，促使它们将华为设备排除在5G网络建设之外。"[①]2019年1月21日，在省部级主要领导干部坚持底线思维着力防范化解重大风险专题研讨班的讲话中，习近平总书记就防范化解政治、意识形态、经济、科技、社会、外部环境、党的建设等领域重大风险作出深刻分析、提出明确要求。他强调，面对波谲云诡的国际形势、复杂敏感的周边环境、艰巨繁重的改革发展稳定任务，我们必须始终保持高度警惕，既要高度警惕"黑天鹅"事件，也要防范"灰犀牛"事件；既要有防范风险的先手，也要有应对和化解风险挑战的高招；既要打好防范和抵御风险的有准备之战，也要打好化险为夷、转危为机的战略主动战。习近平总书记强调，要深刻认识和准确把握外部环境的深刻变化和我国改革发展稳定面临的新情况新问题新挑战，坚持底线思维，增强忧患意识，提高防控能力，着力防范化解重大风险，保持经济持续健康发展和社会大局稳定，为决胜全面建成小康社会、夺取新时代中国特色社会主义伟大胜利、实现中华民族伟大复兴的中国梦提供坚强保障。

（3）新时代国家安全的内涵发生深刻变化。2014年4月，在中央国家安全委员会第一次会议上，习近平总书记指出，当前我国国家安全内涵和外延比历史上任何时候都要丰富，时空领域比历史上任何时候都要宽广，内外因素比历史上任何时候都要复杂，必须坚持总体国家安全观，以人民安全为宗旨，以政治安全为根本，以经济安全为基础，以军事、文化、社会安全为保障，以促进国际安全为依托，走出一条中国特色国家安全道路。国家安全是一个体系，国家安全的宗旨、根本、基础、保障、依托五个方面是一个统一整体，不能相互割裂。有学者认为，在践行国家安全的实践中，维护各领域国家安全是基本任务，构建国家安全体系是制度保障，走中国特色国家安全道路是根本方向。[②]具体而言，"以政治安全为根本"，是指政治安全和政治安全活动是实现国家安

---

① 美司法部起诉华为阵仗虽大心却很虚［N］.环球时报，2019-01-30（14）.
② 李雪峰.中国特色公共安全之路［M］.北京：国家行政学院出版社，2018：26.

全特别是国民安全的根本性措施和根本性手段；"以经济安全为基础"，是指经济安全和经济安全活动是实现国家安全及其核心内容国民安全的基础性措施和基础性手段；"以军事、文化和社会安全为保障"，是指军事安全和军事安全活动、文化安全和文化安全活动、社会安全和社会安全活动，都是实现国家安全特别是国民安全的保障性措施和保障性手段；"以国际安全为依托"，则把国际安全和国际安全活动看作实现国家安全及国民安全的一种外部依托。[①]

二、坚持总体国家安全观的提出与发展

党的十八大以来，习近平总书记围绕总体国家安全观发表了一系列重要论述，这些论述思想深邃，内容丰富，是做好国家安全工作的指导思想。

《中共中央关于全面深化改革若干重大问题的决定》提出，健全公共安全体系，设立国家安全委员会，完善国家安全体制和国家安全战略，确保国家安全。国家安全委员会主任由习近平总书记担任。设立国家安全委员会，是对十六届四中全会首次提出并在后来多次强调的"构建"或"健全""国家安全工作机制"及"完善国家安全体制"的落实和发展。刘跃进认为，虽然1992年党的十四大、1997年党的十五大、2002年党的十六大，都曾不同程度地提到了国家安全，但只有2004年9月十六届四中全会通过的《中共中央关于加强党的执政能力建设的决定》，才第一次比较系统地论述了国家安全问题，并首次提出要"抓紧构建维护国家安全的科学、协调、高效的工作机制"。2007年10月，党的十七大报告把相关提法概括成"健全国家安全体制"八个字。2012年党的十八大时，相关内容与"国家安全战略"合为一体，被表述为"完善国家安全战略和工作机制"。直到党的十八届三中全会公报正式提出了"完善国家安全体制"。

2014年4月，中央国家安全委员会第一次会议召开，习近平总书记在讲话中首次提出坚持"总体国家安全观"。习近平指出，要准确把握国家安全形势变化新特点新趋势，坚持总体国家安全观，走出一条中国特色国家安全道路。他强调，贯彻落实总体国家安全观，必须既重视外部安全，又重视内部安全，对内求发展、求变革、求稳定、建设平安中国，对外求和平、求合作、求共赢、建设和谐世界；既重视国土安全，又重视国民安全，坚持以民为本、以人为本，坚持国家安全一切为了人民、一切依靠人民，真

---

① 刘跃进，范传贵."总体国家安全观"提出之背后深意［N］.法制日报，2014-04-21（04）.

正夯实国家安全的群众基础；既重视传统安全，又重视非传统安全，构建集政治安全、国土安全、军事安全、经济安全、文化安全、社会安全、科技安全、信息安全、生态安全、资源安全、核安全等于一体的国家安全体系；既重视发展问题，又重视安全问题，发展是安全的基础，安全是发展的条件，富国才能强兵，强兵才能卫国；既重视自身安全，又重视共同安全，打造命运共同体，推动各方朝着互利互惠、共同安全的目标相向而行。

2015年10月，习近平总书记再次强调，今后五年，可能是我国发展面临的各方面风险不断积累甚至集中显露的时期。我们面临的重大风险，既包括国内的经济、政治、意识形态、社会风险以及来自自然界的风险，也包括国际经济、政治、军事风险等。如果发生重大风险又扛不住，国家安全就可能面临重大威胁，全面建成小康社会进程就可能被迫中断。我们必须把防风险摆在突出位置，"图之于未萌，虑之于未有"，力争不出现重大风险或在出现重大风险时扛得住、过得去。[①]

2017年2月，在国家安全工作座谈会上，习近平总书记对当前和今后一个时期国家安全工作提出明确要求，强调要突出抓好政治安全、经济安全、国土安全、社会安全、网络安全等各方面安全工作。要完善立体化社会治安防控体系，提高社会治理整体水平，注意从源头上排查化解矛盾纠纷。要加强交通运输、消防、危险化学品等重点领域安全生产治理，遏制重特大事故的发生。要筑牢网络安全防线，提高网络安全保障水平，强化关键信息基础设施防护，加大核心技术研发力度和市场化引导，加强网络安全预警监测，确保大数据安全，实现全天候全方位感知和有效防护。要积极塑造外部安全环境，加强安全领域合作，引导国际社会共同维护国际安全。要加大对维护国家安全所需的物质、技术、装备、人才、法律、机制等保障方面的能力建设，更好适应国家安全工作需要。

2017年10月，中国共产党第十九次全国代表大会开幕。党的十九大报告明确，经过长期努力，中国特色社会主义进入了新时代，这是我国发展新的历史方位。党的十九大报告明确了新时代坚持和发展中国特色社会主义的十四条基本方略，其中之一是"坚持总体国家安全观"。报告明确提出，统筹发展和安全，增强忧患意识，做到居安思危，是我们党治国理政的一个重大原则。必须坚持国家利益至上，完善国家安全制度体系，

---

① 习近平关于总体国家安全观论述摘编［M］.北京：中央文献出版社，2018：9.

加强国家安全能力建设，坚决维护国家主权、安全、发展利益。

2018年4月，十九届中央国家安全委员会第一次会议召开，习近平总书记在讲话中充分肯定了国家安全工作取得的成绩。他指出，中央国家安全委员会成立四年来，坚持党的全面领导，按照总体国家安全观的要求，初步构建了国家安全体系主体框架，形成了国家安全理论体系，完善了国家安全战略体系，建立了国家安全工作协调机制，解决了许多长期想解决而没有解决的难题，办成了许多过去想办而没有办成的大事，国家安全工作得到全面加强，牢牢掌握了维护国家安全的全局性主动。习近平总书记强调，全面贯彻落实总体国家安全观，必须坚持统筹发展和安全两件大事，既要善于运用发展成果夯实国家安全的实力基础，又要善于塑造有利于经济社会发展的安全环境；坚持人民安全、政治安全、国家利益至上的有机统一，人民安全是国家安全的宗旨，政治安全是国家安全的根本，国家利益至上是国家安全的准则，实现人民安居乐业、党的长期执政、国家长治久安；坚持立足于防，又有效处置风险；坚持维护和塑造国家安全，塑造是更高层次更具前瞻性的维护，要发挥负责任大国作用，同世界各国一道，推动构建人类命运共同体；坚持科学统筹，始终把国家安全置于中国特色社会主义事业全局中来把握，充分调动各方面积极性，形成维护国家安全合力。

2019年1月，在省部级主要领导干部坚持底线思维着力防范化解重大风险专题研讨班的讲话中，习近平总书记指出，各级党委和政府要坚决贯彻总体国家安全观，落实党中央关于维护政治安全的各项要求，确保我国政治安全。要持续巩固壮大主流舆论强势，加大舆论引导力度，加快建立网络综合治理体系，推进依法治网。要高度重视对青年一代的思想政治工作，完善思想政治工作体系，不断创新思想政治工作内容和形式，教育引导广大青年形成正确的世界观、人生观、价值观，增强中国特色社会主义道路、理论、制度、文化自信，确保青年一代成为社会主义建设者和接班人。

三、坚持总体国家安全观的宗旨和内容

1.坚持总体国家安全观的宗旨是人民安全

（1）人民安全排在首位。在说明国家安全主要构成要素不同地位和关系时，习近平总书记最先讲到的是人民安全，强调的是"以人民安全为宗旨"，然后才是"以政治安全为根本，以经济安全为基础，以军事、文化、社会安全为保障，以促进国际安

全为依托"。这样的顺序安排，非常清楚地表明了人民安全在整个国家安全体系中居于首位，处于优先于其他安全的地位。

（2）国家安全的首要价值就是人民安全。总体国家安全观强调"既重视国土安全，又重视国民安全，坚持以民为本、以人为本，坚持国家安全一切为了人民、一切依靠人民，真正夯实国家安全的群众基础"。这段话是对"以人民安全为宗旨"价值主张的具体阐述，其内容汲取了中西方数千年文明的精华，体现了当代民主政治的基本精神，特别是继承了中国共产党"全心全意为人民服务"的宗旨，遵从了中华人民共和国宪法"一切权力属于人民"的至高规范，明确了中国共产党近百年来国家安全实践的根本目的。[①]

（3）总体国家安全观把人民安全作为国家安全的宗旨进行明确定位，揭示了中国特色社会主义国家安全的价值所在。2016 年 4 月 15 日是首个全民国家安全教育日，习近平总书记作出重要指示。他强调，国泰民安是人民群众最基本、最普遍的愿望。实现中华民族伟大复兴的中国梦，保证人民安居乐业，国家安全是头等大事。要以设立全民国家安全教育日为契机，以总体国家安全观为指导，全面实施国家安全法，深入开展国家安全宣传教育，切实增强全民国家安全意识。要坚持国家安全一切为了人民、一切依靠人民，动员全党全社会共同努力，汇聚起维护国家安全的强大力量，夯实国家安全的社会基础，防范化解各类安全风险，不断提高人民群众的安全感、幸福感。

2. 维护国家安全的内容

维护国家安全的内容，包括十二个重点领域，政治安全、国土安全、军事安全、经济安全、文化安全、社会安全、科技安全、网络安全、生态安全、能源安全、核安全、海外利益安全，这十二个领域密切相连，覆盖公共安全各领域。

（1）维护政治安全。要以马克思主义理论为指导、加强党的领导、坚持社会主义政治制度、明确改革方向、加强民族团结。

（2）维护国土安全。必须保持香港和澳门长期繁荣稳定、必须实现祖国完整统一、必须维护国家海洋利益。

（3）维护军事安全。必须毫不动摇地坚持党对军队的绝对领导、必须建设巩固的国

---

① 刘跃进. 人民安全是总体国家安全观的第一要义［N/OL］. 中国日报网, http: //china. chinadaily. com. cn/2016-04/12/content_24465851. htm.

防和强大的军队。

（4）维护经济安全。要坚持基本经济制度，深化改革、扩大开放，要确保金融安全、粮食安全，要提高领导干部经济专业水平。

（5）维护文化安全。要增强文化自信，牢牢掌握意识形态工作领导权；要敢于舆论斗争，在事关坚持还是否定四项基本原则的大是大非和政治原则问题上，必须增强主动性、掌握主动权、打好主动仗。

（6）维护社会安全。打造共建共治共享的社会治理格局，有效防范化解管控各种风险。

（7）维护科技安全。提高核心技术的自主可控能力，加快建设创新型国家。

（8）维护网络安全。要构建关键信息基础设施安全保障体系、增强网络安全风险治理能力、提升传播力和引导力、各级领导干部要懂网用网、加强国际网络空间治理。

（9）维护生态安全。着力解决突出环境问题、加大生态系统保护力度、维护生态安全。

（10）维护能源安全。要推进绿色发展、推动能源供给革命、优化土地资源利用。

（11）维护核安全。国际社会要坚持理性、协调、并进的核安全观，把核安全进程纳入健康持续发展的轨道、有效打击恐怖主义。

（12）维护海外利益安全。要坚持与国际社会协同联动、要实现"一带一路"安全发展，要提升海外安全保障能力。

第二节　网络强国战略思想

一、网络强国战略思想的形成

党的十八大以来，以习近平同志为核心的党中央坚持从发展中国特色社会主义、实现中华民族伟大复兴中国梦的战略高度，系统部署和全面推进网络安全和信息化工作。从 2014 年网络安全和信息化领导小组第一次会议到 2019 年 10 月，习近平总书记在各种会议上发表相关讲话 13 次（见表 3-1），习近平总书记一系列深刻精辟的论断，为网络强国建设指明了前进方向。

表3-1 习近平关于网信工作的系列讲话

时间	会议名称	讲话题目
2014 年 2 月 27 日	中央网络安全和信息化领导小组第一次会议	总体布局统筹各方创新发展 努力把我国建设成为网络强国
2014 年 7 月 16 日	习近平在巴西国会发表演讲	弘扬传统友好 共谱合作新篇
2014 年 11 月 19 日	首届世界互联网大会致贺词	习近平致首届世界互联网大会贺词全文
2015 年 9 月 24 日	中美互联网论坛	中国倡导建设和平、安全、开放、合作的网络空间
2015 年 12 月 16 日	第二届世界互联网大会	在第二届世界互联网大会开幕式上的讲话
2016 年 2 月 20 日	党的新闻舆论工作座谈会	坚持正确方向 创新方法手段 提高新闻舆论传播力引导力
2016 年 4 月 25 日	网络安全和信息化工作座谈会	在网络安全和信息化工作座谈会上的讲话
2016 年 10 月 9 日	中共中央政治局就实施网络强国战略进行第三十六次集体学习	加快推进网络信息技术自主创新 朝着建设网络强国目标不懈努力
2016 年 11 月 16 日	第三届世界互联网大会	集思广益增进共识加强合作 让互联网更好造福人类
2017 年 2 月 17 日	国家安全工作座谈会	牢固树立认真贯彻总体国家安全观 开创新形势下国家安全工作新局面
2017 年 12 月 3 日	第四届世界互联网大会	习近平致第四届世界互联网大会的贺信
2018 年 4 月 20 日	全国网络安全和信息化工作会议	敏锐抓住信息化发展历史机遇 自主创新推进网络强国建设
2018 年 11 月 7 日	第五届世界互联网大会	习近平向第五届世界互联网大会致贺信
2019 年 9 月 16 日	习近平对国家网络安全宣传周作出重要指示	坚持安全可控和开放创新并重 提升广大人民群众在网络空间的获得感幸福感安全感
2019 年 10 月 20 日	第六届世界互联网大会	习近平向第六届世界互联网大会致贺信
2019 年 10 月 24 日	习近平主持中央政治局第十八次集体学习	把区块链作为核心整体自主创新重要突破口，加快推动区块链技术和产业创新发展

2014 年 2 月 27 日，在网络安全和信息化领导小组第一次会议的讲话中，习近平总书记首次提出建设网络强国的愿景，指出没有网络安全就没有国家安全，没有信息化就没有现代化，强调建设网络强国的战略部署要与"两个一百年"奋斗目标同步推进，向着网络基础设施基本普及、自主创新能力显著增强、信息经济全面发展、网络安全保障

有力的目标不断前进。

2015 年 12 月 16 日，第二届世界互联网大会在浙江省乌镇开幕，国家主席习近平出席开幕式并发表主旨演讲，提出了全球互联网发展治理的"四项原则"和"五点主张"。在讲话中，习近平指出，以互联网为代表的信息技术日新月异，引领了社会生产新变革，创造了人类生活新空间，拓展了国家治理新领域，极大提高了人类认识世界、改造世界的能力。中国正处在信息化快速发展的历史进程之中。"十三五"时期，中国将大力实施网络强国战略，让互联网发展成果惠及 13 亿多中国人民，更好造福各国人民。①

2016 年 4 月 19 日，在网络安全和信息化工作座谈会的讲话中，习近平总书记围绕网络安全和信息化谈了六个方面的问题，分别是：推动我国网信事业发展，让互联网更好造福人民；建设网络良好生态，发挥网络引导舆论、反映民意的作用；尽快在核心技术上取得突破；正确处理安全和发展的关系；增强互联网企业使命感、责任感，共同促进互联网持续健康发展；聚天下英才而用之，为网信事业发展提供有力人才支撑。② 在讲话最后，习近平总书记特别强调，2016 年是"十三五"开局之年，网络安全和信息化工作是"十三五"时期的重头戏。希望同志们积极投身网络强国建设，更好发挥网信领域企业家、专家学者、技术人员作用，支持他们为实现全面建成小康社会、实现中华民族伟大复兴的中国梦作出更大的贡献！

2016 年 10 月 9 日，在中共中央政治局就网络强国战略进行第三十六次集体学习的讲话中，习近平总书记指出，现在，各级领导干部特别是高级干部，如果不懂互联网、不善于运用互联网，就无法有效开展工作。各级领导干部要学网、懂网、用网，积极谋划、推动、引导互联网发展。习近平总书记强调，我们要深刻认识互联网在国家管理和社会治理中的作用，强化互联网思维，利用互联网扁平化、交互式、快捷性优势，推进政府决策科学化、社会治理精准化、公共服务高效化。

2017 年 2 月 17 日，习近平总书记主持召开国家安全工作座谈会并发表重要讲话，再次强调，要筑牢网络安全防线，提高网络安全保障水平，强化关键信息基础设施防护，加大核心技术研发力度和市场化引导，加强网络安全预警监测，确保大数据安全，实现全天候全方位感知和有效防护。

---

① 习近平：在第二届世界互联网大会开幕式上的讲话［N］. 人民日报，2015–12–17（02）.
② 习近平：在网络安全和信息化工作座谈会上的讲话［N］. 人民日报，2016–04–26（02）.

2018年4月20日，全国网络安全和信息化工作会议召开。习近平总书记发表重要讲话，明确提出了网络强国战略思想。他指出，党的十八大以来，党中央重视互联网、发展互联网、治理互联网，统筹协调涉及政治、经济、文化、社会、军事等领域信息化和网络安全重大问题，作出一系列重大决策、提出一系列重大举措，推动网信事业取得历史性成就。这些成就充分说明，党的十八大以来党中央关于加强党对网信工作集中统一领导的决策和对网信工作作出的一系列战略部署是完全正确的。我们通过不断推进理论创新和实践创新，不仅走出一条中国特色治网之道，而且提出一系列新思想新观点新论断，形成了网络强国战略思想。至此，习近平的网络安全思想已然确立，内涵十分丰富。

2019年10月，中共中央政治局就区块链技术发展现状和趋势进行第十八次集体学习。习近平总书记在主持学习时强调，区块链技术的集成应用在新的技术革新和产业变革中起着重要作用。目前，全球主要国家都在加快布局区块链技术发展。区块链技术应用已延伸到数字金融、物联网、智能制造、供应链管理、数字资产交易等多个领域。我国在区块链领域拥有良好基础，要加快推动区块链技术和产业创新发展，积极推进区块链和经济社会融合发展。我们要把区块链作为核心技术自主创新的重要突破口，明确主攻方向，加大投入力度，着力攻克一批关键核心技术，加快推动区块链技术和产业创新发展。

二、网络强国战略目标

党中央、国务院高度重视网信工作，党的十八大之后，作出实施网络强国战略的重大决策，通过完善顶层设计和决策体系，加强统筹协调，开启了网信事业发展的新征程。2016年3月，十二届全国人大四次会议批准的"十三五"规划提出，要牢牢把握信息技术变革趋势，实施网络强国战略，加快建设数字中国，推动信息技术与经济社会发展深度融合，加快推动信息经济发展壮大。

1. "十三五"规划明确了网络强国战略的基本目标

（1）构建泛在高效的信息网络。加快构建高速、移动、安全、泛在的新一代信息基础设施，推进信息网络技术广泛运用，形成万物互联、人机交互、天地一体的网络空间。具体包括完善新一代高速光纤网络、构建先进泛在的无线宽带网、加快信息网络新技术开发应用、推进宽带网络提速降费。

（2）发展现代互联网产业体系，实施"互联网+"行动计划，促进互联网深度广泛应用，带动生产模式和组织方式变革，形成网络化、智能化、服务化、协同化的产业发展新形态，具体包括夯实互联网应用基础、加快多领域互联网融合发展。

（3）强化信息安全保障，统筹网络安全和信息化发展，完善国家网络安全保障体系，强化重要信息系统和数据资源保护，提高网络治理能力，保障国家信息安全。具体包括加强数据资源安全保护、科学实施网络空间治理、全面保障重要信息系统安全。

2."十三五"国家信息化发展目标

信息化代表新的生产力和新的发展方向，是引领创新和驱动转型的先导力量，也是网络强国战略的核心构成部分。2016 年 12 月 27 日，国务院印发《"十三五"国家信息化规划》，进一步明确了国家信息化发展目标：2020 年，"数字中国"建设取得显著成效，信息化发展水平大幅跃升，信息化能力跻身国际前列，具有国际竞争力、安全可控的信息产业生态体系基本建立。信息技术和经济社会发展深度融合，数字鸿沟明显缩小，数字红利充分释放。信息化全面支撑党和国家事业发展，促进经济社会均衡、包容和可持续发展，为国家治理体系和治理能力现代化提供坚实支撑。具体发展目标包括：核心技术自主创新实现系统性突破、信息基础设施达到全球领先水平、信息经济全面发展、信息化发展环境日趋优化。"十三五"信息化发展的主要指标见表 3-2。

表3-2 "十三五"信息化发展的主要指标

指标	2015 年	2020 年	年均增速（%）
总体发展水平			
1.信息化发展指数	72.45	88	—
信息技术与产业			
2.信息产业收入规模（万亿元）	17.1	26.2	8.9
3.国内信息技术发明专利授权数（万件）	11.0	15.3	6.9
4.IT 项目投资占全社会固定资产投资总额的比例（%）	2.2	5	〔2.8〕
信息基础设施			
5.光纤入户用户占总宽带用户的比率（%）	56	80	〔24〕
6.固定宽带家庭普及率（%）	40	70	〔30〕
7.移动宽带用户普及率（%）	57	85	〔28〕
8.贫困村宽带网络覆盖率（%）	78	90	〔12〕

续表

指标	2015年	2020年	年均增速（％）
9. 互联网国际出口带宽（Tbps）	3.8	20	39.4
信息经济			
10. 信息消费规模（万亿元）	3.2	6	13.4
11. 电子商务交易规模（万亿元）	21.79	＞38	＞11.8
12. 网络零售额（万亿元）	3.88	10	20.8
信息服务			
13. 网民数量（亿）	6.88	＞10	＞7.8
14. 社会保障卡普及率（％）	64.6	90	〔25.4〕
15. 电子健康档案城乡居民覆盖率（％）	75	90	〔15〕
16. 基本公共服务事项网上办理率（％）	20	80	〔60〕
17. 电子诉讼占比（％）	<1	＞15	〔＞14〕
注：〔 〕表示五年累计数，单位为百分点。			

资料来源：《"十三五"国家信息化规划》。

三、网络强国战略思想的内涵

网络强国战略思想，是习近平新时代中国特色社会主义思想的重要组成部分，是做好网信工作的根本遵循。2018年4月，在全国网络安全和信息化工作会议上，习近平总书记用"五个明确"高度概括了网络强国战略思想：明确网信工作在党和国家事业全局中的重要地位，明确网络强国建设的战略目标，明确网络强国建设的原则要求，明确互联网发展治理的国际主张，明确做好网信工作的基本方法。"五个明确"为把握信息革命历史机遇、加强网络安全和信息化工作、加快推进网络强国建设明确了前进方向、提供了根本遵循，具有重大而深远的意义。

（1）明确网信工作在党和国家事业全局中的重要地位。没有网络安全就没有国家安全，就没有经济社会稳定运行，广大人民群众利益也难以得到保障。从明确提出"没有网络安全就没有国家安全"，到突出强调"树立正确的网络安全观"，再到明确要求"全面贯彻落实总体国家安全观"，党的十八大以来，以习近平同志为核心的党中央高度重视国家网络安全工作，网络安全法制定实施，网络安全保障能力建设得到加强，国家网络安全屏障进一步巩固。要树立正确的网络安全观，加强信息基础设施网络安全防护，加强网络安全信息统筹机制、手段、平台建设，加强网络安全事件应急指挥能力建设，积极发展网络安全产业，做到关口前移，防患于未然。要落实关键信息基础设施防护责任，行业、企业作为关键信息基础设施运营者承担主体防护责任，主管部门履行好监管责任。要依法严厉打击网络黑客、电信网络诈骗、侵犯公民个人隐私等违法犯罪行为，切断网络犯罪利益链条，持续形成高压态势，维护人民群众合法权益。要深入开展网络安全知识技能宣传普及，提高广大人民群众网络安全意识和防护技能。

（2）明确网络强国建设的战略目标。网信事业代表着新的生产力和新的发展方向，应该在践行新发展理念上先行一步，围绕建设现代化经济体系、实现高质量发展，加快信息化发展，整体带动和提升新型工业化、城镇化、农业现代化发展。要发展数字经济，加快推动数字产业化，依靠信息技术创新驱动，不断催生新产业新业态新模式，用新动能推动新发展。要推动产业数字化，利用互联网新技术新应用对传统产业进行全方位、全角度、全链条的改造，提高全要素生产率，释放数字对经济发展的放大、叠加、倍增作用。要推动互联网、大数据、人工智能和实体经济深度融合，加快制造业、农业、服务业数字化、网络化、智能化。要坚定不移支持网信企业做大做强，加强规范引导，促进其健康有序发展。企业发展要坚持经济效益和社会效益相统一，更好承担起社会责任和道德责任。要运用信息化手段推进政务公开、党务公开，加快推进电子政务，构建全流程一体化在线服务平台，更好解决企业和群众反映强烈的办事难、办事慢、办事繁的问题。网信事业发展必须贯彻以人民为中心的发展思想，把增进人民福祉作为信息化发展的出发点和落脚点，让人民群众在信息化发展中有更多获得感、幸福感、安全感。

（3）明确网络强国建设的原则要求。一是要加强党中央对网信工作的集中统一领导，确保网信事业始终沿着正确方向前进。各地区各部门要高度重视网信工作，将其纳入重点工作计划和重要议事日程，及时解决新情况新问题。要充分发挥工青妇等群团组织优势，发挥好企业、科研院校、智库等作用，汇聚全社会力量齐心协力推动网信工作。二是加强互联网内容建设，建立网络综合治理体系，营造清朗的网络空间。要坚持系统性谋划、综合性治理、体系化推进，逐步建立起涵盖领导管理、正能量传播、内容管控、社会协同、网络法治、技术治网等各方面的网络综合治理体系，全方位提升网络综合治理能力。三是要求各级领导干部特别是高级干部要主动适应信息化要求、强化互联网思维，不断提高对互联网规律的把握能力、对网络舆论的引导能力、对信息化发展的驾驭能力、对网络安全的保障能力。各级党政机关和领导干部要提高通过互联网组织群众、宣传群众、引导群众、服务群众的本领。四是要求推动依法管网、依法办网、依法上网，确保互联网在法治轨道上健康运行。五是要求研究制定网信领域人才发展整体规划，推动人才发展体制机制改革，让人才的创造活力竞相迸发、聪明才智充分涌流。五是要求不断增强"四个意识"，坚持把党的政治建设摆在首位，加大力度建好队伍、全面从严管好队伍，选好配好各级网信领导干部，为网信事业发展提供坚强的组织和队伍保障。在深化党和国家机构改革过程中，党中央决定把中央网络安全和信息化领导小组改为委员会，就是为了加强党中央的集中统一领导，更好发挥决策和统筹协调作用。

（4）明确互联网发展治理的国际主张。推进全球互联网治理体系变革是大势所趋、人心所向。国际网络空间治理应该坚持多边参与、多方参与，发挥政府、国际组织、互联网企业、技术社群、民间机构、公民个人等各种主体作用。既要推动联合国框架内的网络治理，也要更好发挥各类非国家行为体的积极作用。要以"一带一路"建设等为契机，加强同沿线国家特别是发展中国家在网络基础设施建设、数字经济、网络安全等方面的合作，建设 21 世纪数字丝绸之路。

（5）明确做好网信工作的基本方法，具体包括三个方面。一是提高网络综合治理能力，形成党委领导、政府管理、企业履责、社会监督、网民自律等多主体参与，经济、法律、技术等多种手段相结合的综合治网格局。要加强网上正面宣传，旗帜鲜明坚持正确政治方向、舆论导向、价值取向，用新时代中国特色社会主义思想和党的十九大精神团结、凝聚亿万网民，深入开展理想信念教育，构建网上网下同心圆。要压实互联网企业的主体责任，决不能让互联网成为传播有害信息、造谣生事的平台。要加强互联网行业自律，调动网民积极性，动员各方面力量参与治理。二是加快突破核心技术。核心技术是国之重器，要下定决心、保持恒心、找准重心，加速推动信息领域核心技术突破。要抓产业体系建设，在技术、产业、政策上共同发力。要遵循技术发展规律，做好体系化技术布局，优中选优、重点突破。要加强集中统一领导，完善金融、财税、国际贸易、人才、知识产权保护等制度环境，优化市场环境，更好释放各类创新主体创新活力。要培育公平的市场环境，强化知识产权保护，反对垄断和不正当竞争。要打通基础研究和技术创新衔接的绿色通道，力争以基础研究带动应用技术群体突破。三是推动网信军民融合。网信军民融合是军民融合的重点领域和前沿领域，也是军民融合最具活力和潜力的领域。要抓住当前信息技术变革和新军事变革的历史机遇，深刻理解生产力和战斗力、市场和战场的内在关系，把握网信军民融合的工作机理和规律，推动形成全要素、多领域、高效益的军民深度融合发展的格局。

第三节　国家大数据战略

一、大数据与大数据体系

大数据是以容量大、类型多、存取速度快、应用价值高为主要特征的数据集合，正快速发展为对数量巨大、来源分散、格式多样的数据进行采集、存储和关联分析，从中发现新知识、创造新价值、提升新能力的新一代信息技术和服务业态。[①] 当前，以大数据为代表的新一代信息技术日新月异，给各国经济社会发展、国家管理、社会治理、人民生活带来重大而深远的影响。

大数据是信息化发展的新阶段。简言之，当需要处理的信息量过大，已经超出了一般电脑在处理数据时所能使用的内存量时，工程师们必须改进处理数据的工具，这导致新的处理技术的诞生，例如谷歌的 Mapreduce 和开源的 Hadoop 平台。新技术不仅大大增强了人们处理数据的能力，也帮助互联网企业收集到大量有价值的数据资源，并进一步激发企业利用这些数据的强烈利益冲动。从这个意义上说，互联网企业是新技术的发明者、使用者，也是大数据经济的最早获益者。

随着信息技术和人类生产生活交汇融合，互联网快速普及，全球数据呈现爆发增长、海量集聚的特点，对经济发展、社会治理、国家管理、人民生活都产生了重大影响。世界各国都把推进经济数字化作为实现创新发展的重要动能，在前沿技术研发、数据开放共享、隐私安全保护、人才培养等方面做了前瞻性布局，我国政府也于 2015 年8 月印发《促进大数据发展行动纲要》，并发布《"十三五"国家信息化规划》，明确了发展大数据的时代意义，以及大数据体系的主要内容。

1. 发展大数据具有重要时代意义

（1）大数据成为推动经济转型发展的新动力。以数据流引领技术流、物质流、资金流、人才流，将深刻影响社会分工协作的组织模式，促进生产组织方式的集约和创新。

---

①　国务院关于印发促进大数据发展行动纲要的通知［EB/OL］. 中国政府网，http：//www. gov. cn/zhengce/content/2015–09/05/content_10137. htm.

大数据推动社会生产要素的网络化共享、集约化整合、协作化开发和高效化利用，改变了传统的生产方式和经济运行机制，可显著提升经济运行水平和效率。大数据持续激发商业模式创新，不断催生新业态，已成为互联网等新兴领域促进业务创新增值、提升企业核心价值的重要驱动力。大数据产业正在成为新的经济增长点，将对未来信息产业格局产生重要影响。

（2）大数据成为重塑国家竞争优势的新机遇。在全球信息化快速发展的大背景下，大数据已成为国家重要的基础性战略资源，正引领新一轮科技创新。充分利用我国的数据规模优势，实现数据规模、质量和应用水平同步提升，发掘和释放数据资源的潜在价值，有利于更好发挥数据资源的战略作用，增强网络空间数据主权保护能力，维护国家安全，有效提升国家竞争力。

（3）大数据成为提升政府治理能力的新途径。大数据应用能够揭示传统技术方式难以展现的关联关系，推动政府数据开放共享，促进社会事业数据融合和资源整合，将极大提升政府整体数据分析能力，为有效处理复杂社会问题提供新的手段。建立"用数据说话、用数据决策、用数据管理、用数据创新"的管理机制，实现基于数据的科学决策，将推动政府管理理念和社会治理模式进步，加快建设与社会主义市场经济体制和中国特色社会主义事业发展相适应的法治政府、创新政府、廉洁政府和服务型政府，逐步实现政府治理能力现代化。

2. 建立统一开放的大数据体系

《"十三五"国家信息化规划》明确了大数据体系的内容，主要包括以下四个方面。

（1）加强数据资源规划建设。加快推进政务数据资源、社会数据资源、互联网数据资源建设。全面推进重点领域大数据高效采集、有效整合、安全利用，深化政府数据和社会数据关联分析、融合利用，提高宏观调控、市场监管、社会治理和公共服务精准性和有效性。建立国家关键数据资源目录体系，统筹布局区域、行业数据中心，建立国家互联网大数据平台，构建统一高效、互联互通、安全可靠的国家数据资源体系。探索推进离岸数据中心建设，建立完善全球互联网信息资源库。完善电子文件管理服务设施。加强哲学社会科学图书文献、网络、数据库等基础设施和信息化建设，提升国家哲学社会科学文献在线共享和服务能力。

（2）推动数据资源应用。完善政务基础信息资源共建共享应用机制，依托政府数据统一共享交换平台，加快推进跨部门、跨层级数据资源共享共用。稳步推进公共数据资源向社会开放。支持各类市场主体、主流媒体利用数据资源创新媒体制作方式，深化大数据在生产制造、经营管理、售后服务等各环节创新应用，支撑技术、产品和商业模式创新，推动大数据与传统产业协同发展。

（3）强化数据资源管理。建立健全国家数据资源管理体制机制，建立数据开放、产权保护、隐私保护相关政策法规和标准体系。制定政府数据资源管理办法，推动数据资源分类分级管理，建立数据采集、管理、交换、体系架构、评估认证等标准制度。加强数据资源目录管理、整合管理、质量管理、安全管理，提高数据准确性、可用性、可靠性。完善数据资产登记、定价、交易和知识产权保护等制度，探索培育数据交易市场。

（4）注重数据安全保护。实施大数据安全保障工程，加强数据资源在采集、传输、存储、使用和开放等环节的安全保护。推进数据加解密、脱密、备份与恢复、审计、销毁、完整性验证等数据安全技术研发及应用。切实加强对涉及国家利益、公共安全、商业秘密、个人隐私、军工科研生产等信息的保护，严厉打击非法泄露和非法买卖数据的行为。建立跨境数据流动安全监管制度，保障国家基础数据和敏感信息安全。出台党政机关和重点行业采购使用云计算服务、大数据相关规定。

二、国家大数据战略的顶层设计

国家大数据战略的顶层设计包括指导思想、总体规划、发展目标、主要任务和具体措施五个方面。

1. 指导思想

习近平新时代中国特色社会主义思想，特别是关于全面实施国家大数据战略的重要讲话、指示，是国家大数据战略的指导思想。党的十八大以来，党中央、国务院高度重视大数据发展，秉持创新、协调、绿色、开放、共享的发展理念，围绕建设网络强国、数字中国、智慧社会，提出全面实施国家大数据战略，助力中国经济从高速增长转向高质量发展。

2014年3月，大数据一词首次写入中央政府工作报告，明确"产业结构调整要依靠改革……设立新兴产业创业创新平台，在新一代移动通信、集成电路、大数据、先进制造、新能源、新材料等方面赶超先进，引领未来产业发展"。此后连续 6 年，大数据均被写入中央政府工作报告，2019 年的政府工作报告提出，要"促进新兴产业加快发展。深化大数据、人工智能等研发应用"。2015 年 8 月，国务院总理李克强主持召开国务院常务会议，通过《促进大数据发展行动纲要》。9 月 5 日，《国务院关于印发促进大数据发展行动纲要的通知》正式发布，这是我国促进大数据发展的第一份权威性、系统性文件，从国家大数据发展战略全局的高度，提出了我国大数据发展的顶层设计，是指导我国未来大数据发展的纲领性文件。2015 年 10 月，党的十八届五中全会正式提出要实施国家大数据战略。这标志着我国将大数据视作战略资源并上升为国家战略，成为经济转型发展的新动力。

2016 年 3 月，十二届全国人大四次会议批准的"十三五"规划，其中，第二十七章是"实施国家大数据战略"，明确把大数据作为基础性战略资源，全面实施促进大数据发展行动，加快推动数据资源共享开放和开发应用，助力产业转型升级和社会治理创新。

2017 年 12 月，党的十九大之后中央政治局第二次集体学习即聚焦"实施国家大数据战略"。习近平总书记在主持学习时指出，数据是信息化发展的新阶段。随着信息技术和人类生产生活交汇融合，互联网快速普及，全球数据呈现爆发增长、海量集聚的特点，对经济发展、社会治理、国家管理、人民生活都产生了重大影响。世界各国都把推进经济数字化作为实现创新发展的重要动能，在前沿技术研发、数据开放共享、隐私安全保护、人才培养等方面做了前瞻性布局。习近平总书记强调，大数据发展日新月异，我们应该审时度势、精心谋划、超前布局、力争主动，深入了解大数据发展现状和趋势及其对经济社会发展的影响，分析我国大数据发展取得的成绩和存在的问题，推动实施国家大数据战略，加快完善数字基础设施，推进数据资源整合和开放共享，保障数据安全，加快建设数字中国，更好服务我国经济社会发展和人民生活改善。

2018 年 5 月，中国国际大数据产业博览会召开，习近平总书记致贺信指出，把握好大数据发展的重要机遇，促进大数据产业健康发展，处理好数据安全、网络空间治理等方面的挑战，需要各国加强交流互鉴、深化沟通合作。我们秉持创新、协调、绿色、开放、共享的发展理念，围绕建设网络强国、数字中国、智慧社会，全面实施国家大数据战略，助力中国经济从高速增长转向高质量发展。

2019年5月，中国国际大数据产业博览会在贵州省贵阳市开幕，习近平总书记再次向会议致贺信。习近平指出，当前，以互联网、大数据、人工智能为代表的新一代信息技术蓬勃发展，对各国经济发展、社会进步、人民生活带来重大而深远的影响。各国需要加强合作，深化交流，共同把握好数字化、网络化、智能化发展机遇，处理好大数据发展在法律、安全、政府治理等方面的挑战。习近平总书记强调，中国高度重视大数据产业发展，愿同各国共享数字经济发展机遇，通过探索新技术、新业态、新模式，共同探寻新的增长动能和发展路径。

2. 总体规划

"十三五"规划提出了"实施国家大数据战略。把大数据作为基础性战略资源，全面实施促进大数据发展行动，加快推动数据资源共享开放和开发应用，助力产业转型升级和社会治理创新"，具体包括以下三个方面。一是加快政府数据开放共享。全面推进重点领域大数据高效采集、有效整合，深化政府数据和社会数据关联分析、融合利用，提高宏观调控、市场监管、社会治理和公共服务精准性和有效性。依托政府数据统一共享交换平台，加快推进跨部门数据资源共享共用。加快建设国家政府数据统一开放平台，推动政府信息系统和公共数据互联开放共享。制定政府数据共享开放目录，依法推进数据资源向社会开放。统筹布局建设国家大数据平台、数据中心等基础设施。研究制定数据开放、保护等法律法规，制定政府信息资源管理办法。二是促进大数据产业健康发展。深化大数据在各行业的创新应用，探索与传统产业协同发展新业态新模式，加快完善大数据产业链。加快海量数据采集、存储、清洗、分析发掘、可视化、安全与隐私保护等领域关键技术攻关。促进大数据软硬件产品发展。完善大数据产业公共服务支撑体系和生态体系，加强标准体系和质量技术基础建设。三是加强数据资源安全保护。建立大数据安全管理制度，实行数据资源分类分级管理，保障安全高效可信应用。实施大数据安全保障工程，加强数据资源在采集、存储、应用和开放等环节的安全保护，加强各类公共数据资源在公开共享等环节的安全评估与保护，建立互联网企业数据资源资产化和利用授信机制。加强个人数据保护，严厉打击非法泄露和出卖个人数据行为。

3. 发展目标

国务院《促进大数据发展行动纲要》提出了大数据发展的五个目标：一是通过推动大数据发展应用，在未来5至10年打造精准治理、多方协作的社会治理新模式；二是建立运行平稳、安全高效的经济运行新机制；三是构建以人为本、惠及全民的民生服务新体系；四是开启大众创业、万众创新的创新驱动新格局；五是培育高端智能、新兴繁荣的产业发展新生态。

4. 主要任务

国务院《促进大数据发展行动纲要》明确了大数据发展的三个主要任务[①]：一要加快政府数据开放共享，推动资源整合，提升治理能力。重点是大力推动政府部门数据共享，稳步推动公共数据资源开放，统筹规划大数据基础设施建设，支持宏观调控科学化，推动政府治理精准化，推进商事服务便捷化，促进安全保障高效化，加快民生服务普惠化。二要推动产业创新发展，培育新兴业态，助力经济转型。重点是发展大数据在工业、新兴产业、农业农村等行业领域应用，推动大数据发展与科研创新有机结合，推进基础研究和核心技术攻关，形成大数据产品体系，完善大数据产业链。三要强化安全保障，提高管理水平，促进健康发展。重点是健全大数据安全保障体系，强化安全支撑。

5. 具体措施

国务院《促进大数据发展行动纲要》确定了促进大数据发展的"十大工程"和"七项措施"。[②] 其中，"十大工程"主要包括政府数据资源共享开放工程、国家大数据资源统筹发展工程、政府治理大数据工程、公共服务大数据工程、工业和新兴产业大数据工程、现代农业大数据工程、万众创新大数据工程、大数据关键技术及产品研发与产业化工程、大数据产业支撑能力提升工程、网络和大数据安全保障工程。每一项工程都是围绕解决三方面任务中存在的主要问题进行专项部署的，进一步细化明确了工作目标、实

① 国家发展改革委有关负责人就《促进大数据发展行动纲要》答记者问［EB/OL］. 中国政府网，http://www.gov.cn/zhengce/2015-09-26/content_2939192.htm.

② 国务院关于印发促进大数据发展行动纲要的通知［EB/OL］. 中国政府网，http://www.gov.cn/zhengce/content/2015-09-05/content_10137.htm.

施路径和进度安排。"七项措施"主要包括完善组织实施机制、加快法规制度建设、健全市场发展机制、建立标准规范体系、加大财政金融支持、加强专业人才培养、促进国际交流合作等七个方面的政策措施。

三、实施国家大数据战略的基本要求

1.领导干部要善于获取数据、分析数据、运用数据，这是领导干部做好工作的基本功

习近平总书记指出，各级领导干部要加强学习，懂得大数据，用好大数据，增强利用数据推进各项工作的本领，不断提高对大数据发展规律的把握能力，使大数据在各项工作中发挥更大作用。要运用大数据促进保障和改善民生。大数据在保障和改善民生方面大有作为。要坚持以人民为中心的发展思想，推进"互联网＋教育""互联网＋医疗""互联网＋文化"等，让百姓少跑腿、数据多跑路，不断提升公共服务均等化、普惠化、便捷化水平。要坚持问题导向，抓住民生领域的突出矛盾和问题，强化民生服务，弥补民生短板，推进教育、就业、社保、医药卫生、住房、交通等领域大数据普及应用，深度开发各类便民应用。要加强精准扶贫、生态环境领域的大数据运用，为打赢脱贫攻坚战助力，为加快改善生态环境助力。

2.要推动大数据技术产业创新发展，构建以数据为关键要素的数字经济

习近平总书记强调，我国网络购物、移动支付、共享经济等数字经济新业态新模式蓬勃发展，走在了世界前列。要瞄准世界科技前沿，集中优势资源突破大数据核心技术，加快构建自主可控的大数据产业链、价值链和生态系统。要加快构建高速、移动、安全、泛在的新一代信息基础设施，统筹规划政务数据资源和社会数据资源，完善基础信息资源和重要领域信息资源建设，形成万物互联、人机交互、天地一体的网络空间。要发挥我国制度优势和市场优势，面向国家重大需求，面向国民经济发展主战场，全面实施促进大数据发展行动，完善大数据发展政策环境。要坚持数据开放、市场主导，以数据为纽带促进产学研深度融合，形成数据驱动型创新体系和发展模式，培育造就一批大数据领军企业，打造多层次、多类型的大数据人才队伍。习近平总书记指出，建设现代化经济体系离不开大数据发展和应用。我们要坚持以供给侧结构性改革为主线，加快

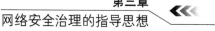
发展数字经济，推动实体经济和数字经济融合发展，推动互联网、大数据、人工智能同实体经济深度融合，继续做好信息化和工业化深度融合这篇大文章，推动制造业加速向数字化、网络化、智能化发展。要深入实施工业互联网创新发展战略，系统推进工业互联网基础设施和数据资源管理体系建设，发挥数据的基础资源作用和创新引擎作用，加快形成以创新为主要引领和支撑的数字经济。

3.运用大数据提升国家治理现代化水平

习近平总书记强调，要建立健全大数据辅助科学决策和社会治理的机制，推进政府管理和社会治理模式创新，实现政府决策科学化、社会治理精准化、公共服务高效化。要以推行电子政务、建设智慧城市等为抓手，以数据集中和共享为途径，推动技术融合、业务融合、数据融合，打通信息壁垒，形成覆盖全国、统筹利用、统一接入的数据共享大平台，构建全国信息资源共享体系，实现跨层级、跨地域、跨系统、跨部门、跨业务的协同管理和服务。要充分利用大数据平台，综合分析风险因素，提高对风险因素的感知、预测、防范能力。要加强政企合作、多方参与，加快公共服务领域数据集中和共享，推进同企业积累的社会数据进行平台对接，形成社会治理强大合力。要加强互联网内容建设，建立网络综合治理体系，营造清朗的网络空间。

4.要切实保障国家数据安全

习近平总书记强调，要加强关键信息基础设施安全保护，强化国家关键数据资源保护能力，增强数据安全预警和溯源能力。要加强政策、监管、法律的统筹协调，加快法规制度建设。要制定数据资源确权、开放、流通、交易相关制度，完善数据产权保护制度。要加大对技术专利、数字版权、数字内容产品及个人隐私等的保护力度，维护广大人民群众利益、社会稳定、国家安全。要加强国际数据治理政策储备和治理规则研究，提出中国方案。

第四章 网络安全治理的顶层设计

第一节 概述

随着网络技术和应用的迅速发展，网络空间已成为陆、海、空、天以外的第五疆域，网络已经渗透到社会的各个领域，使国家对政治、军事、经济、文化的维护大大跨越了传统的领土疆界。对网络信息的控制，以及对网络资源的开发、利用，将成为一国国家利益的关键所在。党的十八大提出要"高度关注网络空间安全"，十八届三中全会又成立了中央网络安全和信息化领导小组，由习近平总书记亲自担任组长，提出一系列重要思想和重大举措，网络安全被提升到前所未有的高度。

一、顶层设计

"顶层设计"本义是指自高端开始的总体构想，这一概念源于系统工程学领域的自顶向下设计（top-down design）。20 世纪 70 年代，由国际商用机器公司（IBM）的研究员尼克劳斯·沃斯与同事哈兰·米尔斯共同提出"自顶向下设计"的概念，随后该概念被西方国家广泛用于军事和社会学领域，成为政府统筹内外政策和制定国家发展战略的重要思维方法。2010 年 10 月，党的十七届五中全会提出的《中共中央关于制定国民经济和社会发展第十二个五年规划的建议》，提出"更加重视改革顶层设计和总体规划"。这项建议经过 2011 年 3 月召开的十一届全国人大四次会议的审议和批准，转化为国家"十二五"规划纲要中的行政要求。

什么是"顶层设计"？国内专家、学者分别从不同角度加以阐释。例如，竹立家认为顶层设计是一项工程"整体理念的具体化"；许耀桐认为顶层设计实际上是指"从高处着眼的自上而下的层层设计";迟福林认为顶层设计是指最高决策层对改革的战略目标、战略重点、优先顺序、主攻方向、工作机制、推进方式等进行整体设计。这些界定侧重点不同,但基本都认同顶层设计是从全局视角来统筹各方面、各要素,围绕核心目标进行总体的、全面的规划和设计。因此,我们认为顶层设计是指在国家最高决策层主导下,进行战略性和系统化的总体安排与部署。

网络安全治理的顶层设计,就是在总体国家安全观指导下,建立高层次的统筹协调机制,做好网络安全战略规划,以网络安全法律法规作为实现国家战略目标的制度基石,把握好发展利益与安全利益之间的关系,最终实现网络强国的战略目标。

二、加强网络安全治理顶层设计的重要性

1. 维护国家安全的需要

网络安全问题的产生,与社会对信息技术的深刻依赖有着直接的关联,而产生这种深刻依赖的原因,是信息技术在政治、经济、军事、文化乃至社会公共生活等领域广泛而深入的渗透,网络空间因此成为各国政治、经济、军事等力量角逐的全新领域。从目前来看,全球网络空间发展格局与各国的经济实力、政治地位、科技水平等密切相关,美国作为世界唯一的超级大国和互联网技术最为发达的国家,其国家安全以及霸权地位,被认为日趋依赖、依附、依托于美国对全球网络空间的掌控[1],其他主要发达国家的网络信息化水平也处于世界前列。作为发展中的大国,我国网络空间的软硬件技术实力、行动能力与发达国家相比,存在一定差距,给未来政治、经济和军事发展带来隐患。因此,加强网络安全顶层设计,由中央网络安全和信息化委员会在战略层面协调和领导各方力量,出台国家网络安全战略,加快推进法律法规的制定,是我国维护网络空间主权、安全和发展利益的必然要求。

2.国家治理现代化的必然要求

党的十八届三中全会将"完善和发展中国特色社会主义制度,推进国家治理体系

---

① 沈逸:全球网络空间治理需要国际视野[N/OL].人民网,http://theory.people.com.cn/n/2014/0722/c386965-25315911.html.

和治理能力现代化"作为全面深化改革的总目标,而网络空间治理是国家治理的重要组成部分,一个国家在网络空间治理方面的表现直接关系到整个国家的政治安全、经济安全、信息安全和文化安全。2016 年 4 月,习近平总书记在网络安全和信息化工作座谈会上指出,要以信息化推进国家治理体系和治理能力现代化,统筹发展电子政务,构建一体化在线服务平台,分级分类推进新型智慧城市建设,打通信息壁垒,构建全国信息资源共享体系,更好用信息化手段感知社会态势、畅通沟通渠道、辅助科学决策。对于国家未来的信息化建设,要同时统筹网络、发展、安全等诸多问题,规划国家重大决策,避免建设归建设、管理归管理的分离式发展。因此,网络安全是信息化或者说信息基础设施当中需要解决的基本问题,国家需要从顶层设计来整体统筹考虑。

3.参与全球互联网治理的需要

当前,全球互联网治理存在着各种各样的问题,而互联网治理格局中的实力不平衡又威胁着整个国际社会的稳定。为了使全球治理体系更加公正合理,中国提出了推动全球互联网治理体系变革的系统性原则和主张。2015 年 12 月,习近平总书记在第二届世界互联网大会开幕式上发表主旨演讲时,提出了全球互联网治理的"四项原则"和"五点主张",比较系统全面完整地诠释了我们对网络空间安全与发展的基本立场和主要主张。2018 年 4 月,习近平总书记在全国网络安全和信息化工作会议上指出,既要推动联合国框架内的网络治理,也要更好发挥各类非国家行为体的积极作用。这些都为全球互联网治理体系变革指明了方向。为了更好地参与全球互联网治理,有必要在互联网基础设施建设、信息技术防范标准、完善网络监管和加强国际间的合作等领域出台有针对性的法律、政策和规范。只有这样,我们才能真正地将"网络空间命运共同体"的理念转变为可行的政策体系和实施方案,为实现新型合理的国际互联网治理体系贡献出中国的力量。

三、网络安全治理顶层设计的框架

在各种维护国家安全的能力中,首要的是顶层设计的能力。中央关于"十二五"规划的建议明确提出要加强改革顶层设计,在重点领域和关键环节取得突破性进展[①]。中

---

① 刘鹤.关于改革的总体规划、顶层设计和重点内容 [N].中国经济时报,2011-05-20(05).

央网络安全和信息化领导小组的成立为中央全面加强网络信息化工作提供了组织保障，总体国家安全观的提出又为顶层设计提供了理论指导。在此基础上，网络安全治理的顶层设计主要从制定网络安全战略、制定发展战略与规划和网络安全立法三个方面开展相关工作。

1. 制定网络安全战略

网络安全战略是一国国家安全战略的重要组成部分，从国家全局出发作出的长远部署与谋划，它要明确的是遵循国家发展总体方向、与国情国力相适应的网络安全总目标，要确定的是指导网络安全保障与建设的战略方针，以及实现国家网络安全战略目标的战略任务和切实可行的保障措施。

2016 年 11 月通过的《网络安全法》，将制定国家网络安全战略纳入第一章"总则"当中，以法律的形式明确了战略在国家网络安全工作中的重要作用。2016 年 12 月，经中央网络安全和信息化领导小组批准，国家互联网信息办公室发布《国家网络空间安全战略》，贯彻落实习近平总书记网络强国战略思想，阐明了中国关于网络空间发展和安全的重大立场和主张，明确了战略方针和主要任务，切实维护国家在网络空间的主权、安全、发展利益，是指导国家网络安全工作的纲领性文件。

2. 制定发展战略与规划

除了制定国家网络安全战略之外，我国还发布了一系列战略、规划来保障信息化的发展，以实现网络强国的战略目标。有关信息化发展的战略规划，始于 2005 年国务院信息办制定的《国家信息安全战略报告》，该战略报告初步确定了国家网络安全的战略布局和长远规划。由于这份文件的密级较高，知悉范围有限，加之受后来机构变化等因素影响，文件对实际工作的指导作用并没有得到充分发挥。[①]

2014 年 2 月，中央网络安全和信息化领导小组成立后，在制定实施国家网络安全和信息化发展战略、宏观规划等方面，采取了一系列重大举措。2016 年 7 月，中共中央办公厅、国务院办公厅印发了《国家信息化发展战略纲要》，明确要以信息化驱动现代化为主线，以建设网络强国为目标，着力增强国家信息化发展能力，着力提高信息化应用水平，着力优化信息化发展环境。2016 年 12 月，国务院印发《"十三五"国家信

---

① 左小栋.我国网络空间安全战略彰显的国家思路［J］.保密工作，2017（5）.

息化规划》，给出了各部门在"十三五"期间建设一个战略清晰、技术先进、产业领先、安全可靠的网络强国的行动指南。

3. 构建网络安全法律体系

我国的网络安全法制建设始于 1996 年，国务院发布了《中华人民共和国计算机信息网络国际联网管理暂行规定》，两个月后，原邮电部又发布了相关管理办法，这标志着我国依法治网的开始。自 1996 年至今的 20 多年间，从全国人大开始，包括国务院、部委、地方人大及地方政府都参与了立法工作，先后制定了多部针对互联网的法律、行政法规、司法解释、部门规章、地方性法规和规章，加上其他法律中涉及的互联网内容，基本形成了专门立法和其他立法相结合、涵盖不同法律层级、覆盖互联网主要领域的法律体系。

（1）网络安全治理的专门法律法规。2017 年 6 月 1 日正式实施的《中华人民共和国网络安全法》是第一部专门的网络安全基础性法律，它与《全国人民代表大会常务委员会关于维护互联网安全的决定》《全国人民代表大会常务委员会关于加强网络信息保护的决定》《中华人民共和国国家安全法》《中华人民共和国电子商务法》《中华人民共和国电子签名法》《中华人民共和国密码法》《中华人民共和国计算机信息系统安全保护条例》等法律法规共同组成了网络安全治理的专门法律体系。

（2）网络安全刑事处罚的法律规定。对于涉及网络的犯罪行为，需要通过刑法进行规制。相关的犯罪主要分为两大类：一大类与传统犯罪比较接近，在这类犯罪中，网络主要充当一个场所、工具或者媒介，例如网络色情、网络诈骗、网络盗窃等，无须在刑法中增加新的罪名；另一类在传统刑法中无对应罪名，需要通过不断在刑法中增加新的罪名以适应不断发展的新情况。

（3）网络安全行政处罚相关的法律法规。对于涉及网络的违法行为，相关的法律法规主要包括《中华人民共和国行政处罚法》《中华人民共和国治安管理处罚法》《中华人民共和国计算机信息系统安全保护条例》《互联网信息服务管理办法》《互联网上网服务营业场所管理条例》《互联网域名管理办法》等。这些规定共同构成了网络安全行政处罚相关的法律法规。

（4）网络安全诉讼程序相关的法律法规。由于互联网的特殊性，涉及网络安全的诉讼程序，除了《中华人民共和国刑事诉讼法》《中华人民共和国民事诉讼法》《中华人民

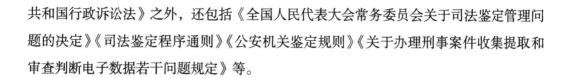

共和国行政诉讼法》之外，还包括《全国人民代表大会常务委员会关于司法鉴定管理问题的决定》《司法鉴定程序通则》《公安机关鉴定规则》《关于办理刑事案件收集提取和审查判断电子数据若干问题规定》等。

第二节　国家网络空间安全战略

一、基本概念与模式

1.战略、大战略与国家战略

战略一词历史久远，最早是军事领域的概念，卡尔·冯·克劳塞维茨在其名著《战争论》中把战略界定为"为了达到战争目的而对战斗的运用"。利德尔·哈特在战略理论基础上提出了大战略的概念及理论，并把"大战略"与军事战略区分开来。他认为，所谓大战略，或者称高级战略，其任务就在于协调和指导一个国家或几个国家的所有一切资源，以达到战争的政治目的。门洪华把大战略概念界定为"综合运用国家战略资源实现国家安全及国际目标的艺术，即一个国家运用自身的各种战略资源和战略手段（包括政治、经济、军事、文化和意识形态等）保护并拓展本国整体安全、价值观和国家利益"。随着时代的发展，战略的内涵就从作战和战争问题，不断向更复杂的层次、更宽泛的领域扩展。

关于国家战略的使用最早出自美国。第二次世界大战中，英国的大战略概念传入美国，战后逐渐演变成为国家战略，并成为美国军事术语。美国参谋长联席会议1953年再版的《美国联合军事术语辞典》将国家战略定义为"在平时和战时使用军事力量的同时，发展和使用国家的政治、经济和心理力量，以实现国家目标的艺术和科学"。1983年，美国陆军军事学院组织编写和出版的《军事战略》一书将国家战略解释为"所谓国家战略系指：在平时和战时，在组织和使用一国武装力量的同时，组织和使用该国政治、经济和心理上的力量，以实现国家目标的艺术和科学"。[①] 以上美国军方的国家战略定义，主要强调发展和使用武装力量，有明显的局限性。

---

① 美国陆军军事学院.军事战略［M］.军事科学院外国军事研究部译.北京：军事科学出版社，1986：4.

20 世纪 80 年代初，国家战略概念被引入中国大陆。伴随着国防建设指导思想的战略性转变，军内开始明确提出和使用国家战略、国防战略等概念。1993 年出版的《中国军事百科全书（战争、战略分册）》把国家战略定义为"指导国家各个领域的总方略。"1994 年，薄贵利出版了《国家战略论》，对国家战略的基本范畴和基本理论进行系统研究。此后，学术界对国家战略的研究不断增多，有的学者从实现国家总目标的角度来界定国家战略，有的学者从区别于大战略的角度上来认识和使用国家战略这一概念。本书采用薄贵利对国家战略的界定，即国家战略是一个国家为实现国家目标而综合开发、合理配置和有效运用国家力量的总体方略。国家战略就是为实现国家的总目标而制定的，就内容而言，国家战略涉及国家政治、经济、文化、社会、科技、军事、民族、地理等诸多领域，其空间范围，既包括国内战略，也包括国际战略。因此，国家战略不仅是涵盖范围最广、涉及领域最多的战略，同时也是层次最高的战略。

2. 国家网络安全战略

如本书前面所述，国家安全是包含政治安全、国土安全、军事安全、经济安全、文化安全、社会安全等诸多领域的综合性安全，其中，网络安全不仅是维护国家安全的重点领域之一，也是国家安全其他领域的保障力量。因此，网络安全战略已经上升到国家战略层面，成为国家综合安全战略的制高点和新载体。例如，美国等国已经将其政治、外交、经济、文化、军事等战略目标陆续植入国家网络安全战略中。在此背景下，国家网络安全战略是网络时代国家安全大战略的重要子集，可以理解为：为达成国家综合性安全的目标，国家维护网络空间利益、保障网络空间信息安全所制定的一系列中长期路线方针，它是一个由政策、法律、规划、指南等有机组成并能对国家信息安全产生指导作用的多层次战略体系。

国家网络安全战略不仅是一个中长期的战略规划，更是一个适应信息社会发展的科学管理体系。当前可供借鉴的国内外相关思想源流丰富，为国家网络安全战略的构建提供了指引。

3. 网络安全战略目标

从各国网络安全战略目标看，可以分为三类：第一类以美国为代表，采取积极防御和有效威慑的战略，谋求霸主地位，期望建立国际社会网络空间的行动规则，利用自身的技术优势开展网络攻防，并引导国际合作，成为网络空间的领导者。第二类以英国、法国、日本、俄罗斯为代表，希望在网络安全方面确立世界领先地位，并充分挖掘网络空间的商业价值。第三类以德国、加拿大、意大利为代表，属于积极防御者，主要目的是确保本国网络安全，建立各种组织的合作伙伴关系，并积极推动国际合作。

根据目前我国的网络空间安全形势，结合2016年发布的《国家网络空间安全战略》的有关内容，我国网络安全战略以积极防御为主。具体而言，这种积极防御主要通过全面提升网络空间的信息保障、网络治理和网络对抗的能力和水平，积极应对全球各类信息安全威胁与挑战，实现建设网络强国的战略目标。

二、我国网络空间安全战略

2016年年底和2017年年初，我国相继公布了《国家网络空间安全战略》和《网络空间国际合作战略》，这是我国网络空间安全顶层设计的重要举措，旨在阐明我国关于网络空间发展和安全的重大立场，系统阐释中国开展网络领域对外工作的基本原则、战略目标和行动要点，指导我国网络安全工作，维护国家在网络空间的主权、安全、发展利益。

1.《国家网络空间安全战略》

2016年12月，经中央网络安全和信息化领导小组批准，国家互联网信息办公室发布我国首部《国家网络空间安全战略》，阐明了中国关于网络空间发展和安全的重大立场和主张，明确了战略方针和主要任务，是指导国家网络安全工作的纲领性文件。作为我国网络空间安全的纲领性文件，《国家网络空间安全战略》重点分析了当前我国网络安全面临的"七种机遇"和"六大挑战"，提出了国家总体安全观指导下的"五大目标"，建立了共同维护网络空间和平安全的"四项原则"，制定了推动网络空间和平利用与共同治理的"九大任务"。

（1）网络空间安全面临的机遇和挑战。互联网和信息化浪潮已经遍及全球，完全融入了各个领域，正在颠覆性地改变着人类的生活方式和生产方式，形成了人类独立于陆地、海洋、航空、航天之外的第五维空间——网络空间。在全球网络空间秩序处于极不平衡的新常态下，国家互联网信息办公室在深入调查研究，并在反复研究论证的基础上透彻地分析了国家网络空间面临的七种新的机遇和六大严峻挑战。"七种机遇"包括信息传播的新渠道、生产生活的新空间、经济发展的新引擎、文化繁荣的新载体、社会治理的新平台、交流合作的新纽带、国家主权的新疆域。"六大挑战"包括网络渗透危害政治安全、网络攻击威胁经济安全、网络有害信息侵蚀文化安全、网络恐怖和违法犯罪破坏社会安全、网络空间的国际竞争方兴未艾、网络空间机遇和挑战并存。"七种机遇"与"六大挑战"的总结,是从国家顶层进行的全局性计划,充分论证了习近平总书记提出的新型网络安全战略思想,即网络安全和信息化是一体之两翼、驱动之双轮,必须统一谋划、统一部署、统一推进、统一实施。

(2)网络空间安全战略的目标。以总体国家安全观为指导,贯彻落实创新、协调、绿色、开放、共享的发展理念,增强风险意识和危机意识,统筹国内国际两个大局,统筹发展安全两件大事,积极防御、有效应对,《国家网络空间安全战略》提出了推进网络空间和平、安全、开放、合作、有序的"五大目标",维护国家主权、安全、发展利益,最终实现建设网络强国的战略目标。

我国倡导建设"和平、安全、开放、合作、有序"的网络空间战略,符合《联合国宪章》的宗旨,为各国制定符合自身国情的互联网公共政策提供了中国智慧。"五大战略目标"是国际社会对未来网络空间治理的集中反映,具有广泛的代表性,必将成为规范和治理国际网络空间的五大支柱。

(3)网络空间安全战略的原则。《国家网络空间安全战略》整体构建了维护网络空间和平与安全的"四项原则",即尊重维护网络空间主权、和平利用网络空间、依法治理网络空间、统筹网络安全与发展。"四项原则"以维护网络空间和平与安全为宗旨,不但反映了互联网时代世界各国共同构建网络空间命运共同体的价值取向,也反映出互联网时代"安全与发展"为一体双翼的主潮流,集中体现了习近平总书记在第二届世界互联网大会上提出的推进全球互联网治理体系的"四项原则":尊重网络主权、维护和平安全、促进开放合作、构建良好秩序。

(4)网络空间安全的战略任务。为了保障网络空间"五大目标"的实现,《国家网络空间安全战略》提出了基于和平利用与共同治理网络空间的"九大任务",即坚定捍卫网络空间主权、坚决维护国家安全、保护关键信息基础设施、加强网络文化建设、打击网络恐怖和违法犯罪、完善网络治理体系、夯实网络安全基础、提升网络空间防护能力、强化网络空间国际合作。"九大任务"具有两大特征:一是整体性。"九大任务"不是数个有关和平利用与治理网络空间规范的机械组合,而是各个相关网络空间安全治理规则的有机结合。二是协调性。"九大任务"确立的基本任务不是各自为政、相互对立,而是在整个战略体系中相互影响、相互作用、相互协调。

2.《网络空间国际合作战略》

2017 年 3 月，经中央网络安全和信息化领导小组批准，外交部和国家互联网信息办公室共同发布了《网络空间国际合作战略》。战略以和平发展、合作共赢为主题，以构建网络空间命运共同体为目标，就推动网络空间国际交流合作首次全面系统提出中国主张，为破解全球网络空间治理难题贡献了中国方案，是指导中国参与网络空间国际交流与合作的战略性文件。

（1）网络空间国际合作战略的基本原则。《网络空间国际合作战略》阐释了我国开展网络空间国际交流与合作的四项基本原则，即和平、主权、共治、普惠四大原则。和平原则，是网络空间创造性继承和使用了《联合国宪章》的基本原则，倡导各国以和平方式解决网络空间争端。主权原则，体现了中国对全球网络空间客观趋势的深刻认识。只有尊重主权平等，才能打消国家之间的战略互疑，打消对优势国家滥用信息技术危害他国核心利益的担忧。共治原则，是真正让非国家行为体与国家行为体公平参与全球网络空间治理的原则，而不是用多利益相关方原则去排除弱势国家的参与。普惠原则，是中国自身发展经验的总结。四大原则凸显了中国构建"平权—合作"为主要特征的全球网络空间新秩序的愿景。

（2）网络空间国际合作战略的目标。网络空间国际合作战略的六大目标按照"一个核心，两大支柱，三个重点"的分布，形成完整体系。"一个核心"，就是维护主权与国家安全。在维护主权与安全的目标中，中国对全球网络空间的认识更加务实。"防止网络空间成为新的战场"统御了各种符合国际社会游戏规则的政策工具与手段。"两大支柱"，是指构建国际规则体系、促进互联网公平治理。中国无意以单边主义的方式来实现自身的核心利益诉求。同时，中国要实现公平分配互联网基础资源，要确保相关国际进程的包容与开放，加强发展中国家的代表性和发言权。"三个重点"，是指保护公民合法权益、促进数字经济合作、打造网络文化交流平台。保护公民合法权益体现了中国政府均衡开放与管制之间的关系；促进数字经济合作则是中国网络发展、建设和管理过程中最能提炼最佳实践的领域；打造网络文化交流平台则是未来中国和世界走向深度合作的关键所在。

（3）网络空间国际合作战略的行动计划。在全球网络空间治理中的关键领域和前沿领域,《网络空间国际合作战略》提出了"九大行动计划":倡导和促进网络空间和平与稳定;推动构建以规则为基础的网络空间秩序;不断拓展网络空间伙伴关系;积极推进全球互联网治理体系改革;深化打击网络恐怖主义和网络犯罪国际合作;倡导对隐私权等公民权益的保护;推动数字经济发展和数字红利普惠共享;加强全球信息基础设施建设和保护;促进网络文化交流互鉴。"九大行动计划"描绘了重点突破的领域和积极进取的战略态势,显示中国在全球网络空间治理中各关键、前沿领域积极作为的进取姿态,表明中国致力于加强国际合作的坚定意愿,以及共同打造繁荣安全的网络空间的坚定信心和努力。

三、世界主要国家网络安全战略

自从 2003 年美国制定《确保网络空间安全的国家战略》以来,世界上已有 50 多个国家制定了专门的网络安全战略[1],网络空间安全是一个事关国家安全的全球性重大战略问题,已经成为世界各国政府的共识。

1. 美国

从克林顿时代起,美国政府就高度重视网络安全战略,将其视为国家战略的重要组成部分。2003 年 2 月,美国颁布了《确保网络空间安全的国家战略》。2011 年 5 月,美国发布了世界上第一个《网络空间国际战略》,展现了美国在网络空间的优势和霸权地位。

2018 年 5 月,美国国土安全部发布《网络安全战略》,这是特朗普政府确立新的《国家安全战略》后发布的首份网络战略。为了应对网络空间的种种不确定性风险,美国国土安全部在《网络安全战略》中提出了识别风险、减少漏洞、减小威胁、减轻影响和实现安全的"五大支柱",期望通过发挥其在网络安全领域的领导作用,进行机构联合和资源整合,以实现对政府、企业和公民的网络安全管理与治理。在战略实施部分,国土安全部将五个方向的工作分为七项具体任务,并细化为二十项具体政策和措施。2018 年发布的《网络安全战略》详细阐述了到 2023 年之前国土安全部所需进行的一系列改良和促进措施,以减少美国所面临的全局性、系统性网络安全风险,提升集体网络防御能力。

---

① 王艳. 突显网络安全在互联网建设中的战略地位 [N]. 湖南日报,2016-04-29(11).

2. 英国

英国政府于 2009 年出台了首个国家网络安全战略，用以指导和加强国家的网络安全建设，并强调"19 世纪海洋、20 世纪空军之于国家安全和繁荣一样，21 世纪的国家安全取决于网络空间的安全"。[①] 根据安全形势和建设需求的变化，英国在 2011 年、2016 年发布了第二、第三版《国家网络安全战略》。英国的国家网络安全战略重点在于构建安全、可靠与可恢复性强的网络空间和确保英国在网络空间的优势地位，从而促进并实现英国的经济繁荣、国家安全和社会稳定。以下简要介绍英国 2016 年发布的《国家网络安全战略》。

2016 年 11 月，英国政府发布了《国家网络安全战略》，该战略文件概述网络安全威胁最新评估情况（即战略背景），并重点描述了 2021 年网络安全的愿景目标、实现目标的指导原则以及未来五年的行动方案。其主要内容包括：一是愿景目标。将英国建设成为一个安全、能有效应对网络威胁的国家，在数字世界中实现繁荣而充满自信。二是指导原则和行动方案。新版战略以 2009 年、2011 年两版战略的指导原则为基础，在执行过程中结合网络安全威胁发展和建设需求的变化加以完善。三是实现措施。主要包括：启动国家网络安全中心、开发和应用主动式网络防御措施、大力培育网络安全人才、加强跨部门及公私协作、重视开展国际交流合作。

3. 俄罗斯

俄罗斯非常重视网络安全。2013 年，俄罗斯继美国之后出台了俄罗斯的网络空间国际战略——《俄罗斯联邦在国际信息安全领域国家政策基本原则》。2016 年 12 月，普京总统颁布 646 号总统令，批准了新版《俄罗斯联邦信息安全学说》（以下简称《信息安全学说》）。新版《信息安全学说》是对 2000 年版的更新升级，内容更加丰富，任务更加明确，是俄罗斯信息安全保障领域的战略规划性文件，明确了信息安全学说的战略地位。

新版《信息安全学说》共 38 条，分五个部分：总则、信息领域的国家利益、主要信息安全威胁和信息安全态势、保障信息安全的战略目标和主要方向、保障信息安全的组织基础。[②] 同时，明确了俄罗斯在信息领域的五方面国家利益：一是保障公民在信息

---

① 汪明敏，李佳.《英国网络安全战略》报告解读［J］.国际资料信息，2009（9）.

② 国信安全研究院.2016—2017 年度俄罗斯网络空间安全综述［EB/OL］.国家信息中心，http://www.sic.gov.cn/news/91/8704.htm.

获取和利用中的权利和自由，使用信息技术保护俄联邦各民族人民的历史、文化、民族精神财富；二是遭受威胁时，保障关键信息基础设施和电信网络安全；三是发展信息技术和电子技术，扶持信息安全产业发展；四是向国内外舆论传递国家政策立场，通过信息技术保障国家文化安全；五是推动国际信息安全体系建立，加强平等的战略伙伴关系，维护信息安全国家主权。

4. 日本

日本是世界上信息化程度最高、网络信息技术最发达的国家之一，同时也是对网络安全极为重视的国家之一。为实现建设世界一流的"信息安全先进国家"和"网络安全立国"的国家战略目标，日本政府接连推出了 2013 年版、2015 年版和 2018 年版《网络安全战略》，详细阐述日本政府的网络安全理念，明确提出网络安全的战略目标、基本原则和行动方向，成为指导和加强国家网络安全建设的纲领性文件。

2018 年版《网络安全战略》明确提出，日本政府施行"积极网络防御"策略，为促进事前积极防御措施，政府将与网络企业合作，利用技术诱导攻击方式搜集攻击者信息，进而增进威胁信息的共享使用。[①] 根据该战略，日本还将通过增强执法机关与自卫队的能力、协调有关国家利用各种有效手段响应网络威胁等举措，提高日本的网络威慑力，并强调了网络安全国际合作和关键基础设施保护的重要性。

5. 澳大利亚

澳大利亚政府制定了专门的网络安全战略和一系列信息安全相关法律规章，积极开展网络安全教育，普及网络风险意识。2009 年，澳大利亚出台了《澳大利亚国家网络安全战略》。该战略表明，澳大利亚政府是如何利用全部资源来保护政府、企业和个人的。2016 年，澳大利亚政府公布了新版《网络安全战略》。新版战略的重点是教会澳大利亚人如何在网络环境中保护自己，以及提高对网络恶意行为的抵抗力，确立了 2016—2020 年，澳大利亚网络安全行动的五大主题，全国性的网络合作、稳固的网络防御能力、全球责任与影响、发展与创新以及网络智能国家。

---

① 福州先知信息咨询有限公司.日本网络安全战略发展及实施情况［J］.网信军民融合，2018（12）.

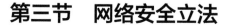

第三节 网络安全立法

一、网络安全治理的专门法律

根据相关统计，除了《中华人民共和国宪法》以外，我国涉及网络安全治理的法律有 45 部，加上 2019 年 1 月 1 日起施行的《中华人民共和国电子商务法》，以及 2019 年 10 月 26 日通过的《中华人民共和国密码法》目前网络空间安全治理的法律有 47 部。其中，最重要的是《网络安全法》《中华人民共和国电子签名法》《中华人民共和国电子商务法》《中华人民共和国密码法》。除了这四部法律以外，全国人民代表大会常务委员会还有两个决定，即《全国人民代表大会常务委员会关于维护互联网安全的决定》和《全国人民代表大会常务委员会关于加强网络信息保护的决定》，也是网络安全治理的基础性法律。本书重点介绍这四部法律及两个决定。

1.《中华人民共和国网络安全法》

（1）立法背景及意义。在信息化时代，网络已经深刻地融入了经济社会生活的各个方面，信息化带来的网络安全威胁范围和内容也在不断扩大和演化，网络安全的重要性随之不断提高。在这样的形势下，2014 年 4 月，全国人大常委会年度立法计划正式将《中华人民共和国网络安全法》列为立法预备项目，由此开启了我国网络安全立法的新进程。2016 年 11 月，第十二届全国人大常委会表决通过了《中华人民共和国网络安全法》（以下简称《网络安全法》），并于 2017 年 6 月正式施行。《网络安全法》的实施是网络安全领域"依法治国"的重要体现，反映了中央对国家网络安全工作的总体布局，为我国有效应对网络安全威胁和风险、全方位保障网络安全提供了基本法律支撑，标志着网络强国制度保障建设迈出了坚实的一步。

（2）内容框架。《网络安全法》全文共 7 章 79 条，包括：总则、网络安全支持与促进、网络运行安全、网络信息安全、监测预警与应急处置、法律责任以及附则。第一章总则，确立了我国网络安全保障的根本目的和基本原则，明确了我国网络空间治理的政策定位和发展策略。第二章国家安全支持与促进，包括网络安全标准体系、技术专业和项目、社会化服务体系、数据安全保护和利用、网络安全宣传教育、网络安全人才培养等方面的内容。第三章运行安全，内容涵盖网络安全等级保护、网络产品和服务提供者的安全保障义务、网络实名制、禁止从事危害网络安全的活动等方面，并专设一节对关键信息基础实施的运行安全进行规定。第四章网络信息安全，对网络运营者及其他主体保护用户个人信息的责任做出了具体的规定，也赋予了网络用户更广泛的个人信息权。第五章监测预警与应急处置，对建立网络安全应急工作机制和制定应急预案、预警信息的发布及网络安全事件应急处置等作了具体规定。第六章法律责任，对违反本法应当承担的法律责任进行全面规定。第七章附则，对相关用语的含义等作了规定。

（3）需要重点关注的几点。

第一，关于《网络安全法》的基本原则。一是网络空间主权原则。《网络安全法》第一条立法目的开宗明义，明确规定要维护我国网络空间主权。第二条明确规定《网络安全法》适用于我国境内网络以及网络安全的监督管理。这是我国网络空间主权对内最高管辖权的具体体现。二是网络安全与信息化发展并重原则。《网络安全法》第三条明确规定，国家坚持网络安全与信息化并重，遵循积极利用、科学发展、依法管理、确保安全的方针。三是共同治理原则。鼓励全社会共同参与，政府部门、网络建设者、网络运营者、网络服务提供者、网络行业相关组织、高等院校、职业学校、社会公众等都应根据各自的角色参与网络安全治理工作。

第二，关于政府各部门的职责权限。网络安全管理工作体制的核心是网络管理机构的设置、各机构职权的分配和不同机构之间的协调关系。《网络安全法》第八条规定，国家网信部门负责统筹协调网络安全工作和相关监督管理工作，国务院电信主管部门、公安部门和其他有关机关依法在各自职责范围内负责网络安全保护和监督管理工作。这种"1+X"的管理体制，符合当前互联网与现实社会全面融合的特点，有利于各部门依法开展监管工作。

第三，关于关键信息基础设施运行安全保护。《网络安全法》第三章用了近三分之一的篇幅规范网络运行安全，特别强调要保障关键信息基础设施的运行安全。为此，《网络安全法》规定了关键信息基础设施保护制度，首次从网络安全保障基本法的高度提出关键信息基础设施的概念，提出了关键信息基础设施保护的具体要求，强调在网络安全等级保护制度的基础上，对关键信息基础设施实行重点保护，明确关键信息基础设施的运营者负有更多的安全保护义务，并配以国家安全审查、重要数据强制本地存储等法律措施，确保关键信息基础设施的运行安全。

第四，关于网络安全风险监测预警与应急处置。习近平总书记"4·19"讲话明确提出全天候全方位感知网络安全态势，要建立统一高效的网络安全风险报告机制、情报共享机制、研判处置机制，准确把握网络安全风险发生的规律、动向、趋势。我国网络安全管理工作涉及诸多相关部门，这些部门建立的网络安全监测预警和信息通报制度缺乏协同，标准不统一，存在各自发布、体系不完整等问题。因此，《网络安全法》第五章明确国家建立网络安全监测预警和信息通报制度，建立网络安全风险评估和应急工作机制，制定网络安全事件应急预案并定期演练。

第五，关于网络安全义务和责任。《网络安全法》将原来散见于各种法规、规章中的规定上升到人大法律层面，对网络运营者等主体的法律义务和责任做了全面规定，包括守法义务，遵守社会公德、商业道德义务，诚实信用义务，网络安全保护义务，接受监督义务，承担社会责任等，并在网络运行安全、网络信息安全、监测预警与应急处置等章节中进一步明确、细化。在第六章提到的法律责任中提高了违法行为的处罚标准，加大了处罚力度，有利于保障《网络安全法》的实施。

2.《中华人民共和国电子签名法》

（1）立法背景及意义。信息技术的发展、网络的普及，越来越多的经济交往、行政服务都在网上进行，人们越来越普遍地使用电子签名技术，也由此产生了相应的法律问题。2000年9月，联合国国际贸易法委员会颁布《电子签名示范法》，确立了电子签名的法律框架，世界各国在此基础上，纷纷制定本国的电子签名法。2004年8月，第十届全国人大常委会第十一次会议表决通过了《中华人民共和国电子签名法》（以下简称《电子签名法》），并于2005年4月起施行，此后该法又经过2015年、2019年两次修正。《电子签名法》用于规范电子签名使用环境，确立其法律效力，对我国电子商务、电子政务的发展起到极其重要的促进作用。

（2）内容框架。《电子签名法》全文共5章36条。第一章总则中规定了立法依据、数据电文的效力等问题。第二章数据电文直接对电子通信作出基本的规定，为电子签名做了前提性铺垫。与联合国国际贸易法委员会《电子商务示范法》相似，该章主要运用"功能等同原则"明确了数据电文的书面、存留、收发等效力与规则，规定了能够有形地表现所载内容，并且能随时调取查用的数据电文，视为符合法律法规要求的书面形式。第三章电子签名与认证是该法的核心，规定安全电子签名与手写签名或者盖章具有同等的法律效力。为了实现该法的目标，还规定了安全电子签名的条件及其保障组织——认证机构的设立与运营规范。第四章法律责任分别给电子签名的使用者和电子认证服务机构规定了相应的民事和行政责任，其目的是为电子业务提供良好的制度化条件，以及营造社会信用环境。此外，第四章涉及许多新的技术术语，第五章附则对这些术语作了专门解释。

（3）需要重点关注的几点。

第一，关于电子签名的法律效力。《电子签名法》第三条明确规定，民事活动中的合同或者其他文件、单证等文书，当事人可以约定使用或者不使用电子签名、数据电文。当事人约定使用电子签名、数据电文的文书，不得仅因为其采用电子签名、数据电文的形式而否定其法律效力。这样，电子签名便具有与手写签字或者盖章同等的法律效力；同时承认电子文件与书面文书具有同等效力，从而使现行的民商事法律可以适用于电子文件。

第二，关于电子签名的行为。根据《电子签名法》第十三条的规定，电子签名必须同时符合"电子签名制作数据用于电子签名时，属于电子签名人专有""签署时电子签名制作数据仅由电子签名人控制""签署后对电子签名的任何改动能够被发现""签署后对数据电文内容和形式的任何改动能够被发现"等若干条件，以及"当事人也可以选择使用符合其约定的可靠条件的电子签名"，为确保电子签名安全、准确以及防范欺诈行为提供了严格的、具有可操作性的法律规定。

第三，关于认证机构的法律地位及认证程序。电子商务需要第三方对电子签名人的身份进行认证，这个第三方称为电子认证服务机构。认证机构的可靠与否对电子签名的真实性和电子交易的安全性起着关键作用。为了确保电子交易的安全可靠，《电子签名法》规定了认证服务市场准入制度，明确了由政府对认证机构实行资质管理的制度，对电子认证服务机构提出了严格的人员、资金、技术、设备等方面的条件限制，并对电子商务交易双方和认证机构在电子签名活动中的权利、义务和行为规范作出了明确的规定。

第四，关于技术中立原则。所谓技术中立原则，主要指政府立法不能对任一技术发展造成任何限制或偏袒效果，即政府在制定各种规则或标准时，应对各种技术同等对待，给予各种技术以公平竞争的机会。纵观世界各国电子签名之立法基本都遵循此原则。

第五，关于政府监管部门的法律责任。根据第三十三条的规定，负责电子认证服务业监督管理工作的部门的工作人员，不依法履行行政许可、监督管理职责的，依法给予行政处分；构成犯罪的，依法追究刑事责任。由立法明确指出追究不依法进行监督管理人员的法律责任，这是国外电子商务立法中所没有的，也是针对目前我国市场信用制度落后、电子商务大环境不完善而特别需要加强监管的国情作出的规定。

3.《中华人民共和国电子商务法》

（1）立法背景及意义。随着互联网的兴起与国内经济的持续繁荣，中国电子商务交易总额已从 2008 年的 3.14 万亿元增长至 2018 年的 31.63 万亿元[①]，市场规模跃居全球第一。与此同时，网络环境下的假冒伪劣商品销售、消费者权益保护、交易平台责任承担等问题也随之增多，原有管理方式与法律规则已不适应新形势、新经济、新环境。为解决上述问题，从 2013 年开始，全国人大财政经济委员会牵头组织成立电子商务法起草组，正式启动立法进程。2018 年 8 月，第十三届全国人大常委会第五次会议表决通过《中华人民共和国电子商务法》（以下简称《电子商务法》），并于 2019 年 1 月 1 日起开始施行。在《电子商务法》出台前，涉及电子商务的规定分散于各个政策与法规中，层级普遍较低，同时条文之间也缺乏联动性。《电子商务法》的出台意味着我国电子商务发展从此有了基本法，并构建了后续相关立法的制度框架，将有力促进电子商务活动，便于政府监管与服务在规范框架内有序展开。

（2）内容框架。《电子商务法》全文共 7 章 89 条，包括：总则、电子商务经营者、电子商务合同的订立与履行、电子商务争议解决、电子商务促进、法律责任、附则。第一章总则主要规定了调整对象。第二章电子商务经营者，主要是区分了一般的电子商务经营者和电子商务第三方平台，着重对第三方平台作出明确规定。第三章电子商务合同的订立与履行，包括对自动信息系统完成的合同效力、当事人民事行为能力推定、合同成立的条件、合同的充分接触权、订单修改权、合同履行等诸多关键问题都有了明确规定，使电子合同形成规范体系。第四章电子商务争议解决，在适用传统方式的基础上，根据电子商务发展特点，积极构建在线纠纷解决机制。第

[①] 2018 年中国电商交易额 31.63 万亿元　网络零售规模全球第一 [N/OL]. 大公网，http://www.takungpao.com.hk/finance/text/2019/0412/275252.html.

五章电子商务促进，内容涵盖制定产业政策、建立标准体系、电商精准扶贫、电商数据自由流动、电商信用评价、跨境电商监管优化、跨境争议解决机制等诸多方面，并通过第七十一条、七十二条、七十三条的规定加强对跨境电商的支持。第六章法律责任，明确规定电子商务平台违法需要承担的法律责任，并通过第七十四条至八十八条对承担的行政责任、民事责任、刑事责任作出具体规定。第七章附则规定了法律生效时间。

（3）需要重点关注的几点。

第一，关于建立符合电子商务特点的协同管理体系。《电子商务法》第六条规定，国务院有关部门按照职责分工负责电子商务发展促进、监督管理等工作。与电子商务自身特点相对应，《电子商务法》并未规定电子商务主管部门，而是各部门协同监管，即商务、交通、邮政、网信、文化、金融等多个部门按照职责分工负责。在此基础上，第七条还规定了国家要建立符合电子商务特点的协同管理体系，除了承担监管职责的有关部门，电子商务行业组织、电子商务经营者、消费者等都将参与到电子商务市场治理中。

第二，关于电子商务经营登记标准和相关责任义务范围。《电子商务法》第二章是电子商务经营者制度的内容，对电子商务平台经营者、平台内经营者以及通过自建网站、其他网络服务销售商品或提供服务的电子商务经营者的经营活动、责任义务进行了明确规定。除个别可以豁免登记的情形外，电子商务经营者应当办理市场主体登记，平台经营者要履行对平台内经营者进行核验登记、公平交易、保护知识产权、保护个人信息、保障网络安全、报送相关信息等责任和义务。

第三，关于电子商务消费者权益保护制度。在电子商务有关的三方主体中，最弱势的是消费者，其次是电商经营者，最强势的是平台经营者，《电子商务法》在均衡地保障这三方主体合法权益的基础上，适当地加强了对电子商务消费者的保护力度。例如，对关系消费者生命健康的商品或者服务，《电子商务法》第三十八条规定，电子商务平台经营者对平台内经营者未尽到资质资格审核、安全保障等义务，造成消费者损害的，依法承担相应的责任。

第四，关于电商领域知识产权保护。《电子商务法》在总则中要求所有电子商务经营者均应履行保护知识产权的义务。第四十一条至四十五条专门规定了电子商务平台经营者的知识产权保护制度，其他电子商务经营者则应适用《中华人民共和国著作权法》《中华人民共和国商标法》《中华人民共和国专利法》等一般性的知识产权法律规定。第八十四条规定了应承担的民事责任和行政责任，第八十八条则规定了构成犯罪应承担的刑事责任。《电子商务法》十分全面、详尽地在保护知识产权方面作出了规定，加大了对电子商务平台经营者知识产权侵权行为的打击力度。

4.《中华人民共和国密码法》

（1）立法背景及意义。密码工作是党和国家的一项特殊重要工作，直接关系国家安全，密码在我国革命、建设、改革各个历史时期，都发挥了不可替代的重要作用。进入新时代，密码工作面临着许多新的机遇和挑战，担负着更加繁重的保障和管理任务，制定一部密码领域综合性、基础性法律，十分必要。2019 年 10 月 26 日，十三届全国人大常委会第十四次会议通过《中华人民共和国密码法》（以下简称《密码法》），习近平主席签署主席令予以公布，将于 2020 年 1 月 1 日起正式施行，这标志着我国在密码的应用和管理等方面有了专门性的法律保障。《密码法》的颁布实施，是维护国家网络空间主权安全的重要举措，也是推动密码事业高质量发展的重要举措，必将对密码事业发展产生重大而深远的影响。

（2）内容框架。《密码法》全文共 5 章 44 条。包括：总则，核心密码、普通密码，商用密码，法律责任，附则。第一章总则，对密码工作的领导和管理体制、密码分类保护的原则以及核心密码、普通密码和商用密码在发展促进和保障措施方面的共性内容作了规定。第二章核心密码、普通密码，规定了核心密码、普通密码的使用要求、安全管理制度以及一系列特殊保障制度和措施。第三章商用密码，规定了商用密码标准化制度、商用密码检测认证制度、市场准入管理制度、电子政务电子认证服务管理制度以及商用密码事中事后监管制度。第四章法律责任，规定违反本法相关规定应当承担的相应法律后果。第五章附则，规定了国家密码管理部门规章制定权、中国人民解放军和中国人民武装警察部队的密码工作管理办法以及本法生效的时间。

（3）需要重点关注的几点。

第一，坚持党管密码和依法管理相统一的原则。党管密码原则是密码工作长期实践和历史经验的深刻总结，坚持中国共产党对密码工作的领导，旗帜鲜明地把党管密码这一根本原则写入法律，同时明确中央密码工作领导机构统一领导全国密码工作，这是《密码法》最根本性的规定。

第二，对密码实行分类管理。《密码法》明确对核心密码、普通密码与商用密码实行分类管理，规定核心密码、普通密码用于保护国家秘密信息，商用密码用于保护不属于国家秘密的信息。在核心密码、普通密码方面，将现行有效的基本制度、特殊管理政策及保障措施法治化；在商用密码方面，充分体现职能转变和"放管服"改革要求，明确公民、法人和其他组织均可依法使用。

第三，对核心密码、普通密码和商用密码在发展促进和保障措施方面作了规定。一方面通过鼓励密码科技进步和创新、保护密码领域知识产权、促进密码产业发展、实施密码工作表彰奖励等促进密码事业发展，另一方面通过相应条款禁止利用密码从事危害国家安全、社会公共利益、他人合法权益等违法犯罪活动。

二、全国人民代表大会常务委员会关于网络安全的决定

1.《全国人民代表大会常务委员会关于维护互联网安全的决定》

2000 年 12 月，第九届全国人民代表大会常务委员会第十九次会议通过了《全国人民代表大会常务委员会关于维护互联网安全的决定》（以下简称《关于维护互联网安全的决定》），在《关于维护互联网安全的决定》颁布之前，我国对互联网犯罪的惩处主要依据刑法中的相应规定，没有针对互联网犯罪的专门条款以及对利用互联网犯罪予以惩处的刑法适用规定，全国人大常委会通过颁布《关于维护互联网安全的决定》，第一次从法律层面对网络安全和信息安全加以保护，具有非常重要的意义。

《关于维护互联网安全的决定》从维护国家安全和社会稳定，保障网络安全，维护社会主义市场经济秩序和社会管理秩序，保护公民、法人和其他组织的合法权益 4 个方面，对构成犯罪的行为依照刑法有关规定追究刑事责任。对尚不构成犯罪的违法行为，根据触犯法律法规的不同，由公安机关依照《中华人民共和国治安管理处罚条例》予以处罚，或者由有关行政管理部门依法给予行政处罚。

组织保障方面，《关于维护互联网安全的决定》明确各级政府及有关部门要依法履行职责外，网络公司也要依法经营，还要动员全社会的力量，进行综合治理，强调人民法院、人民检察院、公安机关、国家安全机关要各司其职，密切配合，依法严厉打击利用互联网实施的各种犯罪活动。要动员全社会的力量，依靠全社会的共同努力，保障互联网的运行安全与信息安全，促进社会主义精神文明和物质文明建设。

2.《全国人民代表大会常务委员会关于加强网络信息保护的决定》

2012 年 12 月，第十一届全国人民代表大会常务委员会第三十次会议通过《全国人民代表大会常务委员会关于加强网络信息保护的决定》（以下简称《关于加强网络信息保护的决定》），为保障网络信息安全，保护公民、法人和其他组织的合法权益，维护国家安全和社会公共利益提供了法律保障。

《关于加强网络信息保护的决定》共 12 条，主要包括以下四方面内容。

（1）关于保护公民个人电子信息。根据《关于加强网络信息保护的决定》的相关条款，明确了网络服务提供者和其他企业事业单位收集、使用个人信息的规范及其保护个人电子信息的义务，政府有关部门及其工作人员对在履行职责中知悉的公民个人信息同样负有保密和保护义务，并赋予公民必要的监督和举报、控告的权利，充分发挥社会监督作用。

（2）关于治理垃圾电子信息。现实生活中大量存在的推销商品或者服务的手机短信、电子邮件等，对公民正常生活造成严重的干扰，甚至损害了用户的合法权益。《关于加强网络信息保护的决定》第七条对此类问题进行了规定，任何组织和个人未经电子信息接收者同意或者请求，或者电子信息接收者明确表示拒绝的，不得向其固定电话、移动电话或者个人电子邮箱发送商业性电子信息。

（3）关于网络身份管理。在公民维护其个人信息安全、有关主管部门查处侵害公民个人信息安全等违法犯罪活动的过程中，由于网络用户身份管理存在不足，导致取证、查处难，有必要加强网络用户身份管理。许多国家都通过立法要求固定电话、手机等电信用户在办理入网手续时须提供身份证明。《关于加强网络信息保护的决定》借鉴了国际通行做法，通过第六条规定要求网络服务提供者在为用户办理网站接入服务，办理固定电话、移动电话等入网手续，或者为用户提供信息发布服务时，要求用户提供真实身份信息。

（4）关于部门的监管职责。《关于加强网络信息保护的决定》赋予有关部门对网络活动进行监管的必要权力，同时明确网络服务提供者予以配合的法定义务。据此，有关主管部门应当在各自职权范围内依法履行职责，采取技术措施和其他必要措施，防范、制止和查处窃取或者以其他非法方式获取、出售或者非法向他人提供公民个人电子信息的违法犯罪行为以及其他网络信息违法犯罪行为。

《关于加强网络信息保护的决定》为加强公民个人信息保护、维护网络信息安全提供了法律依据，与 2016 年 11 月审议通过的《网络安全法》共同成为网络个人信息保护的基础性法律，上述两个文件简称"一法一决定"。全国人大常委会执法检查组于 2017 年 8 月至 10 月对"一法一决定"的实施情况进行了检查并发布了报告。根据全国人大常委会执法检查组《关于检查"一法一决定"实施情况的报告》的有关内容，可以看出在深入贯彻中央关于"建设网络强国"的战略部署、大力推进网络安全和网络信息保护工作，以及法律实施等方面取得了积极成效。

三、国外立法简介

各国政府都非常重视网络安全的立法工作。据统计，世界上有 90 多个国家制定了专门的法律来保护网络安全。在管控手段方面，有的国家通过专门的国内立法进行管制，如美国、澳大利亚、新加坡、印度等；有的国家则积极开展公私合作，推动互联网业界的行业自律以实现网络管制，如英国。在管控对象方面，主要涵盖关键基础设施的安全、网络信息安全和打击网络犯罪等方面。

1. 美国

在网络安全领域，美国联邦尚无统一的立法，但是现有法律规定中有不少关于网络安全方面的条款，截至目前，已有 50 部以上的联邦法律[①]与网络安全直接或间接相关，美国从而形成了比较完备的网络安全立法体系。美国网络安全主要法律参见表 4-1。

表4-1 美国网络安全主要法律

法律名称	内容简介
《1986 年计算机欺诈和滥用法》	禁止攻击联邦和金融机构的计算机系统
《1986 年电子通信隐私法》	禁止未授权的电子窃听
《1995 年文书削减法》	要求行政和预算办公室负责制定网络安全政策
《1996 年信息技术管理改革法》	规定部门首长负责确保本部门的信息安全政策和程序完备，在部门内设立首席信息官，授权商务部长制定颁行强制性的安全标准
《2002 年国土安全法》	授权国土安全部成为负责网络安全的核心部门

---

① Congressional Research Service，The 2013 Cybersecurity Executive Order：Overview and Considerations for Congress［EB/OL］. https：//wwwfas. org/sgp/crs/misc/R42984. pdf.

续表

法律名称	内容简介
《2002 年网络安全研究和发展法》	赋予国家科学基金会与国家标准和技术研究院研究网络安全的职责
《2002 年电子政府法》	作为指导政府办公信息和服务网络化的主要立法，包括了许多网络安全的要求
《2002 年联邦信息安全管理法》	明晰和增强了国家标准和技术研究院与联邦部门的网络安全职责，设立了联邦信息安全事件中心，并且授权行政和预算办公室，而不再是商务部长来负责制定颁行联邦网络安全标准
《2014 年联邦信息安全现代化法》	修改了 2002 年法律，以澄清、更新国土安全部和公共管理和预算办公室在联邦部门信息安全方面的职责和权限
《2014 年联邦信息技术采购改革法》	扩大了首席信息官的权限，并解决了信息技术投资风险管理、数据中心整合、信息技术培训和采购等事宜
《2015 年网络安全法》	通过为美国国土安全部提供威胁指标和防御措施的私营部门参与者提供责任保护，激励联邦政府与私营企业之间的信息共享。它还要求所有民事部门执行国土安全部的爱因斯坦计划以探测和阻止对联邦政府网络的威胁
《2015 年美国自由法案》	取代《爱国者法》，针对监控项目作出的第一次大规模改革
《2018 年 NIST 小企业网络安全法》	要求 NIST 提供专门针对小型企业（SME）的网络安全资源

美国互联网监管体系主要包括立法、司法和行政三大领域和联邦与州两个层次，立法上既有联邦法律还有各州的法律，又有国会立法、总统行政命令以及监管部门制定的具体规则等多种类型。从立法内容来看，囊括了计算机安全、隐私保护、关键基础设施保护、网络安全研发、从业人员促进、网络安全信息共享等内容。整个立法体系较为全面，既有针对互联网的宏观整体规范，也有微观的具体规定，包括行业进入规则、电话通信规则、数据保护规则、消费者保护规则、版权保护规则、诽谤和色情作品抑制规则、反欺诈与误传法规等方面。

国家安全是美国网络安全立法的重点。2001 年美国制定了《爱国者法》，该法第 215 条规定，为抵御国际恐怖主义和间谍活动，美国政府可以查看任意实体文件。2002 年《国土安全法》，通过第 225 条扩大警方监视互联网的职权，以及从互联网服务提供商调查用户数据资料的权力，从而保护"国家安全"。美国还高度重视关键基础设施的安全保护。1996 年发布的《国家信息基础设施保护法》、2002 年发布的《国土安全法》以及 2010 年发布的《国土安全网络和物理基础设施保护法》，这些法律以及多部具有法律效力的行政令和总统令从定义关键基础设施的概念入手，对关键基础设施保护范围、责任和具体要求进行了规定，从法律上提出要加强关键基础设施信息共享、标准制定、教育培训以及技术队伍建设，加强关键基础设施保护。

2015 年 12 月，美国国会通过《2015 网络安全法》，该法由四部分构成：第一部分是网络安全信息共享的立法规定，这部分也是《2015 网络安全法》的核心内容；第二部分是关于国家网络安全促进的内容，保障信息共享具有可操作性；第三部分是联邦网络安全人事评估，对网络安全相关的岗位、职责等进行了详细的规定。从法案的内容来看，这意味着美国政府在网络空间防控的优化升级与信息资源整合上，迈出了重要的一步。

2. 欧盟

欧盟信息网络安全法律规制的历史可追溯到 1992 年的《信息安全框架决议》，经过 20 多年的发展，欧盟通过颁布指令、决议、建议、条例等，内容涉及维护信息系统和基础设施安全、保护知识产权、打击计算机和网络犯罪、保护个人数据、加强网络风险管理等方面，形成一个完整的法律框架体系。

2019 年 6 月，欧盟《网络安全法案》（EU cybersecurity act），即欧洲议会和欧盟理事会第 2019/881 号条例《关于欧洲网络与信息安全局信息和通信技术的网络安全》（以下简称《网络安全法案》）正式施行。欧盟《网络安全法案》的整体框架中，加强了欧盟网络安全机构——欧盟网络和信息安全局的授权，以更好地支持成员国应对网络安全威胁和攻击。该法案在制度设计、涵盖范围以及监管手段等问题上具有开创性、系统性、科学性和前瞻性，对于全球网络和信息通信安全的法律设计、网络安全保护的国际合作以及网络安全标准体系的完善提供了值得参考的新思路。

3. 其他国家的立法情况

（1）英国。英国早期的互联网立法，侧重保护关键性信息基础设施，随着网络的不断发展，英国在加强信息基础设施保护的同时，也强调网络信息的安全、加强对网络犯罪的打击。英国通过颁布《通信监控权法》《调查权管理法》《防止滥用电脑法》《数据保护权法》等法律，明确了公民个人的权利义务和执法机关的特殊权力，规定在法定程序条件下，为维护公众的通信自由和安全以及国家利益，可以动用皇家警察和网络警察。2014 年，英国通过了《紧急通信与互联网数据保留法案》，该法案允许警察和安全部门获得电信及互联网公司用户数据的应急法案，旨在进一步打击犯罪与恐怖主义活动。

（2）澳大利亚。澳大利亚是最早制定互联网管理规定的国家之一，政府及各部门制定了一系列与信息安全有关的法律、标准和指南。澳大利亚立法重点之一是针对上网行为和网上内容的监控和管理进行规范。例如，《广播服务法》相关条款规定，出现传播违法内容情况时，网络服务提供商将被处以每天 1.1 万澳元（约合 6.38 万元人民币）的罚款，对于情节严重者，最高可判处相关责任人 10 年有期徒刑。[①]2019 年 4 月，澳大利亚国会通过《分享重大暴力内容》（*sharing of abhorrent violent material*）刑法典修正案，禁止网络服务提供商展示重大暴力画面，未能立即删除暴力内容将被刑事起诉。这项立法在全球率先将"未能防止重大暴力内容"在线上传播列入刑法范畴[②]。

（3）日本。为了实现"网络安全立国"的目标，日本加强网络安全顶层设计，出台网络安全基本框架法律。2014 年，日本颁布《网络安全基本法》，明确设立"网络安全战略本部"以统一协调各部门的网络安全政策，并对电力、金融等基础设施运营方落实网络安全相关措施提出了要求。日本在个人信息保护立法方面也比较成熟。日本第一部《个人信息保护法》于 2005 年 4 月起施行，经过 2015 年、2017 两次修正。日本在 2017 年发布的《个人信息保护法》修改版，提出进一步促进个人信息跨境自由流动，更加符合大数据时代的特点，值得借鉴。

（4）新加坡。新加坡的网络安全立法主要涉及对网络内容安全、垃圾邮件管控和个人信息保护等方面。《国内安全法》是新加坡国家安全的基础性法规，规定了互联网服务提供商的报告义务，以及为了维护国家安全国家机关拥有的调查权与执法权。《网络行为法》同样也明确规定了对网络内容进行管制的条款。此外，《广播法》与《互联网操作规则》则较为具体地规定了网站禁止发布的内容，如规定互联网禁止出现危及公共安全和国家防务的内容等，同时明确网络服务提供商与网络内容提供商在网络内容传播方面负有无可推卸的责任，包括其负有的审查义务、报告义务和协助执法的义务。

---

① 王佳可.澳大利亚网络管控严格规范［N/OL］.人民网，http：//media. people. com. cn/n/2012/0817/c40606–18765203. html.

② 刘芳.澳洲通过最严立法阻止网络暴力传播　科技公司：可能殃及无辜［N/OL］.界面，https：//www. jiemian. com/article/3014930_qq. html.

第五章 网络安全治理体制

第一节 网络安全治理体制概述

一、制度、体制、机制及其相互关系

制度、体制、机制是三个容易被混淆的概念，因此，在这里需要对这些概念的内涵及关系进行简单梳理。

1. 制度

在中国社会科学院语言研究所词典编辑室编的《现代汉语词典（第6版）》中，制度有两个基本含义：一是指要求大家共同遵守的办事规程或行动准则；二是指在一定历史条件下形成的政治、经济、文化等方面的体系。在学术研究中，一般可以将制度分为宏观和微观两个层次：在宏观层次指的是根本制度；在微观层次则指具体制度。根本制度是指在一定历史条件下形成的政治、经济、文化等方面的规则和程序体系，如政治制度、经济制度、文化制度、社会制度等。党的十九届四中全会明确提出，坚持和完善党的领导制度体系，提高党科学执政、民主执政、依法执政水平，中国共产党的领导是中国特色社会主义最本质的特征，是中国特色社会主义制度的最大优势，党是最高政治领导力量。这里的制度就是指政治制度。具体制度属微观层次，是指某个单位或某项重复进行的活动，要求成员共同遵守的办事规章或行动准则，包括约定俗成的法律制度、财务制度、劳动制度、工资制度等。[1]如个人信息保护制度、关键信息基础设施保护制度、网络安全等级保护制度、网络用户身份管理制度等都属于具体制度。

---

① 孔伟艳.制度、体制、机制辨析［J］.重庆社会科学，2010（2）.

2. 体制

根据《现代汉语词典（第6版）》的词义分析，体制有格局和规则两方面含义：一是指文体的格局或体裁；二是指国家、国家机关、企业、事业单位等的组织制度。一般认为，体制是社会活动的组织体系和结构形式，包括特定社会活动的组织结构、权责划分、运行方式和管理规定等。[①] 例如，党的十九届四中全会对"健全保证宪法全面实施的体制机制"的阐述是：依法治国首先要坚持依宪治国，依法执政首先要坚持依宪执政。加强宪法实施和监督，落实宪法解释程序机制，推进合宪性审查工作，加强备案审查制度和能力建设，依法撤销和纠正违宪违法的规范性文件。坚持宪法法律至上，健全法律面前人人平等保障机制，维护国家法制统一、尊严、权威，一切违反宪法法律的行为都必须予以追究。在这段话中，保障宪法全面实施的体制包含了基本原则、管理权限、监督机制、保障机制等内容。

3. 机制

机制一词源于自然科学，原本指机器和机体的构造、功能和相互作用等，也可指某些自然现象的物理、化学规律。更广泛地，机制还表示一个工作系统的组织或部分之间相互作用的过程和方式，如市场机制、竞争机制。[②] 网络安全治理机制包括很多内容，既包括宏观层面的机制，也包括微观层面的机制，本书将在第六章中详细介绍。

4. 制度、体制、机制的关系

（1）宏观层面的制度决定体制，并通过体制表现出来。宏观层面的制度与体制的关系，从一定意义上讲是内容和形式的关系。按照内容决定形式的原理，制度对体制具有基础性、根本性和决定性作用，规定着相应体制的基本内容、根本性质和主要特点。同时，制度的表现和实现也离不开体制。在某种意义上，体制是制度的外壳，制度是体制的实质和灵魂。虽然体制受制于制度，但又对制度的实施和完善具有重要作用。作为内含在制度和体制内的机制，任何制度或体制要发挥功能和作用，往往都需要建立许多

———————

① 赵理文. 制度、体制、机制的区分及其对改革开放的方法论意义 [J]. 中共中央党校学报，2009（5）.

② 封化民. 保密管理概论 [M]. 北京：金城出版社，2013：75.

"机制<u>丛</u>"。① 例如，党的十九届四中全会提出，健全党中央对重大工作的领导体制，强化党中央决策议事协调机构职能作用，完善推动党中央重大决策落实机制，严格执行向党中央请示报告制度，确保令行禁止。健全维护党的集中统一的组织制度，形成党的中央组织、地方组织、基层组织上下贯通、执行有力的严密体系，实现党的组织和党的工作全覆盖。这里的决策机制、执行机制等就构成"机制<u>丛</u>"。

（2）制度属于"关系"范畴，而体制属于"过程"范畴。以经济制度为例，在马克思主义理论中，经济制度是"社会形态"、"社会的经济结构"或"生产关系的总和"，生产关系的总和就是生产、流通、分配和消费的总和。而在西方学者看来，体制总是与"市场体制"和"计划体制"等相联系，强调的是运行中的过程，因而它是一个"过程"范畴。两者之间的关系是，"经济制度作为一个经济学范畴，是指相对于资源配置方式而言的社会关系结构。它作为经济运行的背景，制约着经济运行的全过程"。②

（3）机制从属于体制和制度。诺斯认为，制度是社会的博弈规则，定义和限制了个人的决策集合；机制表述的则是博弈规则的实施问题。③ 例如，网络安全等级保护就是一种制度，依据的是《网络安全法》和《信息安全等级保护管理办法》。网络安全等级保护工作的流程包括定级、备案、等级测评、安全建设整改、监督检查等环节。每一个环节都涉及一项具体的机制，这些机制从属于网络安全等级保护制度。

二、网络安全治理体制的内涵

结合本书提出的网络安全治理概念和前文对制度、体制、机制的分析，笔者认为，网络安全治理体制是指按照法定程序设置组织机构，建立职能体系，以及为保证网络安全治理顺利进行而制定的一切规章制度的总称。网络安全治理体制是网络安全治理体系的基础部分，是建设网络综合治理体系的关键内容。健全网络安全治理体制是推动国家治理能力特别是网络安全治理能力现代化的根本保障。

---

① 赵理文. 制度、体制、机制的区分及其对改革开放的方法论意义［J］. 中共中央党校学报，2009（5）.

② 黄建军. 从体制与制度关系看经济体制概念［J］. 江西财经大学学报，2001（1）.

③ North，D.，1990. Institutions，Institutional Change and Economic Performance. Cambridge：Cambridge University Press，pp. 3-4.

1.网络安全治理体制是国家行政管理体制的有机组成部分，是国家治理体系的重要组成部分

作为国家行政管理体制和国家治理体系的重要组成部分，网络安全治理体制是一个国家在网络安全领域的重要制度的集中体现。具体来说，网络安全治理体制是国家为了保障网络安全的目标而形成的紧密相连、相互协调的组织制度。

2. 网络安全治理的主体是国家领导、管理网络安全保护和监督管理活动的组织机构

从领导机构看，包括有的国家设立的网络安全委员会、我国的中央网络安全与信息化委员会等。从管理机构看，包括各种不同名称的网络安全管理机构，如美国国土安全部、俄罗斯联邦安全局等。

3. 网络安全治理的客体是网络运营者、网络使用者及相关网络活动

我国《网络安全法》第九条、第十二条等条款对网络运营者、网络使用者开展网络活动作了明确规定。如第九条规定，网络运营者开展经营和服务活动，必须遵守法律、行政法规，尊重社会公德，遵守商业道德，诚实信用，履行网络安全保护义务，接受政府和社会的监督，承担社会责任。

4. 网络安全治理体制的核心是职能的配置

在行政管理体制中，行政职能是行政组织依法开展管理活动的根据和基础。同样，在网络安全治理中，职能是网络安全治理主体在开展管理活动中的基本职责和功能作用。在网络安全治理体制中，职能的配置决定了组织结构和运行机制，反映了网络安全保护和监督管理活动的主要内容和基本实质。

第二节　我国网络安全治理体制的历史沿革

一、网络安全治理体制的探索与发展：党的十八大之前

20 世纪 80 年代初，我国信息化管理体制开始建立。1982 年 10 月，国务院成立计

算机与大规模集成电路领导小组，确定了我国发展大中型计算机、小型机系列机的选型依据。1984 年，为了加强对电子和信息事业的集中统一领导，国务院决定将国务院计算机与大规模集成电路领导小组改为国务院电子振兴领导小组。[①] 1986 年 2 月，根据《国务院关于建立国家经济信息自动化管理系统若干问题的批复》，为了统一领导国家经济信息系统的建设，加强经济信息的管理，组建国家经济信息中心，委托国家计委代管。为使国家经济信息中心顺利进行系统工程建设和更好地进行服务，由国家计委和有关方面的负责同志组成国家经济信息管理领导小组。

20 世纪 90 年代后，我国信息化管理体制有了新的发展。1993 年 12 月，国家经济信息化联席会议成立，协调信息化相关工作。1996 年 1 月，国务院信息化工作领导小组及其办公室成立。1996 年 2 月，国务院发布《中华人民共和国计算机信息网络国际联网管理暂行规定》，明确了相关管理规定。1998 年 3 月，随着国务院机构的进一步改革，原国务院信息化工作领导小组办公室整建制并入新组建的信息产业部，在信息产业部下成立信息化推进司（国家信息化办公室）。同年 8 月，公安部成立公共信息网络安全监察局，负责公共信息网络安全监管工作。

1999 年 12 月，国务院决定成立国家信息化工作领导小组。根据《国务院办公厅关于成立国家信息化工作领导小组的通知》，领导小组主要职责包括组织协调国家计算机网络与信息安全管理方面的重大问题，组织协调解决计算机 2000 年问题，负责组织拟定并在必要时组织实施计算机 2000 年问题应急方案等。领导小组不单设办事机构，具体工作由信息产业部承担。领导小组下设工作机构包括计算机网络与信息安全管理工作办公室（设在已经成立的国家计算机网络与信息安全管理中心，同时撤销计算机网络与信息安全管理部际协调小组）、国家信息化推进工作办公室（设在信息产业部信息化推进司，同时撤销国家信息化办公室）、计算机 2000 年问题应急工作办公室、国家信息化专家咨询组等。2000 年 3 月，国务院新闻办公室设立网络新闻宣传管理局，负责网络新闻宣传管理工作。

2001 年 8 月，重新组建的国家信息化领导小组成立，同时，国务院成立信息化工作办公室和国家信息化专家咨询委员会。与 1996 年和 1999 年成立的国务院信息化工作领导小组和国家信息化工作领导小组相比，新组建的领导小组规格更高。组长由国务院

---

① 汪玉凯 . 中央网络安全和信息化领导小组的由来及其影响［J］. 中国信息安全，2014（3）.

副总理升格为国务院总理，新组建的副组长包括 2 位中共中央政治局常委和 2 位中共中央政治局委员。

2002 年 7 月，在国家信息化领导小组之下，国家网络与信息安全协调小组成立，综合协调跨部门的网络与信息安全工作。2003 年，中共中央办公厅印发《国家信息化领导小组关于加强信息安全保障工作的意见》，首次为网络安全工作确立了基本纲领和大政方针，提出了加强网络安全保障的指导思想和主要任务。可以说，这是我国关于网络安全工作顶层设计的首个文件，[①] 在网络安全治理中具有重要影响。

2008 年 3 月，根据国务院机构改革方案，原国务院信息化工作办公室整体并入新组建的工业和信息化部，承担协调维护国家信息安全和国家信息安全保障体系建设的职责。根据《国务院办公厅关于印发工业和信息化部主要职责内设机构和人员编制规定的通知》规定，网络安全管理相关职责为，承担通信网络安全及相关信息安全管理的责任，负责协调维护国家信息安全和国家信息安全保障体系建设，指导监督政府部门、重点行业的重要信息系统与基础信息网络的安全保障工作，协调处理网络与信息安全的重大事件。至此，工业和信息化部成为我国互联网的行业主管部门。2011 年 5 月，国家互联网信息办公室正式成立，旨在进一步加强互联网建设、发展和管理，提高网络管理水平。

2012 年 5 月，国务院常务会议审议通过了《关于大力推进信息化发展和切实保障信息安全的若干意见》，对信息化发展和信息安全工作作出全面部署。该文件明确了在国家信息化领导小组和国家网络与信息安全协调小组的领导下，各有关部门和各地区的职责任务。该文件要求，各有关部门要按照职责分工，认真落实各项工作任务，加强协调配合，形成合力，共同推进信息化发展和网络信息安全保障工作；各地区要将保障网络与信息安全列入重要议事日程，逐级建立并认真落实网络与信息安全责任制，明确主管领导，确定工作机构，负责督促落实网络与信息安全规章制度，组织制定应急预案，处理重大网络与信息安全事件等，并根据本地实际情况，建立省（区、市）、地（市）两级网络与信息安全协调机制。

---

① 左晓栋. 由《国家信息化发展战略纲要》看我国网络安全顶层设计 [J]. 汕头大学学报（人文社会科学版），2016（4）.

二、网络安全治理体制的确立与完善：党的十八大之后

2012 年 11 月，党的十八大召开以来，以习近平同志为核心的党中央坚持从发展中国特色社会主义、实现中华民族伟大复兴中国梦的战略高度，系统部署和全面推进网络安全和信息化工作，我国网络安全治理不断开创新局面。

2013 年 11 月 12 日，党的十八届三中全会审议通过《中共中央关于全面深化改革若干重大问题的决定》，明确提出要坚持积极利用、科学发展、依法管理、确保安全的方针，加大依法管理网络力度，加快完善互联网管理领导体制，确保国家网络和信息安全。习近平总书记在作关于《中共中央关于全面深化改革若干重大问题的决定》的说明时指出，面对互联网技术和应用飞速发展，现行管理体制存在明显弊端，主要是多头管理、职能交叉、权责不一、效率不高。同时，随着互联网媒体属性越来越强，网上媒体管理和产业管理远远跟不上形势发展变化。对于加快完善互联网管理领导体制，他指出，目的是整合相关机构职能，形成从技术到内容、从日常安全到打击犯罪的互联网管理合力，确保网络正确运用和安全。

2014 年 2 月，中央网络安全和信息化领导小组召开第一次会议，会议审议通过了《中央网络安全和信息化领导小组工作规则》《中央网络安全和信息化领导小组办公室工作细则》《中央网络安全和信息化领导小组 2014 年重点工作》。领导小组的主要工作是发挥集中统一领导作用，统筹协调各个领域的网络安全和信息化重大问题，制定实施国家网络安全和信息化发展战略、宏观规划和重大政策，不断增强安全保障能力。

相比党的十八大以前，成立由中共中央总书记、国家主席、中央军委主席习近平亲自担任组长，李克强、刘云山任副组长的中央网络安全和信息化领导小组，进一步加强了对国家网络安全工作的集中统一领导和统筹协调。领导小组的成立，标志着十八届三中全会决定中"加快完善互联网管理领导体制"迈出实质性一步。这一顶层设计，有利于确保国家网络和信息安全，满足公众日益增长的信息消费需求，是国家治理体系现代化的必然要求。

2014 年 4 月，中央国家安全委员会正式成立，信息安全成为国家总体安全体系的重要组成部分。2016 年 11 月，《中华人民共和国网络安全法》颁布。2016 年 12 月，经中央网络安全和信息化领导小组批准，国家互联网信息办公室发布《国家网络空间安全战略》。这是中央网络安全和信息化领导小组这一新的领导机构作出的

总体布局。

2018 年 2 月，十九届三中全会审议通过了《中共中央关于深化党和国家机构改革的决定》和《深化党和国家机构改革方案》。根据中共中央印发的《深化党和国家机构改革方案》，为加强党中央对涉及党和国家事业全局的重大工作的集中统一领导，强化决策和统筹协调职责，中央网络安全和信息化领导小组改为中央网络安全和信息化委员会，负责相关领域重大工作的顶层设计、总体布局、统筹协调、整体推进、督促落实。《深化党和国家机构改革方案》还提出，优化中央网络安全和信息化委员会办公室职责，将国家计算机网络与信息安全管理中心由工业和信息化部管理调整为由中央网络安全和信息化委员会办公室管理。

至此，我国形成了中央网络安全和信息化委员会实施集中统一领导，中央网络安全和信息化委员会办公室、国家互联网信息办公室、工业和信息化部、公安部等有关部门分工负责的富有中国特色的网络安全治理体制。

第三节 我国网络安全治理机构及其职能

我国网络安全治理机构包括领导机构和管理机构。从中央层面看，网络安全治理的领导机构是中央网络安全和信息化委员会，网络安全治理的管理机构包括国家网信部门、国务院电信主管部门、公安部门和其他有关机关。从地方层面看，网络安全治理的领导机构是地方各级党委的网络安全和信息化委员会，网络安全治理的管理机构是县级以上人民政府有关部门。《网络安全法》第八条规定，国家网信部门负责统筹协调网络安全工作和相关监督管理工作。国务院电信主管部门、公安部门和其他有关机关依照本法和有关法律、行政法规的规定，在各自职责范围内负责网络安全保护和监督管理工作。县级以上地方人民政府有关部门的网络安全保护和监督管理职责，按照国家有关规定确定。

一、我国网络安全治理的领导机构及其职能

中央网络安全与信息化委员会是实现党中央对网络安全和信息化这一涉及党和国家事业全局的重大工作的集中统一领导的决策议事协调机构。作为这一机构的前身，中央

网络安全和信息化领导小组的主要任务是发挥集中统一领导作用，统筹协调各个领域的网络安全和信息化重大问题，制定实施国家网络安全和信息化发展战略、宏观规划和重大政策，不断增强安全保障能力。

根据《深化党和国家机构改革方案》，中央网络安全和信息化委员会的职能是，负责相关领域重大工作的顶层设计、总体布局、统筹协调、整体推进、督促落实。相比此前，将中央网络安全和信息化领导小组改为中央网络安全和信息化委员会后，党中央对涉及党和国家事业全局的重大工作的集中统一领导得到了加强，其决策和统筹协调职责得到了强化。

二、我国网络安全治理的管理机构及其职能

1. 国家网信部门及其职能

国家网信部门是指作为中央网络安全和信息化委员会办事机构的中央网络安全和信息化委员会办公室（以下简称"中央网信办"）和国家互联网信息办公室。机构性质上，根据《国务院关于机构设置的通知》，国家互联网信息办公室与中央网信办，一个机构两块牌子，列入中共中央直属机构序列。

职能上，国家网信部门负责统筹协调网络安全工作和相关监督管理工作。对此，《网络安全法》第八条规定，国家网信部门负责统筹协调网络安全工作和相关监督管理工作。《国家安全法》第四十五条规定，国家建立国家安全重点领域工作协调机制，统筹协调中央有关职能部门推进相关工作。

（1）统筹协调的职责。作为中央网络安全和信息化委员会的常设办事机构，国家网信部门具体承担统筹协调等职责。根据《网络安全法》，国家网信部门履行统筹协调职能的有关领域包括以下几方面。

第一，关键信息基础设施的安全保护。《网络安全法》第三十九条规定了国家网信部门应当统筹协调有关部门对关键信息基础设施的安全保护采取的措施。2016年，国家互联网信息办公室等部门进行关键信息基础设施摸底排查工作，完成了对金融、能源、通信、交通、广电、教育、医疗、社保等多个重点行业的网络安全风险评估。

第二，网络安全监测预警和信息通报。《网络安全法》第五十一条规定，应当统筹协调有关部门加强网络安全信息收集、分析和通报工作，按照规定统一发布网络安全监

测预警信息。

第三，网络安全等级保护。《网络安全法》对网络安全等级保护制度作了规定。为深入推进实施网络安全等级保护制度，保障国家网络空间安全和关键信息基础设施安全，按照中央指示精神，公安部会同有关部门，在总结十几年全国范围开展网络安全等级保护工作经验的基础上完成了《网络安全等级保护条例（征求意见稿）》的起草工作，并于2018年6月向社会公开征求意见。按照《网络安全等级保护条例（征求意见稿）》规定，国家网信部门还负责网络安全等级保护工作的统筹协调。

第四，网络安全风险评估和应急管理。《网络安全法》第五十三条要求，国家网信部门协调有关部门建立健全网络安全风险评估和应急工作机制，制定网络安全事件应急预案，并定期组织演练。根据中央网信办于2017年印发的《国家网络安全事件应急预案》，中央网信办负责统筹协调组织国家网络安全事件应对工作，建立健全跨部门联动处置机制，工业和信息化部、公安部、国家保密局等相关部门按照职责分工负责相关网络安全事件应对工作。这项工作的领导机构是中央网络安全和信息化委员会，其办事机构为国家网络安全应急办公室（以下简称应急办）。该办公室设在中央网信办，具体工作由中央网信办网络安全协调局承担。

其中，在应急管理方面，国家网信部门履行职责的一个重要机构是国家计算机网络与信息安全管理中心。根据《深化党和国家机构改革方案》要求，为维护国家网络空间安全和利益，将国家计算机网络与信息安全管理中心由工业和信息化部管理调整为由中央网络安全和信息化委员会办公室管理。相比国家计算机网络与信息安全管理中心，国家计算机网络应急技术处理协调中心（简称国家互联网应急中心，英文简称是 CNCERT 或 CNCERT/CC）这个名称更为人熟知。该中心成立于2002年9月，为非政府、非营利的网络安全技术中心，是我国网络安全应急体系的核心协调机构。作为国家级应急中心，CNCERT 的主要职责是，按照"积极预防、及时发现、快速响应、力保恢复"的方针，开展互联网网络安全事件的预防、发现、预警和协调处置等工作，维护国家公共互联网安全，保障基础信息网络和重要信息系统的安全运行，开展以互联网金融为代表的"互联网+"融合产业的相关安全监测工作。

当前，网信部门在具体运行中的统筹协调职能还有待强化。比如，全国人民代表大会常务委员会执法检查组《关于检查"一法一决定"实施情况的报告》指出的"法律赋予网信部门的统筹协调职能履行不够顺畅"等问题，提出"强化网信部门的统筹协调职责"等建议。2017 年 12 月,第十二届全国人大常委会第三十一次会议审议了该报告。会上,一些出席人员建议,强化网信部门的统筹协调职责,加强工信、公安、保密等部门的协同配合,在行政执法中做到统一标准、信息互通、各司其职、共同研判。

(2)相关监督管理工作。国家网信部门承担的网络安全相关监督管理工作主要在互联网信息内容安全方面。2014 年 8 月,国务院发出《关于授权国家互联网信息办公室负责互联网信息内容管理工作的通知》,授权重新组建的国家互联网信息办公室负责全国互联网信息内容管理工作,并负责监督管理执法。自此,国家互联网信息办公室增加了互联网信息内容管理和监督管理执法的职责。2017 年 5 月,国家互联网信息办公室公布施行《互联网信息内容管理行政执法程序规定》。

国家互联网信息办公室成立于 2011 年 5 月,成立之初是在中华人民共和国国务院新闻办公室加挂国家互联网信息办公室牌子。按照国务院办公厅通知,其主要职责包括:落实互联网信息传播方针政策和推动互联网信息传播法制建设,指导、协调、督促有关部门加强互联网信息内容管理;负责网络新闻业务及其他相关业务的审批和日常监管,指导有关部门做好网络游戏、网络视听、网络出版等网络文化领域业务布局规划;协调有关部门做好网络文化阵地建设的规划和实施工作;负责重点新闻网站的规划建设,组织协调网上宣传工作;依法查处违法违规网站,指导有关部门督促电信运营企业、接入服务企业、域名注册管理和服务机构等做好域名注册、互联网 IP 地址分配、网站登记备案和接入等互联网基础管理工作;在职责范围内指导各地互联网有关部门开展工作。

此外,国家网信部门的具体职能还包括国家网络安全审查[①]等(见表 5-1)。2016 年 12 月,国务院发布《"十三五"国家信息化规划》,将实施网络安全审查制度作为重点任务之一,并明确有关部门的职责,即中央网信办牵头,公安部、工业和信息化部、安全部、科技部、国家国防科工局等按职责分工负责。也就是说,国家网信部门牵头负责网络安全审查工作。

2017 年 5 月,依据《国家安全法》《网络安全法》,国家互联网信息办公室出台了《网络产品和服务安全审查办法(试行)》,进一步明确了网络安全审查制度。根据规定,

---

① 根据《国家安全法》,需要针对"网络信息技术产品和服务"等开展国家安全审查,也就是这里称的网络安全审查。

国家互联网信息办公室会同有关部门成立网络安全审查委员会，负责审议网络安全审查的重要政策，统一组织网络安全审查工作，协调网络安全审查相关重要问题。网络安全审查办公室具体组织实施网络安全审查。

表5-1 《网络安全法》中关于国家网信部门职能的规定

法条序号	规定的内容
第二十三条	会同国务院有关部门制定、公布网络关键设备和网络安全专用产品目录，并推动安全认证和安全检测结果互认，避免重复认证、检测
第三十五条	关键信息基础设施的运营者采购网络产品和服务，可能影响国家安全的，应当通过国家网信部门会同国务院有关部门组织的国家安全审查
第三十七条	关键信息基础设施的运营者在中华人民共和国境内运营中收集和产生的个人信息和重要数据应当在境内存储。因业务需要，确需向境外提供的，应当按照国家网信部门会同国务院有关部门制定的办法进行安全评估；法律、行政法规另有规定的，依照其规定

2. 国务院电信主管部门及其职能

国务院电信主管部门是作为国务院组成部门的中华人民共和国工业和信息化部（简称"工业和信息化部"）。根据2018年3月中共中央印发的《深化党和国家机构改革方案》，工业和信息化部的部分职能进行了调整。目前，工业和信息化部承担的网络安全治理方面的职能主要包括互联网行业管理、网络安全防护等。

从发展历程上看，工业和信息化部的网络安全相关职能主要经历了2008年、2015年和2018年三次演变的重要节点。

（1）2008年至2015年，工业和信息化部具体承担网络安全管理的机构主要包括信息安全协调司、通信保障局和实行垂直管理的在31个省、自治区、直辖市设置的通信管理局。根据《国务院办公厅关于印发工业和信息化部主要职责内设机构和人员编制规定的通知》规定，信息安全协调司负责协调国家信息安全保障体系建设；协调推进信息安全等级保护等基础性工作；指导监督政府部门、重点行业的重要信息系统与基础信息网络的安全保障工作；承担信息安全应急协调工作，协调处理重大事件。通信保障局的职责是组织研究国家通信网络及相关信息安全问题并提出政策措施；协调管理电信网、互联网网络信息安全平台；组织开展网络环境和信息治理，配合处理网上有害信息；拟订电信网络安全防护政策并组织实施；负责网络安全应急管理和处置；负责特殊通信管理，拟订通信管制和网络管制政策措施；管理党政专用通信工作。在网络安全应急管理方面，国家计算机网络应急技术处理协调中心（CNCERT）在我国大陆 31 个省、自治区、直辖市设的分支机构为各省、自治区、直辖市的通信管理局提供应急技术支撑。

（2）2015 年，中央机构编制委员会办公室印发《关于工业和信息化部有关职责和机构调整的通知》，工业和信息化部的网络信息安全协调等职责（原主要由信息安全协调司承担）被划给中央网信办（国家互联网信息办公室），工业和信息化部原来的通信保障局改为网络安全管理局，该局的主要职责变为：组织拟订电信网、互联网及其相关网络与信息安全规划、政策和标准并组织实施；承担电信网、互联网网络与信息安全技术平台的建设和使用管理；承担电信和互联网行业网络安全审查相关工作，组织推动电信网、互联网安全自主可控工作；承担建立电信网、互联网新技术新业务安全评估制度并组织实施；指导督促电信企业和互联网企业落实网络与信息安全管理责任，组织开展网络环境和信息治理，配合处理网上有害信息，配合打击网络犯罪和防范网络窃密；拟订电信网、互联网网络安全防护政策并组织实施；承担电信网、互联网网络与信息安全监测预警、威胁治理、信息通报和应急管理与处置；承担电信网、互联网网络数据和用户信息安全保护管理工作；承担特殊通信管理，拟订特殊通信、通信管制和网络管制的政策、标准；管理党政专用通信工作。

根据 2015 年的"三定方案"[①]，互联网行业管理、移动互联网及智能终端的管理的职责由信息通信管理局承担。

（3）2018 年 3 月，按照《深化党和国家机构改革方案》的规定，国家计算机网络与信息安全管理中心由工业和信息化部转隶中央网信办。至此，由国家计算机网络与信息安全管理中心承担的网络安全应急管理和处置等职责划入中央网信办。工业和信息化部仍负责协调电信网、互联网、专用通信网的建设，组织、指导通信行业技术创新和技术进步，对国家计算机网络与信息安全管理中心基础设施建设、技术创新提供保障。同时，工业和信息化部在各省（自治区、直辖市）设置的通信管理局管理体制、主要职责、人员编制维持不变。

---

① 中央编办关于工业和信息化部有关职责和机构调整的通知［EB/OL］. 工业和信息化部官网，http://www.miit.gov.cn/n1146285/n6496186/c3722500/content.html.

3. 国务院公安部门及其职能

目前，作为国务院组成部门的中华人民共和国公安部（简称公安部），是国务院主管全国公安工作的职能部门，即国务院公安部门。根据国务院确定的职责，公安部主要承担计算机信息系统安全保护、计算机病毒等防治管理、网络违法犯罪案件的查处等职责。[①] 在公安部，承担职责的具体机构主要是网络安全保卫局。这里主要从网络安全等级保护、防范打击网络违法犯罪等方面介绍公安部门的职能。

（1）关于网络安全等级保护。1994 年的《计算机信息系统安全保护条例》规定，计算机信息系统实行安全等级保护，安全等级的划分标准和安全等级保护的具体办法由公安部会同有关部门制定。1995 年，国家颁布《中华人民共和国人民警察法》，将计算机信息系统的安全保护写入法律。该法第六条第十二款规定，公安机关的人民警察履行监督管理计算机信息系统的安全保护工作职责。2007 年，公安部会同国家保密局、国家密码管理局和国务院信息化工作办公室制发了《信息安全等级保护管理办法》。根据规定，公安机关负责信息安全等级保护工作的监督、检查、指导。《网络安全法》总结实践经验，对该制度的名称作了调整，改为网络安全等级保护制度。[②] 公安部会同有关部门完成《网络安全等级保护条例（征求意见稿）》起草后，于 2018 年 6 月向社会公开征求意见。根据这一文件，公安部的职责是主管网络安全等级保护工作，负责网络安全等级保护工作的监督管理，依法组织开展网络安全保卫。在网络安全等级保护工作方面，公安部近年来做了大量工作。比如组织制定云计算、物联网、大数据、工业控制系统、移动互联网等新技术的等级保护标准等。[③] 根据《关于检查"一法一决定"实施情况的报告》，截至 2017 年，公安部已累计受理备案 14 万个信息系统，其中三级以上重要信息系统 1.7 万个，基本涵盖了所有关键信息基础设施。同时，对纳入等级保护的信息系统开展常态化检查，近年来累计发现整改各类安全漏洞近 40 万个。

（2）关于防范和打击网络违法犯罪。当前，我国网络违法犯罪活动不断增加，需要

---

① 杨合庆. 中华人民共和国网络安全法解读［M］. 北京：中国法制出版社，2017：22.

② 郭启全，等. 网络安全法与网络安全等级保护制度培训教程［M］. 北京：电子工业出版社，2018：7.

③ 郭启全. 深化国家信息安全等级保护制度　全力保卫国家关键信息基础设施安全［J］. 网络安全技术与应用，2016（9）.

公安机关加大应对和处罚力度。2018 年 2 月，经报党中央、国务院批准，公安部部署全国公安机关开展为期 10 个月的"净网 2018"专项行动，公安机关组织侦破各类网络犯罪案件 5.7 万余起，抓获犯罪嫌疑人 8.3 万余名，行政处罚互联网企业及联网单位 3.4 万余家次，清理违法信息 429 万余条，[①]有效履行了防范和打击网络违法犯罪的职能。

（3）关于网络安全信息通报。2003 年 3 月，中共中央决定建立网络安全信息通报机制。2004 年 8 月，国家网络与信息安全信息通报中心成立，当时的国家网络与信息安全协调小组办公室将该中心委托公安部管理。[②]根据《关于检查"一法一决定"实施情况的报告》，公安部牵头建立了国家网络安全通报预警机制，通报范围已覆盖 100 个中央党政军机构、101 家央企、31 个省（区、市）和新疆生产建设兵团，各地也都建立了网络安全与信息安全通报机制，实时通报处置各类隐患漏洞。

同时，根据《网络安全法》等有关规定，公安部还承担关键信息基础设施保护、宣传教育等方面的有关职责。此外，2018 年 9 月，公安部颁布《公安机关互联网安全监督检查规定》。按照该规定，互联网安全监督检查工作由县级以上地方人民政府公安机关网络安全保卫部门组织实施，上级公安机关应当对下级公安机关开展互联网安全监督检查工作情况进行指导和监督。

4. 其他有关部门及其职能

根据《网络安全法》和有关法律法规规定，其他主要网络安全治理组织还包括国家保密行政管理部门、国家密码管理部门、教育主管部门、标准化行政主管部门等。

（1）国家保密行政管理部门及其职能。作为我国国家保密行政管理部门，国家保密局负责涉及国家秘密信息的网络的有关监督管理。《网络安全法》第七十七条规定，存储、处理涉及国家秘密信息的网络的运行安全保护，除应当遵守本法外，还应当遵守保密法律、行政法规的规定。根据《信息安全等级保护管理办法》规定，国家保密工作部门负责等级保护工作中有关保密工作的监督、检查、指导。对此，该办法用专章对"涉及国家秘密信息系统的分级保护管理"作了详细规定。其中第三十三条规定，国家和地

---

① 公安部"净网 2018"专项行动取得显著成效［EB/OL］. 中国警察网, http://news.cpd.com.cn/n3559/201903/t20190307_833077.html.

② 左晓栋.《"十三五"国家信息化规划》网络安全工作细梳理［N/OL］. 人民网, http://opinion.people.com.cn/n1/2016/1228/c1003-28983809.html.

方各级保密工作部门依法对各地区、各部门涉密信息系统分级保护工作实施监督管理，并做好指导、监督和检查分级保护工作的开展。

（2）国家密码管理部门及其职能。作为国家密码管理部门，国家密码管理局主要负责我国密码的生产、使用、分配、监督、检查、指导、销毁、保障等相关管理工作。在网络安全治理方面，《信息安全等级保护管理办法》用专章对"信息安全等级保护的密码管理"作了详细规定。根据规定，国家密码管理局主要负责等级保护工作中密码工作的监督、检查、指导。其中第三十四条明确，国家密码管理部门对信息安全等级保护的密码实行分类分级管理。

（3）国务院标准化行政主管部门及其职能。我国国家标准化管理委员会是国务院授权履行行政管理职能、统一管理全国标准化工作的主管机构。2018年3月，根据第十三届全国人民代表大会第一次会议批准的国务院机构改革方案，国家市场监督管理总局对外保留国家标准化管理委员会牌子。《网络安全法》第十五条规定，国务院标准化行政主管部门和国务院其他有关部门根据各自的职责，组织制定并适时修订有关网络安全管理以及网络产品、服务和运行安全的国家标准、行业标准。国家支持企业、研究机构、高等学校、网络相关行业组织参与网络安全国家标准、行业标准的制定。这一规定与《中华人民共和国标准化法》的规定一致，其中第五条规定，国务院标准化行政主管部门统一管理全国标准化工作。国务院有关行政主管部门分工管理本部门、本行业的标准化工作。

在国家标准委下，具体承担标准化工作的机构是全国信息安全标准化技术委员会。根据《关于加强国家网络安全标准化工作的若干意见》，该委员会在国家标准委的领导下，在中央网信办的统筹协调和有关网络安全主管部门的支持下，对网络安全国家标准进行统一技术归口，统一组织申报、送审和报批。对于其他涉及网络安全内容的国家标准，也应征求中央网信办和有关网络安全主管部门的意见，确保相关国家标准与网络安全标准体系的协调一致。

（4）教育主管部门及其职能。人才是网络安全工作的第一资源。维护网络安全必须依靠高素质的网络安全人才。作为教育行业主管部门，教育部担负着指导、监督有关单位做好网络安全宣传教育工作等职责。

由于信息网络种类多样、网络信息类型繁多，对各类网络和网络信息负有有关安全监督管理职能的部门还有很多。《网络安全法》附则中指出，军事网络的安全保护，由中央军事委员会另行规定。根据《互联网信息服务管理办法》，国家新闻、出版、教育、卫生等部门对从事新闻、出版、教育、医疗保健、药品和医疗器械等互联网信息服务实行许可制度。此外，《网络安全法》明确提出，要对公共通信和信息服务、能源、交通、水利、金融、公共服务、电子政务等重要行业和领域的关键信息基础设施进行保护。因此，有关部门要负责编制并组织实施本行业、本领域的关键信息基础设施安全规划，指导和监督关键信息基础设施运行安全保护工作。关于关键信息基础设施保护，本书将在第八章进行介绍。

三、地方层面的网络安全治理体制

在地方层面，各省（自治区、直辖市）的网络安全治理的领导机构是地方各级党委的网络安全和信息化委员会。根据已公布的地方机构改革方案等公开资料，31个省（自治区、直辖市）都成立了省级党委网络安全和信息化委员会。

《网络安全法》第八条规定，县级以上地方人民政府有关部门的网络安全保护和监督管理职责，按照国家有关规定确定。县级以上人民政府的网信、公安等部门是地方层面网络安全治理的管理机构。

第六章　网络安全治理机制

第一节　概述

一、网络空间治理机制及其发展

1. 机制的含义

机制一词最早源于希腊文，原指机器的构造和工作原理。随着社会科学的发展，机制一词广泛应用于各个领域，有学者对组织管理领域 9 种国际期刊 15 年间发表的 55 篇文献进行研究，发现关于机制的含义就有 7 种定义方式："一是作为要素的机制，将机制视为影响某一活动或现象的要素，研究机制就是发现这些要素。二是作为活动的机制，将机制视为一种动态活动，认为机制是对可理解的因果序列或其他序列过程的活动和响应模式的解释。三是作为关系的机制，强调要素或活动间的关系特质。四是作为过程的机制，强调持续的活动及活动间的关系。五是作为层级的机制，更关注机制的层级特性，如情境机制、生成机制、转化机制。六是作为结构的机制，认为机制是客观存在的外部制约性结构。七是作为集合的机制，把机制视为一种集合的观点，强调多种机制间的相互作用。"①国内学者大多从社会学角度分析机制的内涵，认为机制是在正视社会事务各个部分存在的前提下，协调各个部分之间的关系以更好地发挥作用的具体运行方式。

---

① 李会军，葛京，席酉民 . 组织管理研究中"机制"的基本定义与研究路径［J］. 管理学报，2017（7）.

2. 网络空间治理机制的内涵

网络安全治理机制是网络空间治理机制的重要组成部分，其内涵和外延均小于网络空间治理机制，因此，探讨网络安全治理机制前需要先梳理网络空间治理机制的内涵。当前，学术界关于网络空间治理机制的相近名词比较多，包括网络治理机制、互联网治理机制、网络空间政府治理机制、网络综合治理机制等。本书认为，上述这些概念的内涵基本相同，因此，在本书的研究范围内，这些概念可以相互替换使用。但为研究方便，本书使用"网络空间治理机制"一词统一描述此类概念。

从网络空间治理机制的内涵研究看，大多数学者都在国际互联网层面进行分析。如约瑟夫·奈在分析网络空间治理的规范、机制和程序等活动，将其分为三个层次[①]：第一层是国际标准政策制定，包括互联网名称与数字地址分配机构、互联网编码分配机构、互联网工程任务组机构等；第二层是网络治理机制，主要分为联合国主导下的联合国信息安全政府专家组、信息社会世界峰会和多利益主体参与模式下的伦敦进程、巴西大会等；第三层是更加广泛的现有外部机制对网络空间治理的影响，如国际法公约、人权机制、G20 等国际机制。罗伯特·多曼斯基在《谁治理互联网》一书中提出，有效的互联网治理应该满足三个标准：行为约束力、行为驱动力、制造预期效果的能力。他提出，当管理者拥有明确的决策制定权去建立和执行这些政策，并取得预期效果时，满足了上述三个标准，就是有效的治理。据此，他认为，"互联网治理是权力决策机构通过展现其才能制定政策来约束或达成目的性成果的行为。……而制定有效政策约束或驱动互联网行为的权威政策制定机构，就是互联网的治理者。"[②]国内学者也对相关概念界定进行了研究，如李艳在《网络空间治理机制探索——分析框架与参与路径》一书中提出，网络空间治理机制是指，在对网络空间治理事务的国际协调与合作等实践过程中，形成的整体运作框架与治理模式。[③]在这个定义中，作者突出强调的是要素、过程和关系，既突出了治理主体、治理对象、治理机构，也强调相互关系，包括治理原则、规范与决策程序等。

综合上述研究，结合前章对网络空间治理的定义，本书定义网络安全治理机制的

---

① 鲁传颖.网络空间治理与多利益攸关方理论［M］.北京：时事出版社，2016：50-51.

② Robert J. Domanski. 谁治理互联网［M］.华信研究院信息化与网络安全研究所译，北京：电子工业出版社，2018：8.

③ 李艳.网络空间治理机制探索——分析框架与参与路径［M］.北京：时事出版社，2018：49.

内涵如下：网络空间治理机制是指为了构建和平、安全、开放、合作的网络空间，网络空间利益相关方通过协调、合作等实践活动，形成的维护网络空间健康秩序的整体运作框架。

3. 网络空间治理机制的变迁

随着互联网的发展，网络空间政府治理机制呈现出渐进发展的过程。2019 年 7 月，中央全面深化改革委员会召开第九次会议。会议审议通过了《关于加快建立网络综合治理体系的意见》。会议指出，加强互联网内容建设，建立网络综合治理体系，营造清朗的网络空间，是党的十九大作出的战略部署。要坚持系统性谋划、综合性治理、体系化推进，逐步建立起涵盖领导管理、正能量传播、内容管控、社会协同、网络法治、技术治网等方面的网络综合治理体系，全方位提升网络综合治理能力。阙天舒认为，在传统逻辑和善治目标的双重指引下，政府机关衍生出被动机制、互动机制和联动机制等不同类型的网络治理机制，并根据历史趋势和信息技术发展水平不断调试，以推进治理现代化。① 这种观点很有代表性，简述如下。

（1）"自上而下"的被动机制。阙天舒认为，过去政府网络空间治理采取的是一种"自上而下"的被动机制。这种机制立基于政府对信息资源的垄断，政策信息一般都是从上一级政府流向下一级政府，信息传播主要从政府内部自上而下或者自下而上层层传递的单线流动模式。因而政府治理主要表现为上下级政府之间的关系。从政府内部来讲，这一网络治理机制很容易生成部门利益，致使上下级乃至同级政府部门间由于信息资源分配不均而形成"信息孤岛"，从而降低政府的行政效率，不利于社会问题和社会矛盾的及时处理。

（2）"自下而上"的互动机制。随着互联网的普及和网民规模的扩张，信息呈指数级增长，网络治理面临日益复杂的环境，任何负面情绪或消息都可能产生"蝴蝶效应"，带来意想不到的变化。同时，信息技术的突破不断挑战传统政府治理机制，电子政务发展迅速，相关信息不仅在政府内部传递，政府也主动公开政务信息并接受社会监督，同时，政府的决策开始吸纳公众意见。这一模式又称为"输入—输出"模式，公众不断输入意见和诉求，政府通过内部机制筛选转化，然后输出改革政策。

---

① 阙天舒.网络空间中的政府规制与善治：逻辑、机制与路径选择［J］.当代世界与社会主义，2018（4）.

（3）"多元协同"的联动模式。在该机制下，政党、政府、公民个体、市场以及社会组织都扮演着相当重要的角色，各行动者之间信息互动、资源互换，以公共事务为中心构成一个地位平等、协调合作的联动体系。主要任务是对公共事件进行分类并构建多中心治理模式、网络治理主体在多方参与下制定相应规则、积极构建政府门户网站。

二、网络安全治理机制的内涵及特征

当前，学术界尚没有关于网络安全治理机制的明确定义，本书结合前人的相关研究及《网络安全法》的有关规定，作出如下界定：网络安全治理机制是网络空间治理机制的重要组成部分，是为了维护网络空间主权、国家安全以及社会公共利益，由网络安全治理主管部门采取的保障网络安全的原则、要求、规范、标准、程序、措施、方法等的总和。

网络安全治理机制的内涵包括以下四个特征。

（1）网络安全治理机制是网络空间治理机制的重要组成部分，是从安全的角度出发，研究如何采取有效措施解决网络安全问题。

（2）网络安全治理机制的主体是相关主管部门。根据《网络安全法》第八条规定，国家网络安全主管部门包括国家网信部门、国务院电信主管部门、公安部门和其他有关机关。

（3）建立网络安全治理机制的目的是保障网络安全，维护网络空间主权、国家安全以及社会公共利益。

（4）网络安全治理机制包含各种微观管理过程，既包括网络安全治理主管部门提出的原则、要求，也包括其制定的各种规范，实施的各种标准，还包括其开展的各种检查、推进的各种宣传教育培训等。

三、网络安全治理机制复合体

2014年5月，约瑟夫·奈发表《管理全球网络活动的机制复合体》一文，认为网络空间是物理与虚拟属性的特殊结合，政府和政府行为体在这个复杂舞台上为了权力开展合作与竞争。作为制度自由主义理论的创始人，约瑟夫·奈假设国家作为理性的自利者在集体行动问题上会寻求合作解决方案，国家是网络空间全球治理中的主要行为体，因此，产生网络空间治理机制是可能的。

在这篇论文中，约瑟夫·奈首次提出了网络行为机制复合体的概念。他认为机制是规范的一个子集，根据这些规范可以对某些行为的结果存在共同的预期。规范可以是描述性的，也可以是指定性的，或者两者皆是。它们也可以被（或不被）不同程度的机制化。他认为，一个机制的各种规范之间存在具有等级性的内在一致性。一个机制复合体就是由若干机制松散配对而成的。从正式机制化的光谱来看，一个机制复合体的一端是单一的法律工具，而另一端则是碎片化的各种安排。约瑟夫·奈相信，网络空间治理不存在单一的机制，而是有一套松散配对而成的规范和机制，它们介乎于一体化的机制和高度碎片化的实践和机制之间，前者可以通过等级性规则施加监管，后者则没有可以识别的内核，也不存在相互间联系。[①]约瑟夫·奈将全球网络空间治理的主题划分为七个方面：域名与标准、网络犯罪、战争与破坏、间谍行为、隐私保护、内容控制、人权；同时，奈设计了四个维度——深度、广度、结构、效力作为评价指标，对不同主题进行分析和评价，建立了管理全球网络行为的机制复合体。有学者认为这是制度自由主义理论第一次以完整的形式分析网络空间全球治理的理论框架，也是截至目前国际政治学者对网络空间治理理论构建所做的最重要的一项贡献。[②]

虽然约瑟夫·奈的研究视野是全球网络空间治理，但本书认为，该理论同样适用于国内网络安全治理机制研究。因为国内的网络安全治理问题不仅涉及政治、经济、社会、文化等各个领域，而且涉及从统筹协调到激励处罚，从人才培养到监督检查等不同层面。基于网络行为机制复合体理论，本书认为，国内网络安全治理不存在单一的机制，而是由一套松散耦合的各种机制组成的机制复合体。为方便学术研究，根据具体机制的覆盖范围，本书将网络安全治理机制划分为宏观、微观两个层次。其中，宏观层次覆盖权力运行主体及跨国合作，包括统筹协调机制、多元参与机制、宣传教育机制、国际合作机制等；微观层次覆盖网络安全治理的具体措施、方法，包括监测预警机制、应急处置机制、监督检查机制等，接下来的章节将详细分析上述机制的运行情况。

---

① 约瑟夫·奈.机制复合体与全球网络活动管理［J］.汕头大学学报（人文社会科学版），2016（4）.

② 查晓刚，鲁传颖.评约瑟夫·奈的网络空间治理机制复合体理论——一种制度自由主义的分析框架［N/OL］.中国社会科学网，http：//ex. cssn. cn/zzx/gjzzx_zzx/201606/t20160630_3094072. shtml.

第二节　我国网络安全治理的宏观机制

从宏观来看，网络安全治理机制包括统筹协调机制、多元参与机制、国际合作机制等。由于网络安全问题的复杂性，各种机制都包含丰富的内容，有很多具体的方法，分述如下。

一、统筹协调机制

统筹协调机制主要解决多头领导的问题，核心是设立统筹协调机构。经过 20 多年的发展演变，现在由中央网络安全和信息化委员会承担。在《关于深化党和国家机构改革决定稿和方案稿的说明》中，习近平总书记指出，党的十八大以来，党中央在全面深化改革、国家安全、网络安全、军民融合发展等涉及党和国家工作全局的重要领域成立决策议事协调机构，对加强党对相关工作的领导和统筹协调，起到至关重要的作用。中央网络安全和信息化委员会的办事机构为中央网络安全和信息化委员会办公室，与国家互联网信息办公室是一个机构、两块牌子。委员会的主要职能是发挥集中统一领导作用，统筹协调各个领域的网络安全和信息化重大问题，制定实施国家网络安全和信息化发展战略、宏观规划和重大政策，不断增强安全保障能力。2018 年的机构改革为加强网络安全治理工作创造了新的发展契机，优化了办公室的职能，将国家计算机网络与信息安全管理中心由工业和信息化部管理调整为由中央网络安全和信息化委员会办公室管理，使得中央网信办的统筹协调能力得到加强。与此同时，地方政府也加大了网络安全治理统筹协调的力度。如广西健全网络安全统筹协调机制，修订完善了《广西壮族自治区党委网信办网络安全协调工作实施细则》，每季度召开一次网络安全工作协调会，通报广西网络安全形势和各部门工作动态，协调解决存在问题，形成多部门联动工作格局和强大工作合力。①

---

① 金化伦. 广西：多措并举提升广西网络安全防护能力［N/OL］. 中国网信网，http：//www.
cac. gov. cn/2019-03/27/c_1124270936. htm.

二、多元参与机制

《网络安全法》是我国实施网络安全治理的根本大法和基本遵从。《网络安全法》第七条规定，建立多边、民主、透明的网络治理体系，从而确立了我国网络安全治理机制的多元参与模式，具体表现在以下三个方面。

1. 政府部门是网络安全治理的主导力量

《网络安全法》第八条规定了国家网信部门、国务院电信主管部门、公安部门和其他有关机关、县级以上地方人民政府有关部门的职责，要求相关部门依照法律法规规定，在各自职责范围内负责网络安全保护和监督管理工作。上述政府部门是我国网络安全治理的主导力量，不仅涉及多个部委，而且包含一些性质特殊的组织。如国家计算机网络应急技术处理协调中心（CNCERT）在中国大陆 31 个省、自治区、直辖市设有分支机构。目前，CNCERT 作为我国网络安全应急体系的核心协调机构，通过组织网络安全企业、学校、民间团体和研究机构，协调骨干网络运营单位、域名服务机构和其他应急组织等，构建我国互联网安全应急体系，共同处理各类互联网重大网络安全事件。同时，CNCERT 作为中国非政府层面开展网络安全事件跨境处置协助的重要窗口，积极开展网络安全国际合作，致力于构建跨境网络安全事件的快速响应和协调处置机制。CNCERT 为国际著名网络安全合作组织 FIRST 的正式成员以及亚太应急组织 APCERT 的发起者之一。截至 2017 年，CNCERT 已与 72 个国家和地区的 211 个组织建立了"CNCERT 国际合作伙伴"关系。①

2. 行业组织是网络安全治理的协同力量

《网络安全法》第十一条规定，网络相关行业组织按照章程，加强行业自律，制定网络安全行为规范，指导会员加强网络安全保护，提高网络安全保护水平，促进行业健康发展。第二十九条规定，国家支持网络运营者之间在网络安全信息收集、分析、通报和应急处置等方面进行合作，提高网络运营者的安全保障能力。行业组织是同行业的自然人、法人或者其他组织在平等、自愿原则基础上，依法成立并按照章程开展活动的非营

---

① CNCERT 简介［N/OL］. 国家计算机网络应急技术处理协调中心，http：//www.cert.org.cn/publish/main/34/index.html.

利性自律组织，旨在增加共同利益，维护共同合法权益。行业组织在加强互联网协作方面的主要作用主要包括四个方面[1]：一是制定本行业的网络安全保护规范和协作机制，为加强本行业协作提供制度和机制保护。二是加强网络安全风险分析评估，为本组织会员掌握风险、提前应对提供协助。三是向会员进行风险警示，及早防范网络安全事件的发生。四是为会员提供人才、技术和信息等方面的支持，帮助会员有效应对网络安全风险。

当前，我国重要的行业组织有两个：一个是中国互联网协会；另一个是中国网络空间安全协会。

（1）中国互联网协会。2001年5月成立，由国内从事互联网行业的网络运营商、服务提供商、设备制造商、系统集成商以及科研、教育机构等70多家互联网从业者共同发起成立，是由中国互联网行业及与互联网相关的企事业单位自愿结成的行业性的全国性的非营利性的社会组织，现有会员1 000多个，业务主管单位是工业和信息化部。[2] 截至2013年4月，中国互联网协会已牵头组织研究并发布《抵制恶意软件自律公约》《博客服务自律公约》《文明上网自律公约》《电子邮件服务规范》《抵制非法网络公关行为自律公约》《互联网终端软件服务行业自律公约》等各种互联网自律公约和倡议书19部，对倡导行业自律、促进行业健康发展起到了积极作用。[3] 2018年12月，由国家网信办网络社会工作局指导、中国互联网协会主办的第五届中国互联网企业社会责任论坛召开，会上还发布了《中国互联网行业社会责任报告（2017—2018年度）》，阿里巴巴、腾讯、百度、京东、美团等36家互联网企业在京签订《2018中国互联网企业履行社会责任倡议》，[4] 助推脱贫攻坚，服务国家战略，建立信息披露机制，主动接受社会监督，努力共同营造健康的网络生态环境，促进行业长远健康发展。

（2）中国网络空间安全协会。2016年3月成立，是中国首个网络安全领域的全国性社会团体。由中国国内从事网络空间安全相关产业、教育、科研、应用的机构、企业

---

① 杨合庆. 中华人民共和国网络安全法释义［M］. 北京：中国民主法制出版社，2017：87.

② 协会简介［N/OL］. 中国互联网协会网，http：//www. isc. org. cn/xhgk/xhjj/.

③ 自律公约［N/OL］. 中国互联网协会网，http：//www. isc. org. cn/fwdt/listinfo-15397. html.

④ 余俊杰. 36家互联网企业签订履行社会责任倡议［N/OL］. 新华网，http：//www. cac. gov. cn/2018-12/20/c_1123881421. htm.

及个人共同自愿结成的全国性、行业性、非营利性社会组织，接受国家互联网信息办公室和社团登记管理机关中华人民共和国民政部的业务指导和监督管理。协会现有会员单位 260 个，个人会员 321 人。[①]协会宗旨是发挥桥梁纽带作用，组织和动员社会各方面力量参与中国网络空间安全建设，为会员服务，为行业服务，为国家战略服务，促进中国网络空间的安全和发展。

3. 社会力量是网络安全治理的中坚力量

社会力量包括互联网企业、高等学校和职业学校、基金会和个人等不同层面。

（1）互联网企业发挥着日益重要的作用。《网络安全法》在多个条款中以"国家鼓励"或"国家支持"的表述，明确了互联网企业的角色，包括第二十九条规定，国家支持网络运营者之间在网络安全信息收集、分析、通报和应急处置等方面进行合作，提高网络运营者的安全保障能力。第三十一条规定，国家鼓励关键信息基础设施以外的网络运营者自愿参与关键信息基础设施保护体系。第十七条规定，国家推进网络安全社会化服务体系建设，鼓励有关企业、机构开展网络安全认证、检测和风险评估等安全服务。

（2）高等学校、职业学校在人才培养、网络产品研发方面发挥着不可或缺的作用。例如，《网络安全法》第十三条规定，国家支持研究开发有利于未成年人健康成长的网络产品和服务。第二十条规定，国家支持企业和高等学校、职业学校等教育培训机构开展网络安全相关教育与培训，采取多种方式培养网络安全人才，促进网络安全人才交流。

（3）相关基金会也在网络安全治理中发挥巨大作用。其中，中国互联网发展基金会是经国务院批准，在民政部登记注册，具有独立法人地位的全国性公募基金会，业务主管单位是国家互联网信息办公室。[②]该基金会的业务范围包括募集资金、专项资助，支持社会组织、单位和个人参与网络空间治理，国际交流与合作、专业培训。通过向海内外广泛募集资金，用于积极推进网络建设，让互联网发展成果惠及 13 亿中国人民。

[①] 中国网络空间安全协会简介［N/OL］.中国网络空间安全协会，https：//www.cybersac.cn/News/getNewsDetail/id/86/type/2.

[②] 中国互联网发展基金会简介［N/OL］.中国互联网发展基金会，http：//www.cidf.net/jjhjj.htm.

（4）个人的作用不可或缺。《网络安全法》第十四条规定，任何个人和组织有权对危害网络安全的行为向网信、电信、公安等部门举报。收到举报的部门应当及时依法作出处理；不属于本部门职责的，应当及时移送有权处理的部门。有关部门应当对举报人的相关信息予以保密，保护举报人的合法权益。目前，这项规定执行较好，例如，2019年8月，全国各级网络举报部门受理举报1 352.8万件，环比增长13.4%、同比下降47.8%。其中，中央网信办（国家互联网信息办公室）违法和不良信息举报中心受理举报23.1万件，环比增长46.6%、同比下降25.1%；各地网信办举报部门受理172.7万件，环比下降21.7%、同比增长4.7%；全国主要网站受理1 157.0万件，环比增长20.9%，同比下降51.8%。[①]2018年、2019年全国网络违法和不良信息有效举报受理量情况见图6-1。

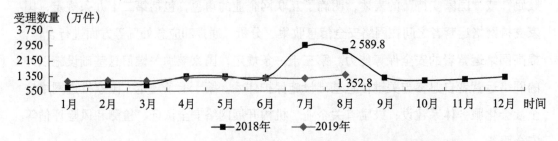

图6-1 2018年、2019年全国网络违法和不良信息有效举报受理量情况

三、宣传教育机制

党的十八大以来，我国网络安全宣传教育取得了显著成就，2015年起设立了国家网络安全宣传周，探索出了一条依法宣传、多主体参与、主题突出、形式多样、效果良好的宣传教育机制。

1. 依法宣传

《网络安全法》明确了我国网络安全宣传教育的主管机构及目标，规定各级人民政府及其有关部门是网络宣传教育的主管部门，第十九条规定，应当组织开展经常性的网络安全宣传教育，并指导、督促有关单位做好网络安全宣传教育工作。同时，明确大众传播媒介是开展网络安全宣传教育的重要工具，大众传播媒介应当有针对性地面向社会进行网络安全宣传教育。第六条明确了我国网络安全宣传教育的目标：倡导诚实守信、

---

① 2019年8月全国网络举报受理情况［N/OL］.国家网信办举报中心，http://www.12377.cn/txt/2019-09/05/content_40885793.htm.

健康文明的网络行为，推动传播社会主义核心价值观，采取措施提高全社会的网络安全意识和水平，形成全社会共同参与促进网络安全的良好环境。2016年3月，中央网信办印发《国家网络安全宣传周活动方案》，方案就指导思想、组织形式、活动方式、工作要求等作出了明确规定，要求各地方、各有关部门要将网络安全宣传周活动列入重要议事日程，加强领导，提前谋划，制定活动方案，认真组织落实。各地每年11月底前将本地网络安全宣传周总结情况报中央网络安全和信息化领导小组办公室。

2. 多主体参与

我国网络安全宣传教育活动是在中央网络安全和信息化领导小组领导下，由中央网信办牵头、多个部委联合开展的多主体参与模式。以网络安全宣传周为例，根据《国家网络安全宣传周活动方案》，国家网络安全宣传周在中央网络安全和信息化领导小组领导下，由中央网信办牵头，教育部、工业和信息化部、公安部、新闻出版广电总局、共青团中央等相关部门共同举办。在国家网络安全宣传周期间，各省、市、自治区党委网络安全和信息化领导小组办公室会同有关部门组织开展本地网络安全宣传周活动。国家有关行业主管监管部门根据实际举办本行业网络安全宣传教育活动。2014年11月24日至30日，我国举办首届国家网络安全宣传周，由中央网络安全和信息化领导小组办公室会同中央机构编制委员会办公室、教育部、科技部、工业和信息化部、公安部、中国人民银行、新闻出版广电总局等部门联合主办。迄今，国家网络安全宣传周已举办五届，最少的一年主办单位有中央网信办、教育部、工信部、公安部、新闻出版广电总局、共青团中央六个部门，最多的一年主办单位有十个，分别是中央宣传部、中央网信办、教育部、工业和信息化部、公安部、中国人民银行、国家广播电视总局、全国总工会、共青团中央、全国妇联。

3. 主题突出

《网络空间安全战略》明确，要办好网络安全宣传周活动，大力开展全民网络安全宣传教育。我国的网络安全宣传教育以国家网络安全宣传周为核心，集中在每年9月第三周开展主题鲜明的宣传活动。2014年、2015年国家网络安全宣传周的主题是"共建网络安全、共享网络文明"；2016—2018年国家网络安全宣传周的主题是"网络安全为人民，网络安全靠人民"，看似不同主题，其实是一个含义，共建就是靠人民，共享就是为人民，广大网民是网络安全的最大受益者，也是网络安全的最重要支持者和维护者。只有每一位网民的权益都得到有力保护，网络安全才能真正落地生根。因此，网络安全宣传周的日程安排均紧紧围绕这个主题，首届国家网络安全宣传周面向社会公开征集"网络安全在我身边"公益短片。经专家评审出的优秀公益短片从11月17日开始在各类媒体上展播，公益短片形式多样、生动活泼、寓意深刻，通过反映现实生活中网络安全示例和防护方法，揭露网上不法行为，收到良好的教育效果。2018年的国家网络安全宣传周，还在线上开展了"网络安全微课征集活动"，时间跨度长达2个月，共征集到各类型、各题材作品近万件，经过专家评审，网络票选，最终评选出五强作品进入金银铜奖角逐，其中《手语说法之网络安全》获得金奖，奖金9万元[1]。此外，本届国家网络安全宣传周还开展了网络安全社区示范活动、网络安全趣玩空间等，其中社区活动开展地点在主办城市的各社区，趣玩空间在广场上举办，参见表6-1。

表6-1　2018年国家网络安全宣传周其他活动[2]

活动时间	主要内容	活动地点
7月20日—9月22日	网络安全微课征集	线上
9月15日—16日	"巅峰极客"网络安全技能挑战赛决赛	成都天府智选假日酒店
9月16日	2018年工业信息安全技能大赛决赛	成都首座万豪酒店
9月17日—23日	网络安全社区示范活动	成都市各社区
9月17日—22日	网络安全趣玩空间	成都春熙路红星路广场

4. 形式多样

《国家网络空间安全战略》明确提出，推动网络安全教育进教材、进学校、进课堂，提高网络媒介素养，增强全社会网络安全意识和防护技能，提高广大网民对网络违法有害信息、网络欺诈等违法犯罪活动的辨识和抵御能力。五年来，每一届国家网络安全宣传周都开展网络安全博览会、高峰论坛和各种分论坛活动，其中，网络安全博览会既是网络安全宣传周的重头戏，也是生动鲜活地提升网络安全意识、展示网络安全技能的主渠道。而作为活动主办部门的各个部委，也开展了形式多样的主题日活动。在2018年国家网络安全宣传周上，教育部开展了"校园日"活动，工业和信息化部开展"电信

---

① 全国网络安全微课征集活动圆满落幕金银铜奖诞生［N/OL］,新华网. http://www.cac.gov.cn/2018-09/24/c_1123473484.htm.

② 2018年国家网络安全宣传周，其他活动［N/OL］.国家互联网信息办公室，http://www.cac.gov.cn/2018-09/06/c_1123390350.htm.

日"活动，公安部开展"法治日"活动，中国人民银行开展"金融日"活动，共青团中央开展"青少年日"活动，全国总工会开展了"个人信息保护日"活动，这些活动充分考虑特定受众的特点，有针对性地设计活动内容，生动有趣，受到社会各界的欢迎。

5. 效果良好

当前，国家网络安全周收效十分明显，在提高全民网络安全意识，促进政产学研合作方面发挥了积极作用。如2018年网络安全博览会展示面积达2.2万平方米，为历届博览会之最，融合了网络安全人才培养、技术创新、产业发展等多项内容，不仅吸引了90多家企业参展，还带来7所一流网络安全学院的建设示范项目，并专门设置了成都展区，系统呈现其在网络安全顶层设计、产学研结合、应用示范、科技创新等方面的发展历程与成就。[①] 而经过不断探索创新，宣传周的各种主题日活动也日臻完善，效果日渐显现。以2018年国家网络安全宣传周为例，在校园日中，发布了成都市中小学生媒介素养成果报告，面向成都市学生发起网络安全倡议书，通过开展网络安全主题班会、情景剧表演等系列活动，丰富了学生网络安全知识，培养了学生养成文明用网习惯，提升了学生网络安全意识和防护技能。在电信日中，通过主题论坛、创意H5互动传播、现场竞答互动、网络安全知识进基层等形式，向社会广泛传播网络安全知识，引导公众提升网络安全意识，共同维护网络安全。在法治日中，举办了全国首届网络安全员法制与安全知识竞赛、第四届互联网安全与治理论坛，以提升互联网企业等联网单位的安全责任意识和全社会的网络安全意识。在金融日中，举办了中国金融网络安全论坛，邀请国内知名专家学者围绕支付安全发表演讲，开展金融网络安全进社区活动、金融网络安全知识现场脱口秀和现场采访活动，搭建金融网络安全体验长廊，展示汽车银行、无人银行等新兴金融场景。在青少年日中，开展了网络安全绘画作品展示、网络安全微课展播、全国青少年网络安全微倡议接力、青少年网络安全知识互动答题游戏、"网络安全·青年的责任与担当"微博话题和短视频征集等活动。在个人信息保护日中，举办了个人信息保护宣传"12351"计划启动仪式暨成都市总工会网络安全进企业、进工业园区、进社区活动，组织动员1 000个基层工会组织，发展2万名网络安全宣传员，走进3 000家企业，面对面接触50万名职工开展网络安全宣传，

---

① 武薇. 构建网络安全基石 唱响安全保密旋律——2018年国家网络安全宣传周侧记［J］. 保密工作，2018（10）.

通过线上线下宣传，直接覆盖 1 亿职工网民。①

四、国际合作机制

2017 年 3 月，我国发布《网络空间国际合作战略》，全面宣示中国在网络空间相关国际问题上的政策立场，系统阐释中国开展网络领域对外工作的基本原则、战略目标和行动要点。网络安全治理的国际合作机制主要包括以下六个方面。

1. 倡导和促进网络空间和平与稳定，推动构建以规则为基础的网络空间秩序

一是参与双多边建立信任措施的讨论，采取预防性外交举措，通过对话和协商的方式应对各种网络安全威胁；通过加强对话，研究影响国际和平与安全的网络领域新威胁，共同遏制信息技术滥用，防止网络空间军备竞赛；积极推动国际社会就网络空间和平属性展开讨论，从维护国际安全和战略互信、预防网络冲突角度，研究国际法适用网络空间问题。二是发挥联合国在网络空间国际规则制定中的重要作用，支持并推动联合国大会通过信息和网络安全相关决议，积极推动并参与联合国信息安全问题政府专家组等进程。三是支持国际社会在平等基础上普遍参与有关网络问题的国际讨论和磋商。上海合作组织成员国于 2015 年 1 月向联合国大会提交了《信息安全国际行为准则》更新方案，这是国际上第一份全面系统阐述网络空间行为规范的文件，是中国等上合组织成员国为推动国际社会制定网络空间行为准则提供的重要公共安全产品。四是促进网络文化交流互鉴。推动各国开展网络文化合作，让互联网充分展示各国各民族的文明成果，成为文化交流、文化互鉴的平台，增进各国人民情感交流、心灵沟通。以动漫游戏产业为重点领域之一，务实开展与"一带一路"沿线国家的文化合作，鼓励中国企业充分依托当地文化资源，提供差异化网络文化产品和服务。利用国内外网络文化博览交易平台，推动中国网络文化产品"走出去"。支持中国企业参加国际重要网络文化展会。推动网络文化企业海外落地。

2. 不断拓展网络空间伙伴关系，积极推进全球互联网治理体系改革

一是中国致力于与国际社会各方建立广泛的合作伙伴关系，积极拓展与其他国家的

---

① 多个主题日活动亮相 2018 国家网络安全周［N/OL］. 新华网，http://www.cac.gov.cn/2018-09/24/c_1123472677.htm.

网络事务对话机制，广泛开展双边网络外交政策交流和务实合作。通过举办世界互联网大会（乌镇峰会）等国际会议，与有关国家继续举行双边互联网论坛，在中日韩、东盟地区论坛、博鳌亚洲论坛等框架下举办网络议题研讨活动等，拓展网络对话合作平台。二是中国参与联合国信息社会世界峰会成果落实后续进程，推动国际社会巩固和落实峰会成果共识，公平分享信息社会发展成果，并将加强信息社会建设和互联网治理列为审议的重要议题。推进联合国互联网治理论坛机制改革，促进论坛在互联网治理中发挥更大作用。参加旨在促进互联网关键资源公平分配和管理的国际讨论，积极推动互联网名称和数字地址分配机构国际化改革，使其成为具有真正独立性的国际机构，不断提高其代表性和决策、运行的公开透明。积极参与和推动世界经济论坛"互联网的未来"行动倡议等全球互联网治理平台活动。

3. 深化打击网络恐怖主义和网络犯罪国际合作

一是探讨国际社会合作打击网络恐怖主义的行为规范及具体措施，包括探讨制定网络空间国际反恐公约，增进国际社会在打击网络犯罪和网络恐怖主义问题上的共识，并为各国开展具体执法合作提供依据。二是支持并推动联合国安理会在打击网络恐怖主义国际合作问题上发挥重要作用。支持并推动联合国开展打击网络犯罪的工作，参与联合国预防犯罪和刑事司法委员会、联合国网络犯罪问题政府专家组等机制的工作，推动在联合国框架下讨论、制定打击网络犯罪的全球性国际法律文书。三是加强地区合作，依托亚太地区年度会晤协作机制开展打击信息技术犯罪合作，积极参加东盟地区论坛等区域组织相关合作，推进金砖国家打击网络犯罪和网络恐怖主义的机制安排。四是加强与各国打击网络犯罪和网络恐怖主义的政策交流与执法等务实合作。积极探索建立打击网络恐怖主义机制化对话交流平台，与其他国家警方建立双边警务合作机制，健全打击网络犯罪司法协助机制，加强打击网络犯罪技术经验交流。

4. 倡导对隐私权等公民权益的保护

一是支持联合国大会及人权理事会有关隐私权保护问题的讨论，推动网络空间确立个人隐私保护原则。推动各国采取措施制止利用网络侵害个人隐私的行为，并就尊重和保护网络空间个人隐私的实践和做法进行交流。二是促进企业提高数据安全保护意识，支持企业加强行业自律，就网络空间个人信息保护最佳实践展开讨论。推动政府和企业加强合作，共同保护网络空间个人隐私。

5.推动数字经济发展和数字红利普惠共享

一是推动落实联合国信息社会世界峰会确定的建设以人为本、面向发展、包容性的信息社会目标，以此推进落实 2030 年可持续发展议程。二是支持基于互联网的创新创业，促进工业、农业、服务业数字化转型。三是支持向广大发展中国家提供网络安全能力建设援助，包括技术转让、关键信息基础设施建设和人员培训等，将"数字鸿沟"转化为数字机遇，让更多发展中国家和人民共享互联网带来的发展机遇。四是推动制定完善的网络空间贸易规则，促进各国相关政策的有效协调。五是加强互联网技术合作共享，推动各国在网络通信、移动互联网、云计算、物联网、大数据等领域的技术合作，共同解决互联网技术发展难题。加强人才交流，联合培养创新型网络人才。六是紧密结合"一带一路"建设，推动并支持中国的互联网企业联合制造、金融、信息通信等领域企业率先"走出去"。鼓励中国企业积极参与他国国家建设，帮助发展中国家发展远程教育、远程医疗、电子商务等行业，促进这些国家的社会发展。

6.加强全球信息基础设施建设和保护

一是共同推动全球信息基础设施建设，铺就信息畅通之路。推动与周边及其他国家信息基础设施互联互通和"一带一路"建设，让更多国家和人民共享互联网带来的发展机遇。二是加强国际合作，提升保护关键信息基础设施的意识，推动建立政府、行业与企业的网络安全信息有序共享机制，加强关键信息基础设施及其重要数据的安全防护。三是推动各国就关键信息基础设施保护达成共识，制定关键信息基础设施保护的合作措施，加强关键信息基础设施保护的立法、经验和技术交流。四是推动加强各国在预警防范、应急响应、技术创新、标准规范、信息共享等方面合作，提高网络风险的防范和应对能力。

第三节　我国网络安全治理的微观机制

我国网络安全治理的微观机制包括监测预警机制、应急处置机制、监督检查机制等方面。党的十八大以来，随着相关法律法规的不断完善，我国网络安全治理的微观机制日臻成熟，呈现明显的中国特色，分述如下。

一、监测预警机制

网络安全监测预警机制包含监测和预警两个部分，网络安全监测是指采取技术手段对网络系统进行实时监控从而掌握网络的全面运行情况，发现网络安全风险的活动。网络安全预警，是指在网络安全风险发生蔓延并造成实际危害之前，通过对网络安全监测所获取的信息进行分析和风险评估，向有关部门和社会发出警示。[①]我国监测预警机制包括职责分工、预警研判、预警响应及重要活动的预防措施等方面。

1. 职责分工

（1）国家网信部门是监测预警的统筹协调部门。根据《网络安全法》，由国家网信部门统筹协调有关部门加强网络安全信息收集、分析和通报工作，按照规定统一发布网络安全监测预警信息。在中央网信办官网设有专门的"预警通报"栏目，经常发布风险提示和预警信息，如 2018 年 8 月发布的《关于防范以"虚拟货币""区块链"名义进行非法集资的风险提示》[②]，是由银保监会、中央网信办、公安部、人民银行、市场监管总局发出的，提示广大网民，近期一些不法分子打着"金融创新""区块链"的旗号，通过发行所谓"虚拟货币""虚拟资产""数字资产"等方式吸收资金，侵害公众合法权益。此类活动并非真正基于区块链技术，而是炒作区块链概念行非法集资、传销、诈骗之实。

（2）负责关键信息基础设施安全保护工作的部门，建立健全本行业、本领域的网络安全监测预警和信息通报制度，并按照规定报送网络安全监测预警信息。如，根据工信部令《通信网络安全防护管理办法》规定，通信网络运行单位应当建设和运行通信网络安全监测系统，对本单位通信网络的安全状况进行监测。通信网络运行单位可以委托专业机构开展通信网络安全评测、评估、监测等工作。工业和信息化部应当根据通信网络安全防护工作的需要，加强对前款规定的受托机构的安全评测、评估、监测能力指导。

---

① 杨合庆. 中华人民共和国网络安全法释义 [M]. 北京：中国民主法制出版社，2017：116-117.

② 关于防范以"虚拟货币""区块链"名义进行非法集资的风险提示 [N/OL]. 中国网信网，http://www.cac.gov.cn/2018-08/24/c_1123317731.htm.

（3）各单位按照"谁主管谁负责、谁运行谁负责"的要求，组织对本单位建设运行的网络和信息系统开展网络安全监测工作。重点行业主管或监管部门组织指导做好本行业网络安全监测工作。公安部牵头建立了国家网络安全通报预警机制，通报范围已覆盖100个中央党政军机构、101家央企、31个省（区、市）和新疆生产建设兵团，各地也都建立了网络安全与信息安全通报机制，实时通报处置各类隐患漏洞。教育部建立了教育系统重要网站和信息系统安全监测预警机制，已累计通报处置安全威胁3.5万个。[①]各省（区、市）网信部门结合本地区实际，统筹组织开展对本地区网络和信息系统的安全监测工作。各省（区、市）、各部门将重要监测信息报应急办，应急办组织开展跨省（区、市）、跨部门的网络安全信息共享。

（4）国家互联网应急中心（CNCERT）的职责是事件发现和预警通报。一是依托公共互联网网络安全监测平台开展对基础信息网络、金融证券等重要信息系统的自主监测。同时还通过与国内外合作伙伴进行数据和信息共享，以及通过热线电话、传真、电子邮件、网站等接收国内外用户的网络安全事件报告等多种渠道发现网络攻击威胁和网络安全事件。二是依托对丰富数据资源的综合分析和多渠道的信息获取实现网络安全威胁的分析预警、网络安全事件的情况通报、宏观网络安全状况的态势分析等，为用户单位提供互联网网络安全态势信息通报、网络安全技术和资源信息共享等服务。例如，2017年国家互联网应急中心对WannaCry勒索软件蠕虫传播情况监测发现，5月12日14：00前，wannacry蠕虫开始在全球蔓延、爆发，5月12日感染WannaCry蠕虫的主机数量有421个，在5月14日达到峰值，有3 392个，在18日下降为2 000个以下，此后一直保持平稳趋势（见图6-2）。报告显示，2017年发现感染WannaCry蠕虫的主机数量达8 187个，其中位于境内的主机有7 125个。[②]三是协调处置网络安全事件。2018年，CNCERT协调处置网络安全事件约10.6万起，其中网页仿冒事件最多，其次是安全漏洞、恶意程序、网页篡改、网站后门、DDoS攻击等事件。CNCERT持续组织开展计算机恶意程序常态化打击工作，2018年成功关闭772个控制规模较大的僵尸网络，

---

① 王胜俊.全国人民代表大会常务委员会执法检查组关于检查《中华人民共和国网络安全法》《全国人民代表大会常务委员会关于加强网络信息保护的决定》实施情况的报告——在第十二届全国人民代表大会常务委员会第三十一次会议上［J］.中国人大，2018（5）.

② 国家计算机网络应急技术处理协调中心.2017年中国互联网网络安全报告［M］.北京：人民邮电出版社，2018：98.

成功切断了黑客对境内约 390 万台感染主机的控制。^①

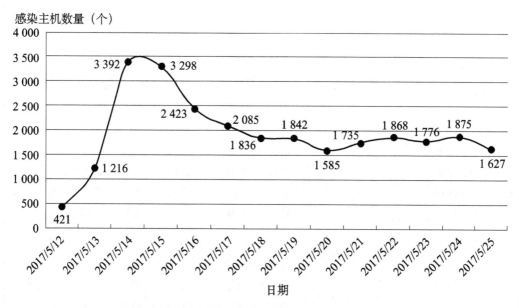

图6-2　WannaCry 蠕虫病毒感染主机数量变化趋势^②

2. 预警研判

　　根据《网络安全法》的要求，中央网信办印发了《国家网络安全事件应急预案》，按照事件发生后的危害程度、影响范围等因素对网络安全事件进行了分级，并规定了相应的应急处置措施。根据《国家网络安全事件应急预案》，网络安全事件分为四级：特别重大网络安全事件、重大网络安全事件、较大网络安全事件、一般网络安全事件，其中前三个等级的界定均为符合所指三种情形之一即可确定为网络安全事件，具体情形见表6-2。

---

　　① 国家计算机网络应急技术处理协调中心 . 2018 年我国互联网网络安全态势综述［N/OL］. 国家互联网应急中心，http：//www. cert. org. cn/publish/main/46/2019/20190416152012674133007/20190416152012674133007_. html.

　　② 国家计算机网络应急技术处理协调中心 . 2017 年中国互联网网络安全报告［M］. 北京：人民邮电出版社，2018：98.

表6-2　网络安全事件等级

分级	情形之一	情形之二	情形之三
特别重大网络安全事件（符合右侧情形之一的）	重要网络和信息系统遭受特别严重的系统损失，造成系统大面积瘫痪，丧失业务处理能力	国家秘密信息、重要敏感信息和关键数据丢失或被窃取、篡改、假冒，对国家安全和社会稳定构成特别严重威胁	其他对国家安全、社会秩序、经济建设和公众利益构成特别严重威胁、造成特别严重影响的网络安全事件
重大网络安全事件（符合右侧情形之一且未达到上一级别的）	重要网络和信息系统遭受严重的系统损失，造成系统长时间中断或局部瘫痪，业务处理能力受到极大影响	国家秘密信息、重要敏感信息和关键数据丢失或被窃取、篡改、假冒，对国家安全和社会稳定构成严重威胁	其他对国家安全、社会秩序、经济建设和公众利益构成严重威胁、造成严重影响的网络安全事件
较大网络安全事件（符合右侧情形之一且未达到上一级别的）	重要网络和信息系统遭受较大的系统损失，造成系统中断，明显影响系统效率，业务处理能力受到影响	国家秘密信息、重要敏感信息和关键数据丢失或被窃取、篡改、假冒，对国家安全和社会稳定构成较严重威胁	其他对国家安全、社会秩序、经济建设和公众利益构成较严重威胁、造成较严重影响的网络安全事件
一般网络安全事件	除上述情形外，对国家安全、社会秩序、经济建设和公众利益构成一定威胁、造成一定影响的网络安全事件		

资料来源：《国家网络安全事件应急预案》。

　　应急办组织研判，确定和发布红色预警和涉及多省（区、市）、多部门、多行业的预警。各省（区、市）、各部门可根据监测研判情况，发布本地区、本行业的橙色及以下预警。预警信息包括事件的类别、预警级别、起始时间、可能影响范围、警示事项、应采取的措施和时限要求、发布机关等。[①]《国家网络安全事件应急预案》要求各省（区、市）、各部门组织对监测信息进行研判，认为需要立即采取防范措施的，应当及时通知有关部门和单位，对可能发生重大及以上网络安全事件的信息及时向应急办报告。

3. 预警响应及重要活动的预防措施

　　网络安全事件预警等级分为四级：由高到低依次用红色、橙色、黄色和蓝色表示，

---

① 中央网信办印发《国家网络安全事件应急预案》[J]．中国应急管理，2017（6）．

分别对应发生或可能发生特别重大、重大、较大和一般网络安全事件。预警发布部门或地区根据实际情况，确定是否解除预警，及时发布预警解除信息。

《国家网络安全事件应急预案》明确了预警响应的具体要求，分述如下。

（1）红色预警响应。一是应急办组织预警响应工作，联系专家和有关机构，组织对事态发展情况进行跟踪研判，研究制定防范措施和应急工作方案，协调组织资源调度和部门联动的各项准备工作。二是有关省（区、市）、部门网络安全事件应急指挥机构实行 24 小时值班，相关人员保持通信联络畅通。加强网络安全事件监测和事态发展信息搜集工作，组织指导应急支撑队伍、相关运行单位开展应急处置或准备、风险评估和控制工作，重要情况报应急办。三是国家网络安全应急技术支撑队伍进入待命状态，针对预警信息研究制定应对方案，检查应急车辆、设备、软件工具等，确保处于良好状态。

（2）橙色预警响应。一是有关省（区、市）、部门网络安全事件应急指挥机构启动相应应急预案，组织开展预警响应工作，做好风险评估、应急准备和风险控制工作。二是有关省（区、市）、部门及时将事态发展情况报应急办。应急办密切关注事态发展，有关重大事项及时通报相关省（区、市）和部门。三是国家网络安全应急技术支撑队伍保持联络畅通，检查应急车辆、设备、软件工具等，确保处于良好状态。

（3）黄色、蓝色预警响应。有关地区、部门网络安全事件应急指挥机构启动相应应急预案，指导组织开展预警响应。

（4）重要活动期间的预防措施。在国家重要活动、会议期间，各省（区、市）、各部门要加强网络安全事件的防范和应急响应，确保网络安全。应急办统筹协调网络安全保障工作，根据需要要求有关省（区、市）、部门启动红色预警响应。有关省（区、市）、部门加强网络安全监测和分析研判，及时预警可能造成重大影响的风险和隐患，重点部门、重点岗位保持 24 小时值班，及时发现和处置网络安全事件隐患。

二、应急处置机制

我国网络安全的应急处置机制包括职责分工、事件报告、应急响应、应急评估、应急保障等方面。

1. 应急处置的职责分工

根据《国家网络安全事件应急预案》，国家网络安全事件应急处置的领导机构是中央网信办，在中央网络安全和信息化领导委员会的领导下，中央网信办统筹协调组织国家网络安全事件应对工作，建立健全跨部门联动处置机制，工业和信息化部、公安部、国家保密局等相关部门按照职责分工负责相关网络安全事件应对工作。必要时成立国家网络安全事件应急指挥部，负责特别重大网络安全事件处置的组织指挥和协调。

国家网络安全事件应急处置的办事机构国家网络安全应急办公室，设在中央网信办，具体工作由中央网信办网络安全协调局承担。应急办负责网络安全应急跨部门、跨地区协调工作和指挥部的事务性工作，组织指导国家网络安全应急技术支撑队伍做好应急处置的技术支撑工作。有关部门派负责相关工作的司局级同志为联络员，联络应急办工作。

此外，中央和国家机关各部门按照职责和权限，负责本部门、本行业网络和信息系统网络安全事件的预防、监测、报告和应急处置工作。各省（区、市）网信部门在本地区党委网络安全和信息化领导小组统一领导下，统筹协调组织本地区网络和信息系统网络安全事件的预防、监测、报告和应急处置工作。

2. 事件报告

网络安全事件发生后，事发单位应立即启动应急预案，实施处置并及时报送信息。各有关地区、部门立即组织先期处置，控制事态，消除隐患，同时组织研判，注意保存证据，做好信息通报工作。对于初判为特别重大、重大网络安全事件的，立即报告应急办。

3. 应急响应

网络安全事件应急响应分为四级，分别对应特别重大、重大、较大和一般网络安全事件，Ⅰ级为最高响应级别。

（1）Ⅰ级响应。属特别重大网络安全事件的，及时启动Ⅰ级响应，成立指挥部，履行应急处置工作的统一领导、指挥、协调职责。应急办 24 小时值班。有关省（区、市）、部门应急指挥机构进入应急状态，在指挥部的统一领导、指挥、协调下，负责本省（区、市）、本部门应急处置工作或支援保障工作，24 小时值班，并派员参加应急办工作。有关省（区、市）、部门跟踪事态发展，检查影响范围，及时将事态发展变化情况、处置进展情况报应急办。指挥部对应对工作进行决策部署，有关省（区、市）和部门负责组织实施。Ⅰ级响应结束，由应急办提出建议，报指挥部批准后，及时通报有关省（区、市）和部门。

（2）Ⅱ级响应。网络安全事件的Ⅱ级响应，由有关省（区、市）和部门根据事件的性质和情况确定。一是事件发生省（区、市）或部门的应急指挥机构进入应急状态，按照相关应急预案做好应急处置工作。二是事件发生省（区、市）或部门及时将事态发展变化情况报应急办。应急办将有关重大事项及时通报相关地区和部门。三是处置中需要其他有关省（区、市）、部门和国家网络安全应急技术支撑队伍配合和支持的，商应急办予以协调。相关省（区、市）、部门和国家网络安全应急技术支撑队伍应根据各自职责，积极配合、提供支持。四是有关省（区、市）和部门根据应急办的通报，结合各自实际有针对性地加强防范，防止造成更大范围影响和损失。Ⅱ级响应结束，由事件发生省（区、市）或部门决定，报应急办，应急办通报相关省（区、市）和部门。

（3）Ⅲ级、Ⅳ级响应。事件发生地区和部门按相关预案进行应急响应。

4. 调查与评估

特别重大网络安全事件由应急办组织有关部门和省（区、市）进行调查处理和总结评估，并按程序上报。重大及以下网络安全事件由事件发生地区或部门自行组织调查处理和总结评估，其中重大网络安全事件相关总结调查报告报应急办。总结调查报告应对事件的起因、性质、影响、责任等进行分析评估，提出处理意见和改进措施。事件的调查处理和总结评估工作原则上在应急响应结束后30天内完成。

三、监督检查机制

网络安全的监督检查机制包括三个层次，分别是全国人大及常委会、国家网信部门及有关部门、网络运营者，具体监督检查职责分述如下。

1. 全国人大及其常委会

全国人民代表大会是最高国家权力机关，全国人大常务委员会是它的常设机关，由委员长、副委员长、秘书长和委员组成，委员长主持常务委员会会议和常务委员会的工作。根据宪法规定，全国人大的职权主要包括立法权、监督权、重大事项决定权、人事任免权等四个方面。[1] 在全国人大会闭会期间，由常委会行使宪法和有关法律规定范围内的权力和全国人民代表大会授予的其他职权。

全国人大常委会高度重视网络安全工作，2012 年 12 月审议通过《全国人民代表大会常务委员会关于加强网络信息保护的决定》，2016 年 11 月审议通过《中华人民共和国网络安全法》，即"一法一决定"。根据 2017 年监督工作计划，全国人大常委会执法检查组于 2017 年 8 月至 10 月对"一法一决定"的实施情况进行了检查。《网络安全法》是 2017 年 6 月 1 日开始施行的，一部新制定的法律实施不满 3 个月即启动执法检查，这在全国人大常委会监督工作中尚属首次。"[2] 这次检查有以下四个突出特点。

（1）精心组织部署执法检查，安排六位副委员长带队分赴各地实地检查。如此强大的阵容，这在全国人大常委会的执法检查工作中并不多见。检查组赴内蒙古、黑龙江、福建、河南、广东、重庆 6 省（区、市）进行检查，期间，检查组听取了有关省（区、市）、市、县政府及相关部门的情况汇报，深入公安机关、经信委、企业、金融机构、新闻网站、网络运营商、网络安全指挥平台、关键信息基础设施运营单位等进行实地检查，并与主管部门、专家学者、行业协会负责人、企业代表等座谈，听取各方面的意见和建议。检查组在各地还随机抽查了部分网络运营单位，了解当地贯彻实施"一法一决定"的实际情况。[3] 据统计，执法检查组先后召开 30 余次座谈会。另外，执法检查组还委托 12 个省（区、市）人大常委会对本行政区域"一法一决定"实施情况进行检查。

（2）第三方专业机构参与执法检查。2017 年 9 月上旬至 10 月中旬，检查组在实地检查的 6 个省（区、市）各选取 20 个重要信息系统，委托中国信息安全测评中心进行漏洞扫描和模拟攻击，并就所检测系统的网络安全情况出具专业检测报告。检查组还委托中国青年报社社会调查中心就"一法一决定"中与公众关系密切的 10 个方面的问题，在全国 31 个省（区、市）进行了民意调查，出具了调查报告。共有 10 370 人参与这次

---

① 信春鹰.全国人大常委会的组织制度和议事规则［N/OL］.中国人大网，http：//www.npc.gov.cn/npc/c541/201806/60d9dbc8fa214e07b321308b1b591f0e.shtml.

②③ 张宝山.切实维护国家网络空间安全和人民群众合法权益——全国人大常委会网络安全"一法一决定"执法检查综述［J］.全国人大，2017（23）.

调查。①第三方机构的有序参与，增强了本次检查的专业性、权威性和客观公正性。

（3）请专家参与执法检查。为了深入了解"一法一决定"实施情况，全国人大执法检查在方式方法上做了一些新的尝试，例如全国人大三个专门委员会和常委会办公厅通力合作组织。同时，考虑到网络安全专业性较强，执法检查期间，检查组先后从国家信息技术安全研究中心等单位聘请21名网络安全专家和长期从事网络安全工作的专业技术人员参加检查②，为检查组提供技术支持，增强检查的针对性和实效性。

（4）采取随机抽查的方式。各检查小组均按检查方案要求，随机选取若干关键信息基础设施运营单位，在不打招呼的情况下进行临时抽查。6个检查小组共对13个单位进行了随机抽查。远程检测的120个重要信息系统也均由执法检查组随机选取，在运营单位不知情的情况下完成检测。③这些创新举措提高了执法检查的专业性、权威性和实效性。

2. 国家网信部门和有关部门

《网络安全法》第五十条规定，国家网信部门和有关部门依法履行网络信息安全监督管理职责。发现法律、行政法规禁止发布或者传输的信息的，应当要求网络运营者停止传输，采取消除等处置措施，保存有关记录；对来源于中华人民共和国境外的上述信息，应当通知有关机构采取技术措施和其他必要措施阻断传播。近年来，全国网信系统进一步加大行政执法力度、规范行政执法行为，坚决依法查处各类违法案件，取得明显成效。如2018年全国网信系统全年依法约谈网站1 497家；对738家网站给予警告；暂停更新网站297家；会同电信主管部门取消违法网站许可或备案、关闭违法网站6 417家；移送司法机关案件线索1 177件；有关网站依据服务协议关闭各类违法违规账号群组232万余个。④2018年9月以来，国家网信办会同工信部、公安部等有关部门针对社会反映强烈、侵害用户权益的恶意移动应用程序开展专项整治，发现并清理

---

① 王胜俊.全国人民代表大会常务委员会执法检查组关于检查《中华人民共和国网络安全法》《全国人民代表大会常务委员会关于加强网络信息保护的决定》实施情况的报告［J］.中国人大，2018（5）.
② 张宝山.筑牢网络安全坚固防线——网络安全"一法一决定"执法检查报告审议侧记［J］.中国人大，2018（1）.
③ 王比学.共建安全平台共享网络文明——全国人大常委会网络安全"一法一决定"执法检查侧记［N］.人民日报，2017-12-13（18）.
④ 2018年全国网信行政执法工作取得新实效［N/OL］.中国网信网，http：//www.cac.gov.cn/2019-01/24/c_1124034877.htm.

7873 款存在恶意扣费、信息窃取等高危恶意行为的移动应用程序，并督促电信运营商、云服务提供商、域名管理机构等关停相关服务。有关负责人表示，不法分子受利益驱使不断升级恶意程序，提高技术对抗能力逃避监管，打击恶意程序是一项长期、复杂的工作。[1] 国家网信办将对恶意程序保持高压严打态势，加强日常巡查执法，适时开展专项整治，督促应用商店、网盘、论坛贴吧等网络平台切实落实主体责任，提升安全检测能力，压缩恶意程序生存空间，维护移动互联网安全和健康有序发展。

3. 网络运营者

根据《网络安全法》的规定，网络运营者应当建立投诉举报制度，包括公布投诉、举报方式等信息；明确受理机构、人员及其职责、范围、程序；及时受理并处理有关网络信息安全的投诉和举报；告知投诉举报人处理结果等。网络运营者受理用户投诉举报法律、行政法规禁止发布或传输的信息的，应当立即停止传送该信息，采取消除等处置措施，防止信息扩散，保存有关记录，并向有关主管部门报告。例如，2018 年 1 月 20 日，微信公众平台针对部分公众号、小程序存在发布断章取义、歪曲党史国史类信息进行营销的行为，发布了一条重磅公告《规范涉党史国史等信息发布行为》。这则公告的发布就是网络运营者履行监督职责的表现。公告指出，近期，微信公众平台发现部分公众号、小程序存在发布断章取义、歪曲党史国史类信息进行营销的行为，此类行为已违反《网络安全法》《互联网用户公众账号管理规定》《即时通信工具公众信息服务发展管理暂行规定》《微信公众平台运营规范》《微信小程序平台运营规范》，涉嫌传播虚假营销信息，对用户造成骚扰、破坏用户体验、扰乱平台的健康生态。根据上述法律法规和平台规范要求，从公告即日起，对于仍存在此类借机营销行为的公众号，将对违规文章予以删除并进行相应处罚，多次处罚后仍继续违规，或是故意利用各种手段恶意对抗的，将采取更重的处理措施直至永久封号。请运营者严肃对待不当内容，加强账号管理，共同维护绿色的网络环境。[2]

此外，如果网络用户利用网络服务实施侵权行为的，被侵权人有权通知网络服务提供者采取删除、屏蔽、断开链接等必要措施。网络运营者对网信部门和有关部门依法实

---

① 国家网信办近期集中清理 7 873 款恶意移动应用程序［N/OL］. 中国网信网，http：//www. cac. gov. cn/2019–01/24/c_1124033984. htm.

② 封化民，孙宝云. 网络安全治理新格局［M］. 北京：国家行政学院出版社，2018：106.

施的监督检查，应当予以配合。例如，2018 年 11 月，国家网信办先后约谈腾讯微信、新浪微博，集体约谈百度、腾讯、新浪、今日头条、搜狐、网易、UC 头条、一点资讯、凤凰、知乎等 10 家客户端自媒体平台，就各平台存在的自媒体乱象，责成平台企业切实履行主体责任，按照全网一个标准，全面自查自纠。国家网信办有关负责人指出，自媒体乱象的滋生，平台企业负有不可推卸的责任[①]。平台企业是自媒体运营的服务提供者，也应是自媒体行业秩序的维护者，必须履行好责任义务，依法运营，严格管理，绝不能放松放宽管理，任由其野蛮生长。被约谈的平台负责人均表示，将本着对网民负责、对社会负责的态度，对平台自媒体账号进行全面筛查整治，切实把企业主体责任落实到位，把互联网管理法律法规执行到位，维护好自媒体行业生态。

---

① 国家网信办约谈客户端自媒体平台　主体责任不容缺失［N/OL］. 中国网信网，http://www. cac. gov. cn/2018-11/16/c_1123724671. htm.

第七章　个人信息保护

第一节　个人信息保护概述

随着信息技术的飞速发展，对个人信息的收集、加工与利用所引发的有关个人信息保护的相关法律问题，已成为全球高度关注的焦点话题。探讨个人信息保护相关问题，首先要明确个人信息保护的对象。业界与学术界频繁使用的与之相关的三个基本专业术语是"个人数据""个人信息"与"个人隐私"。这些术语的不同，一方面反映了关注侧重点的差异，另一方面也显示出各国迥异的司法体系和使用习惯。

一、个人信息保护的基本概念

1. 隐私、个人数据与个人信息

（1）数据与信息。数据一般适用于信息技术领域，是进行各种统计、计算、科学研究或技术设计等所依据的数值，通常指用于表示客观事物的未经加工的原始符号。而信息是指为满足一定使用目的经过加工、解释后的数据。[①]从两者的关系上看，数据和信息是不可分割的，数据是信息的载体，信息是数据表现的内容。两者的区别在于数据侧重于客观的表现形式，而信息则体现了其反映的内容与人的互动关系。数据经过人脑加工处理后，能对接收者的决策行为发挥影响时才可称其为"信息"。

（2）隐私与隐私权。隐私首先是指个人没有公开的信息、资料等，是公民不愿公开或让他人知道的个人的秘密。[②]从内容上看，隐私涉及有关个人的数据资料、

---

① 梅绍祖.个人信息保护的基础性问题研究［J］.苏州大学学报，2005（2）.
② 彭万林.民法学［M］.北京：中国政法大学出版社，1994：161.

148

个人行为以及附属于个人的空间领域等三个方面。隐私的概念并不是一成不变的，其含义随着时代的发展不断发生拓展和演变，与人们在具体情境中的隐私意识和价值判断有着密切的联系。1890 年，美国法学家沃伦和布兰代斯在哈佛大学《法学评论》上发表了《论隐私权》一文，首次提出了隐私权概念，将隐私权界定为不受外界干涉或侵害的独处权利。经过多年的历史演变，隐私权的内涵逐渐扩张至民事权利领域，已发展成为自然人享有的对其个人的与公共利益无关的个人信息、私有活动和私有领域进行支配的一种人格权。[①]从民事权利范畴领域考量，隐私权在本质上可界定为对隐私及其利益的支配权。

（3）个人数据、个人信息与个人隐私。从数据和信息的定义出发，可进一步延伸出个人数据和个人信息的定义。个人数据与个人信息指与"特定个人"相关的数据和信息。由于个人信息的主体是个人，描述"特定个人"的基本数据可包含在个人信息的范畴之内，因此个人数据和个人信息两个概念之间的内涵存在一定的趋同性。在个人信息保护立法的最初，使用最多的是数据、数据处理等技术型概念，而随着个人信息保护立法的发展和理论认识的逐渐深入，越来越多的国家使用个人信息这一概念用来表明对个人权利的关注。在实际的个人信息保护立法实践中，很多国家和国际组织在其法律文件中将个人信息与个人数据等同使用。如美国商务部和国家贸易管理委员会 2000 年 7 月公布的《美国—欧盟的隐私安全港原则与常涉问题（FAQ）》中规定，个人数据和个人信息是指在指令的覆盖范围内，关于某一确定的人的数据或用于确定某人的数据。

纵观不同国家和地区的个人信息保护立法实践，目前对个人信息的内涵界定现已基本形成了以"可识别性"为其核心构成要件的广泛共识。[②]凡是能够识别特定个人的信息，无论是直接识别还是间接识别特定个人的信息，均为个人信息。我国对个人信息范围的界定，目前亦遵照了可识别说的核心理念。《网络安全法》第七十六条对个人信息的定义为：个人信息，是指以电子或者其他方式记录的能够单独或者与其他信息结合识别自然人个人身份的各种信息，包括但不限于自然人的姓名、出生日期、身份证件号码、个人生物识别信息、住址、电话号码等。

---

① 王利明.人格权法新论［M］.长春：吉林人民出版社，1994：487.

② 齐爱民，张哲.识别与再识别：个人信息的概念界定与立法选择［J］.重庆大学学报（社会科学版），2018（2）.

在互联网、大数据、云计算等信息技术飞速发展的背景下，个人信息保护已成为现代社会所面临的崭新课题。面对这一崭新的挑战，从个人信息保护立法模式比较的角度梳理，大陆法系国家的统一立法模式与以美国为代表的分散立法模式均未能在个人信息与个人隐私的界限问题方面达成有效共识。针对个人信息和个人隐私的保护范围问题，我国学术界有两种代表性观点。齐爱民认为，个人信息与个人隐私之间存在着上下位的包容关系，个人信息作为上位概念包含个人隐私。[①]张新宝则认为，个人信息与个人隐私在相互重合的基础上又存在界分，两者之间不存在上下位阶的关系。一方面，个人信息与个人隐私存在一定的相似性，两者的权利主体都仅限于自然人，都体现了个人对其私人生活的自主决定，在侵害后果上都具有竞合性。另一方面，个人信息与个人隐私在权利内容、权利边界等方面存在一定的交叉性。[②]许多个人不愿对外公开的个人信息因涉及个人私生活的敏感信息属于个人隐私的范畴，而一些个人信息因在一定范围内已为社会特定人或者不特定人所周知难以归属到个人隐私的范畴。

2. 隐私权保护、个人数据保护与个人信息保护

由于在个人信息保护法律范围内，个人信息和个人数据的内涵基本一致，因此个人信息保护和个人数据保护也不存在清晰的界限。在各国具体的司法实践中，普通法系国家，如美国、澳大利亚、新西兰、加拿大等国以及 APEC 地区一般使用隐私权保护的概念；大陆法系国家、欧盟及其成员国大多使用个人数据保护的概念；日本、韩国和俄罗斯等国家等则使用个人信息保护的概念。隐私权保护包含对个人数据（个人信息）、个人活动（包括通信）、个人空间（包括物理空间和心理空间）三方面的隐私保护。而个人数据或个人信息保护，主要是对个人资料及其处理过程中个人权利和自由的保护，其中也包含对个人隐私的保护。[③]从价值取向上看，个人信息保护的重心在于对个人信息自决权的主动性保护，强调权利人可自主支配和处分利用个人信息；而个人隐私的保护重心则在于防范个人的秘密不被非法披露，重在权利遭受侵害后的消极防御，旨在维护私人生活安宁。究其本质，隐私权保护、个人信息保护和个人数

---

① 齐爱民. 拯救信息社会中的人格：个人信息保护法总论［M］. 北京：北京大学出版社，2009：78.

② 王利明. 论个人信息权的法律保护——以个人信息权与隐私权的界分为中心［J］. 现代法学，2013（4）.

③ 梅绍祖. 个人信息保护的基础性问题研究［J］. 苏州大学学报，2005（2）.

据保护等都是旨在维护个人的权利。

比较不同国家和地区现已出台的个人信息保护法律可以发现，通过立法对个人信息界定的模式主要体现为两种：一种为定义加列举的方式，除给出个人信息的一般定义外，还列举出典型的个人信息类型以及排除类型；一种为单纯定义的方式，立法者仅指出个人信息的核心要素，如自然人、可识别性等，没有明确肯定或者将特定信息排除在个人信息保护范围之外，从而保持了概念的开放性。从外延界定上进行分析，美国采用"分散立法"模式，不存在统一的个人信息保护法，一直致力于通过隐私权扩张来保护各种人格利益，主要通过不同行业或部门的法律来规范和界定个人信息范围，导致个人信息保护的范围过于狭窄分散，局限于"已识别"（identified）信息，对于"可识别"（identifiable）信息则无法提供有效的法律保护。[①]欧盟为最大限度地与保护人格利益的立法目的相契合，采用了相对包容和宽泛的个人信息保护范围，这种"统一立法"的模式也得到了其他国家（地区）尤其是亚太地区国家的认可和立法效仿。

二、个人信息保护的基本原则

个人信息保护的基本原则主要界定个人信息处理的方式和相关利益相关者在个人信息处理过程中的权利和义务，是各国制定个人信息保护政策和法律制度的价值基础。域外有关个人信息保护基本原则的立法中，最具权威和影响最为深远的当属经济合作与发展组织（OECD）于1980年9月发布的《关于隐私保护和个人数据跨国流通的指导原则》（the guidelines on the protection of privacy and transborder flows of personal data）。该原则反映了欧美社会对信息社会个人信息保护问题的一致意见，原则共计8项，分别为限制收集原则、数据质量原则、目的明确原则、使用限制原则、安全保护原则、公开原则、个人参与原则和责任原则。该原则一经问世就成为世界各国进行个人信息保护立法的重要参考。在借鉴域外先进立法经验的基础上，我国2013年12月起施行的首个个人信息保护国家标准《信息安全技术、公共及商用服务信息系统个人信息保护指南》在国家层面确立了个人信息管理者在使用信息系统对个人信息进行处理时宜遵循的基本原则。

结合国际立法经验及我国个人信息保护工作的具体实际情况，我国个人信息保护的

---

① 齐爱民，张哲.识别与再识别：个人信息的概念界定与立法选择［J］.重庆大学学报（社会科学版），2018（2）.

基本原则主要有以下四点。

1. 公开透明原则

公开透明原则要求个人信息管理者应公开披露收集、处理、利用个人信息的程序、方法和政策，确保数据主体实现对个人信息的收集、处理与利用情况的知情权。个人信息管理者应以明确、易懂和适宜的方式公开信息收集使用的目的、范围、处理方式、使用期限、对外披露条件、披露对象、安全措施及信息管理者的名称、身份、地址或住所等。需要特别指出的是，这里的"公开"并非指个人信息管理者对个人信息内容的公开，而是指对个人信息收集、处理、利用实践情况的公开。

2. 限制处理原则

限制处理原则贯穿于个人信息处理活动的各个环节，指个人信息管理者收集、处理和利用个人信息的行为应当受到限制。个人信息的收集、处理和利用应有明确、清晰、具体的目的，必须得到法律授权或信息主体的明确同意，且其使用仅限于为了采集时明确的目的或其他兼容或相关的目的。必要情况下的目的变更应向信息主体明示并取得信息主体的同意认可。在个人信息收集目的明确的前提下，具体收集与处理的信息应当是与目的相关的、适当的、成比例的且最小化的信息，兼顾社会公众与私人机构之间利益的平衡。为实现某个特定目的采集的个人信息，其保存时间不应超过其使用目的所必需的时间，在目的实现后应尽快删除。

3. 个人权利原则

个人权利原则强调个人信息主体的权利应当得到保护，其内容涵盖了个人信息主体的同意权、知情权、修改权、质疑权等。个人信息管理者收集、处理、利用个人信息应得到个人信息主体的同意；个人信息主体有权知悉信息管理者收集、处理、利用个人信息的政策和程序。个人信息主体有权向信息管理者确认管理者是否拥有与其有关的信息；有权在合理时间、以合理成本、合理的方式以及容易理解的形式获取与其相关的信息。个人信息主体有权依据主体意愿自主支配、利用个人信息，有权随时查阅、修正、完善、补充、更新、删除个人信息。个人信息主体有权质疑个人信息的完整性、准确性及保存状态。个人信息管理者应向个人信息主体提供能够访问、更正、删除其个人信息，以及撤回授权同意、注销账户等方法。

4. 安全保障原则

安全保障原则要求个人信息管理者应从管理、技术两个方面采取相应的预防性措施，有效保障个人信息的安全。[①] 个人信息管理者应采取合理的安全防护管理措施和相应的技术手段确保落实个人信息保护原则及相关法律法规要求，防止未经个人信息管理者授权的个人信息的检索、披露及丢失、泄露、损毁、篡改及不当利用。考虑到能力和成本要素，防护管理措施应该与个人信息遭受损害的可能性和严重性相适应。

三、个人信息保护的意义

1. 加强个人信息保护是维护公民基本权利的迫切需要

从法理的角度追根溯源，个人信息保护发端于对个人基本权利的保护，保护的是人的尊严所派生出的个人自治、身份利益、平等利益。[②] 就法理权利属性而言，个人信息权具有人格权的特征，与个人的肖像权、姓名权、名誉权等同样重要。同时，随着经济社会的发展，个人信息在社会生活中所体现出来的财产权属性也日益凸显，即所有权、收益权、处分权等。近年来，随着互联网技术的飞速发展，电子商务、物联网技术、云计算和云存储技术的日新月异在给人们的生活带来巨大社会福祉的同时，所衍生出的对信息主体权益的威胁和侵害也催生了对个人信息保护的迫切现实需求。在大数据时代，个人信息不但是隐私的载体，更塑造了个人的数字人格或虚拟形象，与事实不符的个人信息以及由其构成的"虚拟我"不仅会对人格权构成严重的侵害，还会在就业、信贷、商务等经济领域影响着"现实我"的财产权利和个人发展权利。[③] 因此，保护公民的个人信息，就是对公民基本权利、个人财富和竞争力的保障。

① 郎庆斌，孙毅，杨莉.个人信息保护概论［M］.北京：人民出版社，2008：56.
② 高富平.论个人信息保护的目的——以个人信息保护法益区分为核心［J］.法商研究，2019（1）.
③ 个人信息保护课题组.个人信息保护国际比较研究［M］.北京：中国金融出版社，2017：7.

2. 加强个人信息保护是促进信息经济健康发展的迫切需要

在信息时代，对个人信息的挖掘和利用具有巨大的商业价值，加强个人信息保护对信息经济的健康发展意义重大。随着大数据、云计算等数字技术的迅猛发展，个人信息正在被大规模电子化、数字化和产业化应用，信息流动日益突破地域和行业的限制。随着个人信息采集的广度和深度不断拓展，信息资源已成为重要的生产要素、无形资产和社会财富。在这样的背景下，个人信息的安全与否直接影响着人们对商业环境的信心，关系到整个信息经济能否健康发展。只有加强个人信息安全的保护，才能为信息经济的持续创新发展奠定坚实的信用基础。

3. 加强个人信息保护有利于进一步推动我国数字政府建设

在"互联网+"的背景下，采集、利用个人信息开展政务服务是政府实现公共事务管理信息化的重要手段。借助于现代信息加工处理技术，政府可以更加充分地挖掘个人信息的公共价值，在构建"数字政府"和"服务政府"的基础上，更好地实现低成本、高效率的管理服务目标。在个人信息保护领域，政府具有利用者和管理者的双重身份。一方面，政府在收集、利用个人信息推动数字政府建设的过程中，应打破政府各部门信息之间的高墙壁垒，保证信息共享工作有序开展；另一方面，政府应确立保护个人信息依法采集的观念，通过加强公共事务管理活动中与个人信息保护相关的法律制度建设与完善技术标准强化对个人数据系统的安全防护。

4. 加强个人信息保护是保护和促进本国或地区贸易的需要

在信息时代，个人信息已成为一种重要的社会资源，对于国家或地区贸易具有重大的价值。在信息以前所未有的方式流通和跨境传输的背景下，不少国家纷纷设立域外使用条款，引发了个人信息保护法域外效力的扩张。一些国家和地区为规避国际贸易风险，在出台的个人信息保护法律域外使用条款中根据对第三国个人信息保护水平的判断，对个人信息的跨国流动作出单方面的限制。对于来自个人信息保护不充分国家的企业，法律禁止其收集本国公民的个人信息，并且不允许个人信息转移到个人信息保护不充分的国家或地区。① 这些国家和地区通过限制个人信息的跨境自由流动，在保护本国

---

① 涂慧.试论中国个人信息的法律保护［J］.西北大学学报（哲学社会科学版），2010（2）.

公民权利的同时，客观上亦起到了保护本国或地区贸易、本国企业的作用。我国只有建立健全的个人信息保护法律制度，才能树立良好的国际形象，在国际贸易交往中取得优势地位。

第二节　国内个人信息保护的现状

一、构建多层次的个人信息保护立法体系

目前我国针对个人信息保护问题尚未出台专门的综合性法律规范，有关个人信息保护的法律规定散见于相关法律法规、司法解释、部门规章和各类规范性文件中，形成了一个内容分散、范围广泛的个人信息保护立法体系。

就基础性框架立法而言，我国涉及个人信息保护的相关法律规定包括全国人大常委会《关于加强网络信息保护的决定》（2012年）、《网络安全法》（2016年）、《消费者权益保护法》（2013年修订）等。2012年，第十一届全国人大常委会通过的《关于加强网络信息保护的决定》是我国个人信息保护领域的首个框架性法律规范，确立了个人信息收集使用的规则，以及网络服务提供者保护个人信息安全的义务等基本规范。2016年11月，我国网络安全领域的基础性法律《网络安全法》正式出台，其中第四章就个人信息保护问题作出了具体规定。作为迄今为止我国在法律层面关于个人信息保护最为权威的规定，《网络安全法》作为上位法为体系化的个人信息保护立法奠定了基础框架。《网络安全法》首次在法律层面确立了"个人信息"的定义，明确了网络运营者的用户信息保护义务和相关法律责任。《网络安全法》还首次在法律层面明确了个人信息的使用权边界，明确规定网络运营者不得收集与其提供服务无关的个人信息。此外，《网络安全法》还规定公民在自己的个人信息被使用的过程中，享有知情权、删除权、更正权。2013年修订的《消费者权益保护法》则明确规定消费者享有个人信息依法得到保护的权利，并规定了经营者收集、使用消费者个人信息时需要遵循的原则和承担的义务。

从整体立法格局进行分析，我国目前已初步形成了包含刑法、民法和行政法等各项法律制度在内的综合性的法律体系。在刑事法律方面，2009年全国人大常委会通过的《刑法修正案（七）》增加了"出售、非法提供公民个人信息罪"和"非法获取公民个人

信息罪",首次在中国的刑事立法中确立了侵犯公民个人信息的犯罪类型。2015 年通过的《刑法修正案（九）》,将"出售、非法提供公民个人信息罪""非法获取公民个人信息罪"调整为"侵犯公民个人信息罪",通过扩大犯罪主体范围和犯罪行为类型以及降低入罪门槛、提高刑法处罚区间的方式增强了对个人信息犯罪行为的惩治和打击力度。2017 年 5 月,最高人民法院和最高人民检察院联合发布了《关于办理侵犯公民个人信息刑事案件适用法律若干问题的解释》及相关典型案例,以司法解释的形式对"侵犯公民个人信息罪"在司法适用中可能出现的问题作出了细化规定,为打击侵犯个人信息犯罪提供了可操作性依据。2019 年 10 月,最高人民法院和最高人民检察院联合发布了《关于办理非法利用信息网络、帮助信息网络犯罪活动等刑事案件适用法律若干问题的解释》,对拒不履行信息网络安全管理义务罪、非法利用信息网络罪和帮助信息网络犯罪活动罪的定罪量刑标准和有关法律适用问题作出了全面、系统的规定。在民事基本法层面,全国人大于 2017 年 3 月通过的《民法总则》正式确立了个人信息条款,开创性地在民事基本法层面确立了对个人信息的私法保护。为回应学理中有关隐私与个人信息区分的争论,《民法总则》在立法实践上明确区分了个人信息与隐私,并建立起隐私保护与个人信息保护并行的"二元制"保护模式,为自然人权利保护提供了最大限度的规范支撑。[①]2018 年 8 月,《中华人民共和国民法典各分编草案》首次被提交十三届全国人大常委会第五次会议审议,将"人格权"独立编列其中,进一步完善了隐私权制度,对个人信息受法律保护的权利内容及其行使作出了规定。在行政处罚方面,《关于加强网络信息保护的决定》《消费者权益保护法》《电信与互联网用户个人信息保护规定》《网络安全法》等多部法律法规均对违规处理个人信息事件应承担的责任作出了规定。在行政法层面,《治安管理处罚法》也启动了修订程序,在 2017 年 1 月官方公布的征求意见稿中也增加了对侵犯个人信息行为的处罚条款。

此外,面向不同行业和领域的各类个人信息安全保护问题,相关法律法规也作出了有针对性的具体规定。针对电信互联网行业的个人信息保护问题,《中华人民共和国电信条例》(2016 年修订)、《互联网信息服务管理办法》、《规范互联网信息服务市场秩序若干规定》、《电信与互联网用户个人信息保护规定》作出了相关规定。2017 年,国家

---

① 杨翱宇. 我国个人信息保护的立法实践与路径走向 [J]. 重庆邮电大学学报（社会科学版）,2017（6）.

网信办先后颁布了涉及网络产品和服务、互联网新闻信息服务、论坛社区服务、跟帖评论服务、群组信息服务、公众账户信息服务、微博客信息服务领域的与个人信息安全保护相关的部门规章。2019年5月，国家互联网信息办公室发布《数据安全管理办法（征求意见稿）》，面向社会公开征求意见。作为《网络安全法》核心的配套法律文件，该意见稿广泛吸收国家标准中的成熟规定，将个人信息和重要数据的具体安全管理制度提高到了法规层面，强化了网络运营者的安全管理义务。针对个人金融信息的保护问题，《中华人民共和国商业银行法》（2015年修订）、《征信业管理条例》、《个人存款账户实名制规定》、《中国人民银行关于银行业金融机构做好个人金融信息保护工作的通知》作出了相关规定。2018年12月，国家网信办发布了《金融信息服务管理规定》，规定了金融信息服务提供者应当履行的与个人信息保护相关的主体责任。2019年10月，央行向部分银行下发了《个人金融信息（数据）保护试行办法》征求意见稿。该办法重点涉及完善征信机制体制建设，对金融机构与第三方之间征信业务活动等进一步做出明确规定，加大对违规采集、使用个人征信信息的惩处力度。针对个人健康信息保护问题，《中华人民共和国精神卫生法》（2018年修订）、《人口健康信息管理办法（试行）》等作出了相关规定。对于个人寄递信息的保护问题，《中华人民共和国邮政法》（2015年修订）、《寄递服务用户个人信息安全管理规定》（2014年）等作出了规定。在未成年人个人信息保护方面，《中华人民共和国未成年人保护法》（2012年修订）、《中华人民共和国刑事诉讼法》（2012年修订）等作出了相关规定。2019年8月，国家互联网信息办公室发布了《儿童个人信息网络保护规定》，明确了网络运营者在收集、存储、使用、转移、披露儿童个人信息时应遵循的原则和义务。2019年10月，《中华人民共和国未成年人保护法》修订草案提请十三届全国人大常委会第十四次会议审议。草案专门增设"网络保护"专章，对未成年人个人网络信息保护做出规定，明确网络产品和服务提供者应当提示未成年人保护其个人信息，并对未成年用户使用其个人信息进行保护性限制。此外，在电子商务、旅游、交通、地图服务等众多其他特定行业领域，都有相应的法规和规章对个人信息保护作出了相关规定。《中华人民共和国居民身份证法》（2011年修订）、《中华人民共和国护照法》、《中华人民共和国出入境管理法》、《中华人民共和国社会保险法》、《中华人民共和国统计法》等相关法律法规就行政机关及其工作人员在个人信息保护方面相关的工作职责亦作出了具体法律规定。

二、建立个人信息保护的行政监管机制

1. 完善个人信息保护的行政执法程序

2015 年 4 月，国家互联网信息办公室发布《互联网新闻信息服务单位约谈工作规定》，充分体现了约谈制度在我国网络信息保护形势下的重要地位。该规定所称的约谈是指国家互联网信息办公室、地方互联网信息办公室在互联网新闻信息服务单位发生严重违法违规情形时，约见其相关负责人，进行警示谈话、指出问题、责令整改纠正的行政行为。该规定指出，地方互联网信息办公室负责对其行政区域内的互联网新闻信息服务单位实施约谈；对存在重大违法情形的互联网新闻信息服务单位，由国家互联网信息办公室单独或联合属地互联网信息办公室实施约谈。该规定明确了约谈的条件、方式和程序等，旨在推动约谈工作进一步制度化、规范化。

2017 年 5 月，国家互联网信息办公室发布《互联网信息内容管理行政执法程序规定》，实现了网络信息安全行政监管领域的重要突破。该规定明确互联网信息内容管理行政执法的主体为各级互联网信息办公室，对违反有关互联网信息内容管理法律法规规章的行为实施行政处罚。规定要求互联网信息内容管理部门应建立行政执法督查制度，加强执法队伍建设，建立健全执法人员培训、考试考核、资格管理和持证上岗制度。以行政执法办案为主线明确执法程序，全面规范了管辖、立案、调查取证、约谈、听证、决定、执行等各环节的具体程序要求。为充分保障公民、法人和其他组织的合法权益，规定还明确赋予案件当事人"申请回避""陈述、申辩""申请行政复议或提起行政诉讼"和"要求听证"的权利，并明确了听证程序。

2. 制定个人信息保护的国家标准体系

从行业自律标准的制定角度进行分析，我国正在形成以《信息安全技术 个人信息安全规范》为基础的国家标准体系，其他各项配套国家标准正在有序制定中。早在2013 年我国就出台了首个个人信息保护的国家标准《信息安全技术公共及商用服务信息系统个人信息保护指南》，适用于指导除政府机关等行使公共管理职责的机构以外的各类组织和机构，如电信、金融、医疗等领域的服务机构开展信息系统中的个人信息保护工作，参照国际上的通行做法提出了处理个人信息应遵循的基本原则，并对个人信

息处理的整个过程提出了具体的要求。但从执行力来看，该指南仅是一份指导性技术文件，并不具备强制约束力，其实施仍取决于相关行业主体的自愿配合。2017 年，全国信息安全标准化技术委员会组织制定的国家标准 GB/T 35273–2017《信息安全技术　个人信息安全规范》正式出台，为我国个人信息保护工作的开展提供了翔实的实务指南。该规范定位于规范各类组织（包括机构、企业等）个人信息处理活动，是我国个人信息保护工作的国家推荐性标准，为今后开展与个人信息保护相关的各类活动提供了参考，为国家主管部门、第三方测评机构等开展个人信息安全管理、评估工作提供了指导和依据。从法律效力上，该规范是国家推荐性标准，不属于强制性标准，国家鼓励企业自愿采用。为更好地支撑四部门联合开展的 App 违法违规收集使用个人信息专项治理行动，2018 年 10 月，中国电子技术化标准研究院牵头成立工作组开展标准修订工作，并于 2019 年 2 月和 6 月两次公开向社会征求意见。[①]《信息安全技术 个人信息安全规范》（征求意见稿）结合了 App 违法违规收集使用个人信息专项治理工作实践经验，根据《网络安全法》规范了个人信息控制者在收集、保存、使用、共享、转让、公开披露等信息处理环节中的相关行为，旨在遏制个人信息非法收集、滥用、泄露等乱象，最大限度地保障个人的合法权益和社会公共利益。

3. 开展专项执法行动打击侵害个人信息违法行为

《国家网络空间安全战略》明确指出，要"坚持综合治理、源头控制、依法防范，严厉打击网络诈骗、网络盗窃、侵害公民个人信息等违法犯罪行为"。近年来，围绕加强个人信息保护这一重要内容，我国相关主管部门共同出击，多管齐下，开展了一系列专项执法行动集中打击整治侵害个人信息的违法行为，取得了明显的成效。

2014 年至今，在中央网信办统筹协调下，公安部、工信部等多个部门联合开展了"打击伪基站专项行动""婚恋网站专项整治工作""网络诈骗举报联动处置工作机制"等活动，有针对性地打击涉及个人信息的违法活动。

2016 年 4 月至 2017 年 12 月，公安部组织部署全国公安机关有序开展专项行动，依法严厉打击整治网络侵犯公民个人信息违法犯罪活动。行动以打击侵犯公民个人基本

---

① 洪延青，葛鑫.国家标准《信息安全技术 个人信息安全规范》修订解读［J］.保密科学技术，2019（8）.

信息和身份认证信息为重点，集中整治查处了一批问题突出的网络服务商和犯罪链条上的违法犯罪人员，最大程度遏制了电信网络诈骗、网络盗窃、敲诈勒索等犯罪活动，切实保障了公民个人信息安全。

2017年，在中央网信办、工信部、公安部和国标委的指导下，全国信息安全标准化技术委员会秘书处组织专家对10款网络产品和服务隐私条款进行了评审，督促相关企业整改违法违规行为。2018年，全国信息安全标准化技术委员会依托隐私条款专项评审工具继续对出行旅游、生活服务、影视娱乐、工具咨询和网络支付5类30款网络产品和服务进行了隐私条款评审，同时对2017年10款产品和服务进行了复核，引导帮助企业根据评审要点，对存在的问题进行持续改进，以确保用户对个人信息的知情权和控制权。

2019年1月，中央网信办、工业和信息化部、公安部、市场监管总局四部门在全国范围内联合组织开展了App违法违规收集使用个人信息专项治理行动，依法严厉打击针对和利用国家大数据资源和个人信息的违法犯罪活动。专项整治的App范围涵盖了电子商务、地图导航、快递外卖、交通票务等多个领域，加强了对违法违规收集使用个人信息行为的监管和处罚。截至2019年8月，主管部门指导App专项治理工作组受理了8000多条网民举报，评估了400余款大家常用的、下载量比较大的App，向其中100多家问题比较严重的App的运营者发送了整改通知，督促其整改。[1]

2019年3月，市场监管总局办公厅印发了《关于开展"守护消费"暨打击侵害消费者个人信息违法行为专项执法行动的通知》，决定自4月1日起针对侵害消费者个人信息违法问题突出的重点行业和领域开展为期6个月的专项执法行动。该项执法行动重点打击未经消费者同意，收集、使用消费者个人信息；泄露、出售或者非法向他人提供所收集的消费者个人信息；未经消费者同意或者请求，或者消费者明确表示拒绝的，向其发送商业性信息等违法行为。行动期间，全国市场监管部门共立案查办各类侵害消费者个人信息案件1474件，查获涉案信息369.2万条，罚没款1946.4万元，移送公安机关案件154件；组织执法联动4225次；开展行政约谈3536次；开展宣传活

---

[1]　多维度多层面加强网络个人信息保护　开展App专项整治［EB/OL］.国新网，http://www.scio.gov.cn/xwfbh/xwbfbh/wqfbh/39595/41492/zy41496/Document/1662926/1662926.htm.

动 10 653 次。^①

2019 年 11 月，工信部发布了《关于开展 App 侵害用户权益专项整治工作的通知》，重点针对违规收集个人信息、违规使用个人信息、不合理索取用户权限、为用户注销账号设置障碍四个方面的八类问题开展为期两个月的集中规范整治工作。整治措施包括责令整改、向社会公告、组织 App 下架、停止 App 接入服务，以及将受到行政处罚的违规主体纳入电信业务经营不良名单或失信名单等。

三、制定个人信息保护的行业自律规范

作为一种内生的保护机制，个人信息保护中的自律机制通过组织内部制定行为规范的方式保护个人信息，其优点在于可以根据行业的特点制定有针对性的灵活的个人信息保护政策，有利于促进技术创新与行业发展。自律机制能否发挥实际效用，关键取决于自律规范的制定和实施机制的建立。

1. 我国互联网行业与个人信息保护相关的自律规范

2002 年 3 月，我国 130 家互联网从业单位在北京签署了《中国互联网行业自律公约》，这标志着我国第一部互联网行业自律公约正式出台。该公约要求成员单位应自觉履行互联网信息服务的自律义务；自觉维护消费者的合法权益，保守用户信息秘密；不利用用户提供的信息从事任何与向用户作出的承诺无关的活动，不利用技术或其他优势侵犯消费者或用户的合法权益。

为规范互联网博客服务，2007 年中国互联网协会发布《博客服务自律公约》。其中第六条规定，从事互联网博客服务业务应建立健全的博客信息安全保障措施，包括用户注册流程、用户信息保密措施、博客内容信息安全保障措施等。第十二条规定，博客服务提供者应制定有效的实名博客用户信息安全管理制度，保护博客用户资料；未经实名博客用户本人允许，不公开或向第三方提供用户注册信息及其存储在网站上的非公开博客内容，法律法规另有规定的除外。

2012 年，中国互联网协会颁布的《互联网搜索引擎服务自律公约》第十条规定，

---

① 市场监管总局召开"守护消费"暨打击侵害消费者个人信息违法行为专项执法行动专题新闻发布会［EB/OL］. 国家市场监督管理总局，http：//www. samr. gov. cn/xw/xwfbt/201911/t20191118_308613. html.

搜索引擎服务提供者有义务协助保护用户隐私和个人信息安全，收到权利人符合法律规定的通知后，应及时删除、断开侵权内容链接。

2018 年 1 月，中国互联网协会成立了中国互联网协会个人信息保护工作委员会，负责开展个人信息保护领域行业自律工作，为政府部门执法及行业监管提供支撑。2019年，中国互联网协会发布了《网络数据和用户个人信息收集、使用自律公约》，旨在引导并督促电信和互联网行业规范收集和使用用户个人信息行为，标志着我国互联网行业的个人信息保护行业自律工作迈上了新的台阶。

2. 我国金融行业领域与个人信息保护相关的自律规范

作为全国性互联网金融行业自律组织，中国互联网金融协会于 2016 年 3 月公布了《中国互联网金融协会会员自律公约》。其中第七条专门就会员应当主动履行的金融消费者权益保护义务作出了规定，明确指出互联网金融协会会员应当保证客户信息安全，防止信息的灭失、毁损与泄露，不得利用客户信息从事与客户约定事项外的活动。

第三节　国外个人信息保护的主要经验及启示

一、制定个人信息保护的法律保障体系

由于个人信息处理方式的数字化转型，人们在享受信息数字化便利的同时，也面临着其带来的巨大风险。近半个世纪以来，各国陆续开始通过立法的形式对个人信息的收集和利用行为进行规范。纵观各国的立法情况，从立法模式上进行分析，有关个人信息保护的立法主要可分为三大类别，分别为统一立法模式、分散立法模式和统分结合的立法模式。

1. 统一立法模式

以欧盟为代表的大陆法系国家和地区对个人信息保护进行了统一的专门性立法尝试。以个人信息自决权和人格权为权利基础，欧盟及其成员国制定了统一的法律对政府部门和所有商业领域的个人信息处理行为进行规制。早在 20 世纪 70 年代，欧盟各成员国就相继制定了本国统一的个人信息保护立法。1973 年，瑞典制定了世界上首部全国性的个人数据保护法《瑞典数据法》；1977 年，德国制定了全国性的《联邦数据保护

法》；1978 年，法国通过了《信息、档案与自由法》。1995 年，欧洲议会和欧盟理事会在总结和借鉴各国个人信息保护立法实践的基础上颁布了《关于涉及个人数据处理的个人保护以及此类数据自由流动的指令》（以下简称《欧盟指令》），将隐私与信息保护问题确定为自然人的基本人权和自由，确定了个人数据管理者的责任和义务以及个人数据主体的权利，对公共部门和私人部门处理个人信息进行了统一的规制。《欧盟指令》的颁布实质上为各成员国个人信息保护立法确立了基本框架，对各成员国具有一定的强制效力。1998 年该指令生效实施后，各成员国陆续制定或修改本国的法律以执行其有关个人信息保护的规定。

2. 分散立法模式

分散立法模式的典型代表国家是美国。美国未制定统一的综合性的个人信息保护法，而是采取"条块分割"的方式对不同行业或领域内的个人信息分别立法予以保护，即采用了分散立法的模式。在公共领域，美国以隐私权作为宪法和行政法的基础，对于公共部门收集、保存和使用个人信息过程中的隐私保护，美国联邦立法主要通过 1974 年《隐私权法》和 1978 年《金融隐私权法》予以规制。《隐私权法》规定联邦政府仅可收集与任务目的相关且必要的个人信息，应保持信息的准确和安全性，并赋予个人查询和更正其信息记录的权利。《金融隐私权法》的目的在于保护个人的金融信息免受来自政府的侵害，禁止金融机构在未通知客户并获得客户同意的情况下随意向联邦政府披露客户的金融记录，联邦政府要获得客户的金融记录必须遵循一定的程序并提供相应的证明文件。[①] 在私人领域，出于对市场调节的信奉和支持信息技术发展的考虑，美国针对特定行业或领域内的个人信息收集和利用问题单独立法。[②] 在一些比较敏感的特殊商业领域，如金融、医疗、通信、征信、儿童隐私保护等领域，美国在联邦立法层面均制定了特别成文法案对个人信息进行了有效的保护。

3. 统分结合的立法模式

统分结合的立法模式是统一立法模式和分散立法模式的折中，其典型代表国家为日

---

① 姚朝兵. 个人信用信息隐私保护的制度构建——欧盟及美国立法对我国的启示 [J]. 情报理论与实践，2013（3）.

② 张新宝. 从隐私到个人信息：利益再衡量的理论与制度安排 [J]. 中国法学，2015（3）.

本。一方面，日本采用了欧盟个人人格权权益保护的理念，于 2003 年 5 月通过了个人信息保护的基本法律《个人信息保护法》，确立了包括原则、主管机关和罚则在内的公私部门个人信息保护的若干共同事项。针对政府部门和行使行政职权的特殊法人，日本还制定了《关于保护行政机关所持有之个人信息的法律》和《关于保护独特行政法人等所持有之个人信息的法律》。[①]另一方面，日本针对特殊行业领域的具体情况制定了不同的分散式个别立法，并鼓励非公共部门自主制定行业自律规则，形成了以《个人信息安全保护法》为基本法、各部门单行法为补充的独特的立法体系。

通过比较分析，以上三种立法模式的侧重点各有不同，但都各有其合理性及局限性。以欧盟为代表的统一立法模式以基本人格权益保护为重心，强调政府应在个人信息保护领域发挥积极的主导作用，通过建立统一的强制性法律规范对个人信息进行系统全面保护。其缺点在于管理成本高昂，管理规划过于原则抽象，其僵化的监督管理方式不利于个人信息的充分流动，会对个人信息的潜在商业价值挖掘产生实质性障碍。以美国为代表的分散立法模式以隐私权保护为重心，建立了相对灵活、具体且具有可操作性的个人信息保护法律体系，有利于促进信息的自由流动和技术的发展。[②]由于美国是自由市场竞争机制的信奉者，因此在商业领域更倾向于从行业自律规范与技术保护层面进行行业自治和市场调节。其缺点在于法律规范繁复庞杂，易造成司法的不统一。此外，个人和企业地位上的不对等易使个人权利难以得到全面充分的保护。日本模式是前两者的折中，具有宽泛性和适应性，但其缺点在于由于对保护对象和规制对象定义不严谨，反而影响了正常的个人信息交流。

二、构建个人信息保护的行政监管体系

1. 专门化的个人信息保护监管机构

各国在个人信息保护理念、原则上的不同，不仅突出表现为立法模式选择上的差异，也延续体现在个人信息保护的行政监管体系上。在具体的个人信息保护执法实践领域，以欧盟为代表的大陆法系国家和以美国为代表的普通法系国家选择了不同的行政监

---

① 吕艳滨.个人信息保护法制管窥［J］.行政法学研究，2006（1）.
② 杨震，徐雷.大数据时代我国个人信息保护立法研究［J］.南京邮电大学学报（自然科学版），2016（2）.

管机构设置方式。美国的做法是不建立统一的隐私保护监管机构，主要借助其发达的司法救济系统，由联邦贸易委员会、联邦通信委员会、证券交易委员会、消费者金融保护局等机构推动隐私保护法律体系的落地实施。欧盟的做法则是设立专门化的个人信息保护监管机构，建立严格统一的监管标准，构建形成了统一严密的个人信息保护监管体系。

1995 年，欧盟正式颁布了《个人信息保护与流通指令》，明确规定了个人信息保护的行政监管机构和研究咨询机构。在行政监管机构层面，欧洲数据保护监督局作为独立的行政机构，主要负责监督欧盟机构与组织的个人信息处理工作。欧盟公民的个人信息受保护权利受到侵害时可直接向其投诉，机构有权进行相关调查并查处违法行为。欧盟各成员国也各自设立了数据保护监管局，作为欧盟个人信息保护法的各区域分支行政监管机构。在研究机构咨询层面指令设置了专门的个人信息保护研究机构"第 29 条工作组"，是负责持续跟踪研究和报告欧盟个人信息保护发展状况的独立研究咨询机构，为此后的个人信息保护法改革发挥了重要作用。

2016 年，欧盟颁布了《一般数据保护条例》（*general data protection regulation*，GDPR），对欧盟个人信息保护的行政执法机构的管理方式进行了改革。根据 GDPR 第六十八条规定，欧盟特别设立了欧洲数据保护委员会，其成员由各成员国个人信息保护行政监管机构和欧洲信息保护监督局的负责人或代表组成，委员会的秘书处由欧洲数据保护监督局担任。欧洲数据保护委员会将取代《1995 年个人信息保护指令》设立的"第 29 条工作组"，其主要任务和职责包括发布个人信息保护的一般性指南以阐明欧洲数据法律规范、在跨境数据保护案件中采取一致性措施以及促进各成员国个人数据监管机构之间的信息交流与业务合作。欧洲数据保护委员会的成立，将有效提升欧洲数据保护监督局的权力，确保在整个欧盟范围内统一应用个人数据保护规则，并及时就欧盟内涉及个人数据保护规则的立法实施问题向欧盟委员会提供报告和咨询。

以欧盟的行政监管机构设置方式作为参照系，亚洲一些国家如韩国、日本和新加坡亦建立了统一的个人信息保护监管机构以专职负责个人信息保护的监管执法工作。

2. 多元化的行政监管模式

在行政监管模式方面，一些国家通过政府主导的方式对个人信息保护进行强力监管。如英、法、德等欧盟国家普遍采取注册登记制、审核批准制等多种措施，对于网络个人信息处理活动实行行政审查和管理。日本采取行政申告制，行政机关须向总务大臣提交行政申告后，才能从事网络个人信息处理活动，独立行政法人、非公共行政部门无须事前行政申告，但须将其网络个人信息处理情况向总务大臣随时提交行政通报。[①]

另一些国家则采用第三方认证评估的方式，加强对网络个人信息安全保护状况的监管。如日本政府通过出台可操作性的行业自律工业标准《个人信息保护管理体系要求事项》，推行第三方认证机制隐私标识认证体系（privacymark）对个人信息保护状况进行监督和管理，以配合政府的执法保障。通过评估的企业可获得授权在其商业活动中展示"privacymark"标识的权利，以便于消费者判断该部门的个人信息保护水平。

三、建立个人信息保护的自律机制

在个人信息保护领域，自律机制作为一种自下而上的市场调节机制，具有专业性、经济性和灵活性等优势。

1. 个人数据保护官制度

有关个人信息保护中的机构自律的典型代表是 20 世纪 90 年代末由欧美国家兴起的个人数据保护官制度。个人数据保护官的职责是防范所在组织机构违反个人信息保护相关的法律法规和行业规范，承担着组织机构合规管理中个人数据保护方面的责任。个人数据保护官是一个发展中的概念，与之相关的职位头衔包括"首席隐私官"（chief privacy officer，CPO）、"隐私官"（privacy officer）和"数据保护官"（data protection officer，DPO）等。1999—2000 年欧美一些企业开始设置首席隐私官这一高层管理职位以专门负责处理与用户个人隐私相关的事宜。与此同时，欧盟的一些成员国开始提出设置个人数据保护官制度，如德国和法国的相关数据保护法律都提出建立这一管理角色。欧盟 2016 年颁布的《一般数据保护条例》（GDPR）明确了数据保护官在组织机构中的地位和任务，指出数据保护官应负责监管所在组织机构个人数据安全策略并保证该策略满足条例的合规性要求，此外还需协助监管机构工作并充当监管机构联络点。

---

① 个人信息保护课题组. 个人信息保护国际比较研究［M］. 北京：中国金融出版社，2017：337.

2. 个人信息保护的行业自律

美国在经济发展方面信奉自由放任的政策传统，出于在信息技术领域现实的经济利益与冗长烦琐的立法程序之间的权衡，一直采取以行业自律为主导的个人信息保护模式。早在 1997 年，美国白宫就发布了《全球电子商务架构报告》，指出政府应避免对网上商业活动过多的法律限制，应采取市场导向原则进行规范。这一指导电子商务发展的文件明确表明政府支持商业机构建立一个以自我规范为基础的隐私权保护制度。[①] 在美国政府的政策引导下，美国建立起以行业自律为主导的个人信息保护模式。美国个人信息保护行业自律的主要形式包括技术性选择保护、在线隐私认证标识计划和建设性行业指引三大类。

（1）技术性选择保护（technical protection）。美国一些商家开发了一系列标准化的个人信息隐私保护软件，将个人隐私偏好设定在软件的可选项中，通过与用户建立个人信息收集问题相关协议的方式赋予用户确定个人隐私防护方式的自主选择权。美国最著名的技术性选择保护个人信息软件是 2000 年美国互联网协会开发的"个人隐私偏好平台"（personal privacy preference platform，P3P）。

（2）在线隐私认证标识计划（online privacy seal program）。在线隐私认证标识计划由网络隐私认证机构制定数据收集行为规范和隐私保护规则，并按规则对提出认证申请的从业者进行审查认证。审查通过的网站须接受认证机构的规则监管，并获得认证机构授权在网站张贴特定的在线隐私认证标识。在线隐私认证作为一种具有商业信誉意义的标识，可以方便消费者识别那些遵守特定信息收集行为规则的网站。在线隐私认证标识可以跨行业，其典型代表包括信任组织 TRUSTe 和 3B 在线组织 BBBonline。

（3）建设性行业指引（suggestive industry guidelines）。建设性行业指引由从事网络业务的行业联盟为成员提供一个广为接受的适用于行业内部的有关网上个人隐私保护自律规范范本，要求行业联盟的成员采纳、发布和执行。该指引不具备监督和制裁功能，其作用旨在为联盟成员提供一个行业内建设性的自律规范范本，而具体的个人信息隐私保护办法由从业者自行制定。建设性行业指引不跨行业，其典型代表是"在线隐私联盟"（online privacy alliance，OPA）。

---

① 齐爱民 . 个人信息保护法研究［J］. 河北法学，2008（4）.

3. 数据跨境流动的政策监管

伴随着全球范围内国际贸易和数字经济的蓬勃发展，数据跨境流动在促进全球经济和国际贸易快速增长的同时，也对公民隐私、数据权益和国家安全产生了一定的危害，引起了国际组织、各国政府管理部门和隐私保护机构的高度关注。出于隐私保护、商业秘密保护和维护数据主权的考虑，愈来愈多的国际组织和国家加紧进行数据跨境流动的对话磋商，通过出台跨境数据流动监管文件，形成了横跨多边和双边的数据跨境流动法律框架体系。

关于数据跨境流动政策的讨论最早始于个人数据保护法律领域。经济合作与发展组织（OECD）早在 1980 年制定的个人信息保护的国际纲领性文件《关于保护隐私与跨境个人数据流动的指南》中，就对成员国个人数据跨境流动问题作出了原则性的规定，规定成员国应当避免以隐私保护和个人自由为名义出台立法或政策限制数据的自由流动；但若其他成员国未对特定数据采取同等保护则可以限制其数据在国家间的跨境转移。在实践中，由于该指南仅是推荐性指南并没有强制力，因此并未真正统一欧洲各国的立法。

为了坚定欧洲各国的立场，进一步协调欧洲共同体成员国的数据保护立法，欧共体理事会在 1981 年出台了欧洲第一个针对跨境数据流动进行规制的区域性法律文件《关于个人数据自动处理过程涉及的各国监管机构与跨境数据转移的个人保护公约》。文件规定向非成员国进行跨境数据转移的前提是该非成员国对数据提供了适当保护；所谓适当保护的评估，成员国当局既可以根据非成员国的立法确定，也可以通过对数据转移合同条款的评估而决定。公约对欧共体成员国具有约束力，强化了欧洲国家对于数据跨境流动的立场。

在欧洲地区不断更新和完善跨境数据流动规则的同时，世界上其他国家和地区也开始加紧步伐制定个人数据跨境流动的规则体系。2004 年，亚太经合组织（asia pacific economic cooperation，APEC）部长会议通过了《APEC 隐私保护框架》，以促使成员经济体间的数据隐私保护标准趋于一致。为了在实践层面促进框架的落地实施，2007 年，APEC 部长会议签署了"探路者协议"（pathfinder），并据此构建了 APEC 跨境隐私规则（the APEC cross border privacy rules，CBPR）体系，实现了亚太地区个人信息在得到保护的基础上实现无障碍流动。

1995 年，欧盟颁布了《关于个人数据自动处理和自由流动的个人保护指令》，规定欧盟公民的个人数据只能向那些已经达到欧盟认可的"充分保护水平"的国家流动，并由欧盟委员会负责根据第三国的个人信息保护立法状况、执法能力及是否存在有效的救济机制等因素综合评估审查其数据保护水平是否达到了欧盟的标准。为了有针对性地解决与美国之间的跨境数据流动问题，美欧双方在个人数据和隐私安全保护机制上的差异，美国商务部通过与欧盟协商，与 2000 年正式提出了美欧"安全港协议"（Safe Harbor），欧盟由此认定美国为个人信息充分保护地区。"棱镜门"事件爆发后，2015 年欧盟法院裁决认定美欧"安全港协议"无效，美国因此丧失了个人信息充分保护区的资格。经过双方的谈判，美国商务部于 2016 年与欧盟签订了"隐私盾协议"（Privacy Shield），由此取代了失效的"安全港协议"，加强了美国企业适用个人数据的义务，提供了欧盟成员国公民寻求各种救济的可能性。

2016 年，欧盟颁布了《一般数据保护条例》，进一步强化了第三国适当性评估的要求，规定欧盟委员会对第三国进行适当性评估时应考虑第三国的执法监管部门设置情况及是否已经缔约涉及个人数据保护的双边或多边条约的情况。

四、国外经验对我国的启示

1. 完善我国个人信息保护的法律法规体系

（1）我国应借鉴欧盟的统一立法模式，尽快制定一部全国统一的《个人信息保护法》。我国迄今为止仍未出台有关个人信息保护的专门性法律，现有的法律规定不仅缺乏可操作性，难以形成有机统一的整体，个别条款之间甚至相互冲突，造成了司法适用的混乱。我国具有大陆法的立法传统，在现行的法律法规中亦缺乏对隐私权保护的明确界定，制定统一的个人信息保护立法不仅有效回应了国际统一立法的大趋势，更符合我国的现实国情。我国应通过国家层面的专门立法确立个人信息保护的基本原则，明确个人信息权利主体所享有的各项权利和相关义务主体所应当履行的义务，并健全个人信息保护的法律责任体系，从而有效规范各行业的个人信息保护行为。

（2）针对特定行业领域个人信息保护的现实需要，相关政府部门应制定配套法律法规与行业规范以辅助《个人信息保护法》的落实。一方面，政府部门可针对不同的事务领域制定相应的个人信息保护配套法律法规，由国家强制力保证实施；另一方面，可由将来的个人信息保护主管部门根据不同行业的实际业务需要，发布内容更为翔实具体的行业指引、应用指南和实施意见书等软性指导性文件，以优化个人信息保护法在实践中的适应和实施效果。

2. 健全个人信息保护的行政监管机制

（1）我国应建立统一的个人信息保护行政监管机构，明确监管部门的职责义务和监管程序。从全球经验来看，行政监管机制在个人信息保护的执法领域发挥着重大的作用。成立专门负责个人信息保护的监管机构不仅有利于推动国家层面个人信息保护法律的落地实施，提升整个国家的个人信息保护水平，也有利于为信息主体提供一站式的维权申诉服务。我国应在国家层面指定或设立个人信息安全保护的专门行政机关，将分散到各行业领域的监管职能集中起来面向全国范围内的个人信息保护提供统一的行政监管，并加强对信息主体的司法救济。

（2）我国应积极扶持个人信息保护的第三方服务机构的发展，探索建立个人信息保护的第三方认证服务体系。我国应借鉴日本的经验做法，积极培育个人信息保护的评定机构并建立统一的认可制度；通过政府和第三方认证组织的密切合作，鼓励有条件的第三方技术服务机构开展针对个人信息保护状况的评估认证活动。

（3）进一步完善我国个人信息保护相关的行政监管实践机制。我国应借鉴国外的经验做法，构建起包括信息处理行政许可制、行政登记制、行政申告制等在内的网络个人信息安全保护行政管理基本制度，以及包括事前监管、事中监管和事后监管在内的链条式行政监管实践基本框架。[①] 在事前监管方面，应逐步完善数据服务商进入服务市场的准入审批制度，构建个人信息销售许可机制，促使企业之间形成竞争性监督，从源头上断绝个人信息被非法获取、使用的可能性。在事中监管方面，监管部门应加强联动形成合力，畅通举报渠道，着眼于在数据利用和数据共享合作等关键环节加强日常巡查并建立日常监管备案制度。在事后监管方面，政府应严格执法，建立个人信息泄露溯源机制，依法及时对侵害个人信息行为的违法行为进行严肃惩处，通过提高违法成本加大对侵犯个人信息违法行为的震慑力。

---

① 王少辉，印后杰.基于政府管理视角的大数据环境下个人信息保护问题研究［J］.中国行政管理，2015（11）.

3. 强化个人信息保护的自律机制

作为一种内在调整机制，自律机制可以与国家法律的外在强制性调整机制实现良性的互动。我国应积极借鉴发达国家的经验，通过强化自律机制弥补法律法规滞后的缺陷，发挥行业自律的灵活性和专业化优势。

（1）我国应健全个人信息保护的国家标准体系，并提升相关管理标准的效力。我国现已出台的个人信息保护国家标准均不具有强制性约束力，属于推荐给行业选择适用的仅具有指导性价值的"示范法"。由于其缺乏法律效力，因此未规定法律救济和法律责任，特别是国外立法中赋予信息主体的司法救济权。[①]我国一方面应提升国家标准的效力，赋予其法律强制力；另一方面应进一步完善细化不同行业领域的应用标准，并增加完善相关法律救济和法律责任内容，为行业管理者执法提供充分的理论和实践依据。

（2）组织内部应制定严格的信息保护内控制度，加强机构内部的自律机制建设。我国可借鉴发达国家的经验做法，在企业内部设立数据保护官以专门负责个人信息保护相关管理事宜。一方面，数据保护官需积极履行职责，制定本单位个人信息保护的相关管理制度和技术措施；另一方面，数据保护官应承担具体的法律义务，在企业违法时需追究其相关的法律责任。

（3）加强对个人信息保护行业自律的行政监管。在积极引导和鼓励重点行业领域的行业自律组织制定行业自律规范和公约的同时，政府应予以适度干预，尽快建立健全具有可操作性的行业奖惩激励机制。在确保行业协会独立性不被异化的同时，政府应对行业的自律管理进行适度监管，通过完善行业内部的配套管理与处罚措施，推动企业从保护商誉的角度落实个人信息保护的责任和义务，以促进行业的健康发展。

4. 积极参与制定跨境数据流动的国际规则

在全球经济一体化的背景下，就跨境数据流动监管问题开展国家合作是不可避免的。我国在跨境数据流动规则领域起步较晚，至今未建立独立的数据跨境流动的法律，目前出台的与数据跨境流动直接相关的法规仅有两部，分别为国家互联网信息办公室2017 年 5 月发布的处于征求意见修改阶段的《个人信息和重要数据出境安全评估办法

---

① 石佳友 . 网络环境下的个人信息保护立法［J］. 苏州大学学报（哲学社会科学版），2012（6）.

（征求意见稿）》和 2019 年 6 月发布的处于征求意见阶段的《个人信息出境安全评估办法（征求意见稿）》。从现有的立法内容上分析，我国倾向于通过数据本地化策略对跨境数据流动采取较为严格的限制，确因业务需要需向境外提供数据的，应事先进行数据出境安全评估。这种保护措施有利于国家安全和个人隐私保护，但长远来看会影响我国的国际竞争力，给经济发展带来负面影响。

作为数据资源产出大国，我国应完善数据跨境流动的相关法律制度，为数据跨境流动提供法律依据和制度保障。我国应本着在国家安全和经济发展之间谋求平衡的立法原则，提高我国跨境数据流动规则的完备程度。此外，在全球尚未形成统一的跨境数据流动规则的情况下，我国应加强国际交流与合作，积极参与构建双边或多边数据跨境流动规则体系，增强在跨境数据流动规则制定上的话语权，减少由于规则差异给跨境数据流动监管带来的成本和风险。

第八章 关键信息基础设施保护

第一节 关键信息基础设施概述

一、关键信息基础设施的内涵

基础设施原意是指为社会生产和居民生活提供公共服务的物质工程设施，是用于保证国家或地区社会经济活动正常进行的公共服务系统。它们构成了支撑城市的实际网络，覆盖交通、邮电通信、供水供电、商业服务、科研与技术服务、园林绿化、环境保护、文化教育、卫生事业等很多领域。在互联网高度发展的今天，信息系统成为基础设施系统运行的重要支撑。当代的基础设施概念超出了实际物理结构的范畴，变成为使社会得以生存发展的互联机构和功能。

1. 我国关键信息基础设施的内涵

《网络安全法》第三十一条规定，国家对公共通信和信息服务、能源、交通、水利、金融、公共服务、电子政务等重要行业和领域，以及其他一旦遭到破坏、丧失功能或者数据泄露，可能严重危害国家安全、国计民生、公共利益的关键信息基础设施，在网络安全等级保护制度的基础上，实行重点保护。我国《国家网络空间安全战略》指出，国家关键信息基础设施是指关系国家安全、国计民生，一旦数据泄露、遭到破坏或者丧失功能可能严重危害国家安全、公共利益的信息设施，包括但不限于提供公共通信、广播电视传输等服务的基础信息网络，能源、金融、交通、教育、科研、水利、工业制造、医疗卫生、社会保障、公用事业等领域和国家机关的重要信息系统，重要互联网应用系统等。[1]国家法律和战略规定中描述了我国关键信息基础设施涵盖的领域和范畴，明确了关键信息基础设施的重要性。有学者据此对关键信息基础设施提出了相对抽象的定义，即使用信息技术，支撑国计民生正常运行，遭受网络攻击后可影响国家安全的设施。[2]

《网络安全法》和《国家网络空间安全战略》对关键信息基础设施的内涵进行了一致的明确界定，包括如下几个要点。

（1）关键信息基础设施的分布范围。关键信息基础设施分布在公共通信、信息服务、能源、交通、水利、金融、电子政务、教育、科研、工业制造、医疗卫生、社会保障、公用事业等重要行业和领域，覆盖了国家政治、经济、文化和社会生活的关键部门，是国家各项事业正常运转和经济社会平稳发展的重要支撑。

（2）关键信息基础设施的重要性。关键信息基础设施关系国家安全、国计民生，一旦数据泄露、遭到破坏或者丧失功能可能严重危害公共利益和国家安全。由此可见，关键信息基础设施对社会稳定和国家安全具有"牵一发而动全身"的关键影响。

（3）关键信息基础设施的实质。《国家网络空间安全战略》中定义的关键信息基础设施是，基础信息网络、重要信息系统和重要互联网应用系统等，表明关键信息基础设施的本质是网络系统，是与整个信息网络互联互通的系统。由于互联网的互联性和开放性，关键信息基础设施的安全与整个互联网的安全可以说是唇齿相依的关系，某个特定的关键信息基础设施遭到攻击或破坏，可能波及蔓延到整个互联网，确保互联网安全是保护关键信息基础设施最基础的屏障。

2. 美欧关键信息基础设施的含义

对关键信息基础设施概念的界定，目前国际上没有统一的标准，各国使用的术语在表述和概念界定的细节上有一定的区别。例如，我国政府文件中使用"国家关键信息基础设施"，美国和欧盟同时都会使用"关键基础设施"和"关键信息基础设施"，英国官方使用的是"关键国家基础设施"。

美国2001年发布的《爱国者法案》中定义关键基础设施为，对美国极其重要的有

① 《国家网络空间安全战略》全文［EB/OL］.国家互联网信息办公室，http：//www.cac.gov.cn/2016-12/27/c_1120195926.htm.
② 唐旺，宁华，陈星，朱璇.关键信息基础设施概念研究［J］.信息技术与标准化，2016（4）.

形或无形的系统和资产，其失效或遭到破坏会对美国国家安全、经济安全、公共卫生和公共安全中单一的或组合事项产生负面的影响。该法案指出，美国私营企业、政府和国家安全机构越来越依赖相互关联的关键物理基础设施和信息基础设施网络，包括通信、能源、金融服务、水资源和交通部门。

欧盟委员会2004年发布的《反对恐怖主义中的关键基础设施保护》中详细定义了关键基础设施及其范围。关键基础设施由一系列物理和信息技术设施、网络、服务和资产构成，一旦遭到中断或破坏，会对公民的健康、安全、保障、经济福祉或成员国政府的有效运行产生严重影响。它们分布在社会经济中的很多部门，包括银行和金融、交通运输、能源、公共事业、卫生、食品供应、通信和关键的政府服务（见表8-1）。

表8-1　欧盟关键基础设施部门分布[①]

行业/部门	举例描述
能源设备和网络	电力、石油、天然气的生产、存储和精炼设备、传输和配送系统
通信和信息技术	电信、广播电视系统、软件、硬件、包括互联网在内的各种网络
金融	银行、证券、投资
医疗卫生	医院、医疗保健和供血机构、实验室和制药业、搜寻和救援、应急服务
食品	安全、生产工具、批发商、食品工业
水资源	水坝、存储、水处理、供水网络
交通	机场、港口、联合运输设施、铁路和轨道交通网络、交通管制系统
危险品的生产、存储和运输	化学、生物、辐射和核材料
政府	重要服务和设施、信息网络、国有资产、重要国家遗址遗迹

英国政府界定了13个对人们日常生活至关重要的国家基础设施部门，包括化工、民用核能、通信、国防、应急服务、能源、金融、食品、政府、医疗、航天、交通运输和水资源。每个部门有一个或多个政府领导机构来负责，为关键资产提供安全性保障。

上述国家对关键基础设施定义的一个共同点在于，对关键要素或关键部门的划分是动态的，处在变化发展之中，由此界定的关键基础设施应是一个动态的概念和范围，应

---

① Critical Infrastructure Protection in the fight against terrorism［EB/OL］. European Commission，http：//ec. europa. eu/transparency/regdoc/rep/1/2004/EN/1-2004-702-EN-F1-1. Pdf.

在明确关键基础设施共性特征的基础上，在不同领域内，应有一个统一的关键基础设施认定国际标准。

二、关键信息基础设施的特征

根据各国对关键信息基础设施含义和范围的界定，综合分析不同领域关键基础设施的共性可知，关键信息基础设施具有功能关键性、威胁多样性、行业广泛性和技术依赖性等特征。[①]

1. 功能关键性

关键信息基础设施区别于一般信息基础设施在于其关系国家安全、国计民生的关键性，其功能的发挥、系统的正常有序运转对国家安全各领域和国计民生的重要性不言而喻，一旦功能失调、运转失灵，对于国家安全和国计民生的影响不可估量。

2. 威胁多样性

威胁是可能给关键信息基础设施带来危险的各种活动，威胁的来源、表现形式、产生的原因和后果等都不是单一的固定的形态，而是具有多样性，威胁的多样性增加了关键信息基础设施安全保护的难度，对系统性、全方位感知和处置威胁提出了高标准、严要求。

3. 行业广泛性

关键信息基础设施几乎分布在国家的各行各业，包括公共通信、广播电视、能源、金融、交通、教育、科研、水利、工业制造、医疗卫生、社会保障、公用事业、国家机关等，覆盖了政治、经济、军事、文化、社会民生等诸多领域。不同行业关键信息基础设施的安全保护，要充分尊重行业的特点及其风险承受能力，重点关注行业对安全保护的特殊需求，做到有的放矢。

4. 技术依赖性

作为基础信息网络、重要信息系统和重要互联网应用系统的关键信息基础设施，其

---

① 于洁，栗琳. 基于情报感知的关键信息基础设施安全保护［J］. 情报理论与实践，2019（4）.

内部对数据的收集、存储、加工处理、传输等各项活动都需要通过信息技术手段和工具来完成。关键信息基础设施与外部的沟通交流也需要借助通信技术等来实现。在互联互通程度越来越高的当今社会，关键信息基础设施的技术依赖性对技术安全提出了更高的要求，与此同时，技术安全问题也给关键信息基础设施安全带来了更多挑战。

三、关键信息基础设施面临的风险

基础设施中系统的大规模集成、互联使得基础设施的脆弱性和安全威胁不再是简单的线性叠加。在有组织的、高强度攻击面前，关键信息基础设施面临着巨大挑战。[1] 自然灾害、通常事故和蓄意攻击都会对关键基础设施带来威胁，其中蓄意攻击虽较少发生但造成的破坏性可能更加令人担忧。网络攻击很难追踪溯源，为黑客所用的工具和技术就可以用来使关键基础设施无法正常发挥作用，也可以用来混淆决策者的认识，使其无法判断基础设施是否可靠。[2] 尤其是依靠计算机、移动存储设备和互联网传播与蔓延的大量病毒与黑客软件，诸如震网病毒、黑色能量、火焰病毒等，给关键信息基础设施带来很大的现实或潜在的威胁，是关键信息基础设施安全风险的罪魁祸首。

关键信息基础设施面临的风险具有开放性、爆发性、破坏性、关联性的特点。

（1）开放性。支撑关键信息基础设施的信息系统大都与开放的互联网相连接，使用互联网提供的基础服务，互联网的开放性带来了网络风险的开放性。在开放的网络环境中，黑客通过开放的网络端口和系统漏洞发起攻击，给关键信息基础设施造成巨大安全威胁。

（2）爆发性。针对关键信息基础设施的攻击通常在短时间内集中造成伤害，风险的爆发性强。很多情况下，管理者和运营者事先难以预知威胁事件的酝酿和产生，事件多为突发性、应急性，迅速爆发并蔓延。

（3）破坏性。对关键信息基础设施进行攻击的目的之一是破坏，破坏其正常运营管理的秩序和环境。威胁事件的破坏性会造成经济损失，甚至会带来社会恐慌，影响社会安全稳定。

（4）关联性。由于关键信息基础设施的关键地位和网络的互联互通，关键信息基

---

① 做好国家关键信息基础设施安全防护［EB/OL］．新华网，http：//news. xinhuanet. com/comments/2016-09/28/ c_1119628538. htm.

② 郭宏生 . 网络空间安全战略［M］．北京：航空工业出版社，2016：54-55.

础设施面临的风险具有"牵一发而动全身"的关联性，一处受到攻击破坏可能会波及多处，产生连带影响。

近年来发生的针对关键信息基础设施的黑客攻击事件和恐怖袭击事件充分证明了关键信息基础设施在网络空间中面临的巨大风险和严峻形势。

1. 近年来发生的黑客攻击事件

进入网络时代，国际上发生了很多针对关键信息基础设施的网络攻击事件，影响着信息通信、人们生活，乃至国家的政治经济安全。2001 年，黑客侵入了监管美国加利福尼亚州多数电力传输系统的独立运营商；2003 年，美国俄亥俄州 davis-besse 核电厂控制网络内的一台计算机感染微软 SQL server 蠕虫，导致其安全监控系统停机将近 5 小时；2007 年，攻击者入侵加拿大一个水利 SCADA 控制系统，破坏了取水调度的控制计算机；2008 年，攻击者通过电视遥控器入侵波兰某城市地铁系统，导致四节车厢脱轨；2010 年，stuxnet 病毒严重威胁伊朗布什尔核电站工业控制系统；2011 年，微软警告称最新发现的 duqu 病毒可从工业控制系统制造商收集情报数据；2012 年，美国两座电厂遭到 USB 病毒攻击，导致敏感数据泄露，伊朗石油部和国家石油公司内部计算机遭到黑客入侵；2014 年，黑客集团 dragonfly 制造"超级电厂"病毒，能够阻断电力供应或破坏、劫持工业控制设备，全球上千座发电站遭到攻击[①]；2015 年，攻击者使用 black energy 和 killdisk 等恶意软件入侵乌克兰电力部门监控管理系统，导致了数小时停电，涉及 140 万居民家庭。

2016 年一年间全球发生了数起关键信息基础设施遭受攻击事件，乌克兰电力公司的网络系统再次遭到黑客攻击，导致大规模停电；以色列电力局遭受重大网络攻击，部分计算机系统瘫痪；孟加拉国央行 SWIFT 系统遭受攻击，8 100 万美元被盗；针对石化、军事、航空航天等行业的"食尸鬼"网络攻击被曝光；委内瑞拉遭网络攻击，全国银行交易出现故障；黑客组织利用 mirai 恶意程序感染了全球几十万个视频监控系统，组成僵尸网对美国的关键基础设施 dyn 域名解析服务器发起拒绝服务攻击，造成美国的西海岸持续断网。2017 年，据美国信息安全公司赛门铁克的调查报告，很多西方国家的能源基础设施成为了黑客集团 dragonfly 的攻击目标，他们通过钓鱼邮件、感染木马病毒的

---

① "关键信息基础设施安全"分论坛　多方联动防御保障设施安全［EB/OL］.中央网信办，http://www.cac.gov.cn/2018-02/02/c_1122359980.htm.

软件、水坑网站等途径获取情报或蓄意破坏，甚至有能力破坏整个国家的电网。[①]2018年，黑客攻占了印度 uttar haryana bijli vitran nigam（UHBVN）电力公司的计算机系统，窃取了用户的账单数据，导致电力公司无法对用户之前的用电量进行计算，[②]攻击者对电力公司勒索 1 000 万卢比才肯归还数据。2019 年，美国第一资本银行（capital one）数据库遭黑客攻击，约 1.06 亿银行卡用户及申请人信息泄露，capital one 表示，黑客所盗走的资料大多数为消费者或小型企业自 2005 年到 2019 年的信用卡申请资料，包括姓名、地址、邮递区号、电话号码、电子邮件账号、生日及收入等，另有 14 万个美国民众的社会安全码与 8 万个银行账号以及 100 万个加拿大民众的社会安全码受到波及，[③]该事件被美国媒体称作"美国历史上最大规模的银行数据泄露事件"。

这些针对关键信息基础设施的攻击事件不仅给相关国家和地区的国际声誉造成恶劣影响，还会导致严重的政治、经济后果，引发公共安全危机。近年来，频繁发生的关键信息基础设施风险事件给国际社会敲响了警钟，促使各国政府正视关键信息基础设施的脆弱性，重新审视关键信息基础设施对国家安全的重要性。

2. 近年来发生的恐怖袭击事件

当今社会的运转离不开一系列高度复杂的信息基础设施网络，关键信息基础设施在不同部门和产业之间、在虚拟和现实世界之间以及各个国家之间的相互依存度不断提高，针对关键信息基础设施的恐怖袭击会产生牵一发而动全身的巨大影响。随着全球反恐形势的日益严峻，关键基础设施越来越容易成为恐怖袭击目标。前几年巴黎、布鲁塞尔等重要城市发生的针对机场、车站等基础设施的恐袭事件，造成了巨大社会恐慌。乌克兰倡议召开保护关键基础设施免遭恐怖袭击问题安理会公开辩论会，联合国安理会于 2017 年 2 月举行公开辩论，讨论如何保护关键基础设施免遭恐怖袭击。辩论会后安理会通过决议，促请各国在防范、调查针对关键基础设施的恐怖袭击的信息共享、风险评估和联合执法方面加强双多边合作。我国《国家网络空间安全战略》中"强化网络

---

① Dragonfly：Western energy sector targeted by sophisticated attack group［EB/OL］. Symantec Blogs，https：//www. symantec. com/blogs/threat-intelligence/dragonfly-energy-sector-cyber-attacks.

② 联网电力系统网络安全态势分析报告［EB/OL］. 关键基础设施安全应急响应中心，https：//www. ics-cert. org. cn/portal/page/131/95290efb86b44d7d8cd7ee222f3e9e24. html.

③ 美国银行 Capital One 被入侵超 1 亿用户数据外泄［EB/OL］. 新浪财经，https：//finance. sina. com. cn/stock/relnews/us/2019-07-31/doc-ihytcitm5815942. shtml?source=cj&dv=2.

空间国际合作"的战略任务明确指出,支持联合国发挥主导作用,推动制定各方普遍接受的网络空间国际规则、网络空间国际反恐公约,健全打击网络犯罪司法协助机制,深化在政策法律、技术创新、标准规范、应急响应、关键信息基础设施保护等领域的国际合作。

第二节 国内关键信息基础设施保护的现状

一、党中央高度重视关键信息基础设施安全

关键信息基础设施安全事关国家安全,受到党和国家的高度重视。近年来,习近平总书记在很多重要会议和活动的讲话中多次强调关键信息基础设施安全问题,并提出安全保护的要求。

2014—2015 年,习近平总书记在中央网络安全和信息化领导小组第一次会议上强调,要加强核心技术自主创新和基础设施建设;要抓紧制定立法规划,完善互联网信息内容管理、关键信息基础设施保护等法律法规,依法治理网络空间,维护公民合法权益。[①]习近平主席会见出席中美互联网论坛双方主要代表时发表讲话强调,从老百姓衣食住行到国家重要基础设施安全,互联网无处不在。

2016 年,习近平总书记在网络安全和信息化工作座谈会上的讲话强调,国家关键信息基础设施面临较大风险隐患,网络安全防控能力薄弱,难以有效应对国家级、有组织的高强度网络攻击。这对世界各国都是一个难题,我们当然也不例外。提出"加快构建关键信息基础设施安全保障体系"的要求,指出,金融、能源、电力、通信、交通等领域的关键信息基础设施是经济社会运行的神经中枢,是网络安全的重中之重,也是可能遭到重点攻击的目标。"物理隔离"防线可被跨网入侵,电力调配指令可被恶意篡改,金融交易信息可被窃取,这些都是重大风险隐患。不出问题则已,一出就可能导致交通中断、金融紊乱、电力瘫痪等问题,具有很大的破坏性和杀伤力。我们必须深入研究,采取有效措施,切实做好国家关键信息基础设施安全防护。习近平总书记在中共

---

① 总体布局统筹各方创新发展 努力把我国建设成为网络强国［EB/OL］. 人民网,http: //it. people. com. cn/n/ 2014/0228/c1009-24487575. html.

中央政治局第三十六次集体学习时强调，网络信息技术是全球研发投入最集中、创新最活跃、应用最广泛、辐射带动作用最大的技术创新领域，是全球技术创新的竞争高地。我们要顺应这一趋势，大力发展核心技术，加强关键信息基础设施安全保障，完善网络治理体系。

2017 年，习近平总书记在国家安全工作座谈会上强调，要筑牢网络安全防线，提高网络安全保障水平，强化关键信息基础设施防护，加大核心技术研发力度和市场化引导，加强网络安全预警监测，确保大数据安全，实现全天候全方位感知和有效防护。

2018 年，习近平总书记在全国网络安全和信息化工作会议上强调，要树立正确的网络安全观，加强信息基础设施网络安全防护，加强网络安全信息统筹机制、手段、平台建设，加强网络安全事件应急指挥能力建设，积极发展网络安全产业，做到关口前移，防患于未然。要落实关键信息基础设施防护责任，行业、企业作为关键信息基础设施运营者承担主体防护责任，主管部门履行好监管责任。

2019 年，习近平总书记在中共中央政治局第十三次集体学习时的讲话中专门对金融领域的关键信息基础设施提出要求，要加快金融市场基础设施建设，稳步推进金融业关键信息基础设施国产化；要健全及时反映风险波动的信息系统。①

二、关键信息基础设施保护有法可依

当前，对我国关键信息基础设施保护至关重要的法律法规有《网络安全法》、《关键信息基础设施安全保护条例》和《网络安全等级保护条例》。《网络安全法》已于 2017 年 6 月 1 日起施行，作为其配套法规，《关键信息基础设施安全保护条例》已被列入《国务院 2019 年立法工作计划》；《网络安全等级保护条例（征求意见稿）》已于 2018 年 7 月底向社会公开征求意见完毕。

1.《网络安全法》

《网络安全法》是关键信息基础设施保护的最高法律遵循，其中第三章第二节规定了关键信息基础设施运行安全的内容。从第三十一条到第三十九条对关键信息基础设施保护做了基本法层面的总体制度安排，分别规定了关键信息基础设施的范围、部门职

---

① 习近平：深化金融供给侧结构性改革 增强金融服务实体经济能力［EB/OL］.新华网，http：//www.xinhuanet.com/2019-02/23/c_1124153936.htm.

责、建设要求、关键信息基础设施运营者的安全保护义务和工作要求、国家网信部门采取的措施等。

《网络安全法》第三十一条规定，国家对公共通信和信息服务、能源、交通、水利、金融、公共服务、电子政务等重要行业和领域，以及其他一旦遭到破坏、丧失功能或者数据泄露，可能严重危害国家安全、国计民生、公共利益的关键信息基础设施，在网络安全等级保护制度的基础上，实行重点保护。关键信息基础设施的具体范围和安全保护办法由国务院制定。国家鼓励关键信息基础设施以外的网络运营者自愿参与关键信息基础设施保护体系。

涉及个人信息保护的第三十七条规定，关键信息基础设施的运营者在中华人民共和国境内运营中收集和产生的个人信息和重要数据应当在境内存储。因业务需要，确需向境外提供的，应当按照国家网信部门会同国务院有关部门制定的办法进行安全评估；法律、行政法规另有规定的，依照其规定。

涉及安全保护措施的第三十九条规定，国家网信部门应当统筹协调有关部门对关键信息基础设施的安全保护采取下列措施：对关键信息基础设施的安全风险进行抽查检测，提出改进措施，必要时可以委托网络安全服务机构对网络存在的安全风险进行检测评估；定期组织关键信息基础设施的运营者进行网络安全应急演练，提高应对网络安全事件的水平和协同配合能力；促进有关部门、关键信息基础设施的运营者以及有关研究机构、网络安全服务机构等之间的网络安全信息共享；对网络安全事件的应急处置与网络功能的恢复等，提供技术支持和协助。

2.《关键信息基础设施安全保护条例》

2017 年 7 月，国家互联网信息办公室发布了关于《关键信息基础设施安全保护条例（征求意见稿）》（以下简称《关保条例》征求意见稿）公开征求意见的通知，向社会公开征求意见，迈出了制定关键信息基础设施保护行政法规的重要一步。《关保条例》征求意见稿包括八章共计五十五条内容，具体规定了关键信息基础设施保护相关的一系列要素，内容涵盖第一章总则，第二章支持与保障，第三章关键信息基础设施范围，第四章运营者安全保护，第五章产品和服务安全，第六章监测预警、应急处置和检测评估，第七章法律责任和第八章附则。《关保条例》（征求意见稿）阐述了关键信息基础设施的范围、运营者应履行的主体责任以及对产品和服务的要求，对政府机关，国家行业主管或监管部门，能源、电信、交通等行业，公安机关以及个人的行为提出明确要求，规定了监测预警、应急处置和检测评估等工作要求，明晰违反条例相关规定应承担的法律责任。下面就《关保条例》（征求意见稿）内容的几个关键点进行详细介绍。

（1）关键信息基础设施安全保护的原则。《关保条例》（征求意见稿）第三条规定，关键信息基础设施安全保护坚持顶层设计、整体防护、统筹协调、分工负责的原则，充分发挥运营主体作用，社会各方积极参与，共同保护关键信息基础设施安全。

（2）部门的职责分工。根据《关保条例》（征求意见稿）第四、第五和第十三条的规定，关键信息基础设施安全保护的重要部门及其职责包括：一是国家行业主管或监管部门负责指导和监督本行业、本领域的关键信息基础设施安全保护工作，应当设立或明确专门负责本行业、本领域关键信息基础设施安全保护工作的机构和人员，编制并组织实施本行业、本领域的网络安全规划，建立健全工作经费保障机制并督促落实；二是国家网信部门负责统筹协调关键信息基础设施安全保护工作和相关监督管理工作；三是国务院公安、国家安全、国家保密行政管理、国家密码管理等部门在各自职责范围内负责相关网络安全保护和监督管理工作；四是关键信息基础设施的运营者对本单位关键信息基础设施安全负主体责任，履行网络安全保护义务，接受政府和社会监督，承担社会责任。

（3）危害关键信息基础设施的活动和行为。《关保条例》（征求意见稿）第十六条规定："任何个人和组织不得从事下列危害关键信息基础设施的活动和行为：（一）攻击、侵入、干扰、破坏关键信息基础设施；（二）非法获取、出售或者未经授权向他人提供可能被专门用于危害关键信息基础设施安全的技术资料等信息；（三）未经授权对关键信息基础设施开展渗透性、攻击性扫描探测；（四）明知他人从事危害关键信息基础设施安全的活动，仍然为其提供互联网接入、服务器托管、网络存储、通讯传输、广告推广、支付结算等帮助；（五）其他危害关键信息基础设施的活动和行为。"

（4）关键信息基础设施范围。在《网络安全法》的基础上，《关保条例》（征求意见稿）进一步细分了关键信息基础设施范围，第十八条规定，应当纳入关键信息基础设施保护范围的单位分为五类："（一）政府机关和能源、金融、交通、水利、卫生医疗、教育、社保、环境保护、公用事业等行业领域的单位；（二）电信网、广播电视网、互联网等信息网络，以及提供云计算、大数据和其他大型公共信息网络服务的单位；（三）国防科工、大型装备、化工、食品药品等行业领域科研生产单位；（四）广播电台、电视台、通讯社等新闻单位；（五）其他重点单位。"关键信息基础设施的范围越明确，安全保护和风险治理工作会越容易聚焦。

（5）监测预警和应急处置机制。《关保条例》（征求意见稿）规定，建立一系列制度和机制保障关键信息基础设施运行安全，包括关键信息基础设施网络安全监测预警体系，信息通报制度，网络安全信息共享机制，网络安全应急协作机制。

作为关键信息基础设施安全保护方面承上启下的基本行政法规，《关键信息基础设施安全保护条例》的制定和实施将会强化关键信息基础设施风险治理的法律基础，同时也会为制定关键信息基础设施跨行业保护的规章制度提供重要的法律依据。①

3.《网络安全等级保护条例》

《网络安全法》中规定国家对关键信息基础设施在网络安全等级保护制度的基础上，实行重点保护。因此《网络安全等级保护条例》（征求意见稿）（以下简称《等保条例》征求意见稿）对关键信息基础设施保护具有重要作用。《等保条例》（征求意见稿）共分为八章七十三条。第一章总则，规定了立法宗旨与依据、法规的适用范围，确立了国家实行网络安全等级保护制度，明确了工作原则、职责分工、网络运营者责任义务和行业要求。第二章支持与保障，规定了总体保障、标准制定、投入和保障、技术支持、绩效考核、宣传教育培训和鼓励创新方面的内容。第三章网络的安全保护是法规的核心部分，划分了网络等级，对网络定级、定级评审、备案和备案审核提出要求，规定了一般安全保护义务和特殊安全保护义务，规定了网络上线检测、等级测评、安全整改、自查、测评活动安全管理等工作，对网络服务机构、产品服务采购使用和技术维护提出安全要求，要求建立网络安全监测预警和信息通报制度，加强数据和信息安全保护，提出应急处置、审计审核以及对新技术新应用风险管控的要求。第四章涉密网络的安全保护，明确了分级保护和网络定级，规定了分级保护方案审查论证的条件，提出了建设管理、信息设备、安全保密产品管理、测评审查和风险评估的要求，规定了涉密网络使用管理总体要求、涉密网络预警通报要求以及涉密网络重大变化和废止的处置措施。第五章密码管理，确定密码要求，分别详细规定了涉密和非涉密网络的密码保护，明确了密码安全管理责任。第六章监督管理，规定了安全监督管理的职责，界定了安全检查的范围，明确了检查处置、重大隐患处置的措施，提出

---

① 封化民，孙宝云.网络安全治理新格局［M］.北京：国家行政学院出版社，2018：111.

了对测评机构和安全建设机构、关键人员的管理要求，对保密监督管理、密码监督管理、行业监督管理、执法协助进行具体规定，建立了网络安全约谈制度。第七章规定了违反安全保护义务、违反技术维护要求、违反数据安全和个人信息保护要求、违反执法协助义务、违反保密和密码管理责任、监管部门渎职以及网络安全服务需承担的相应的法律责任。第八章附则，进行补充解释，规定生效时间。

《等保条例》（征求意见稿）第十五条将网络分为五个安全保护等级，划分依据是"网络在国家安全、经济建设、社会生活中的重要程度，以及其一旦遭到破坏、丧失功能或者数据被篡改、泄露、丢失、损毁后，对国家安全、社会秩序、公共利益以及相关公民、法人和其他组织的合法权益的危害程度等因素"。具体等级分为：第一级，一旦受到破坏会对相关公民、法人和其他组织的合法权益造成损害，但不危害国家安全、社会秩序和公共利益的一般网络。第二级，一旦受到破坏会对相关公民、法人和其他组织的合法权益造成严重损害，或者对社会秩序和公共利益造成危害，但不危害国家安全的一般网络。第三级，一旦受到破坏会对相关公民、法人和其他组织的合法权益造成特别严重损害，或者会对社会秩序和社会公共利益造成严重危害，或者对国家安全造成危害的重要网络。第四级，一旦受到破坏会对社会秩序和公共利益造成特别严重危害，或者对国家安全造成严重危害的特别重要网络。第五级，一旦受到破坏后会对国家安全造成特别严重危害的极其重要网络。从关键信息基础设施的含义中可以判断其安全保护等级为第三级及以上。

三、制定关键信息基础设施保护国家战略和国家标准

2016 年 12 月，国家互联网信息办公室发布的《国家网络空间安全战略》将保护关键信息基础设施作为一项战略任务，明确了国家关键信息基础设施的范围，指出要采取一切必要措施保护关键信息基础设施及其重要数据不受攻击破坏。坚持技术和管理并重、保护和震慑并举，着眼识别、防护、检测、预警、响应、处置等环节，建立实施关键信息基础设施保护制度，从管理、技术、人才、资金等方面加大投入，依法综合施策，切实加强关键信息基础设施安全防护。关键信息基础设施保护是政府、企业和全社会的共同责任，主管、运营单位和组织要按照法律法规、制度标准的要求，采取必要措施保障关键信息基础设施安全，逐步实现先评估后使用。加强关键信息基础设施风险评估。加强党政机关以及重点领域网站的安全防护，基层党政机关网站要按集约化模式建

设运行和管理。建立政府、行业与企业的网络安全信息有序共享机制，充分发挥企业在保护关键信息基础设施中的重要作用。

我国十分重视关键信息基础设施安全保护工作的标准化、规范化，正在加紧研究制定一系列国家标准。同时，网络安全等级保护相关国家标准为关键信息基础设施安全保护工作提供了重要参考指南和依据。相关国家标准信息见表 8-2。

表8-2　关键信息基础设施安全保护相关国家标准

立项年份/标准号	标准名称	标准类型
2017	信息安全技术 关键信息基础设施安全保障指标体系	制定
2017	信息安全技术 关键信息基础设施安全检查评估指南	制定
2018	信息安全技术 关键信息基础设施网络安全保护基本要求	制定
2018	信息安全技术 关键信息基础设施安全控制措施	制定
GB/T 22239–2019	信息安全技术 网络安全等级保护基本要求	修订完成
GB/T 28448–2019	信息安全技术 网络安全等级保护测评要求	制定完成
GB/T 25070–2019	信息安全技术 网络安全等级保护安全设计技术要求	修订完成
GB/T 36627–2018	信息安全技术 网络安全等级保护测试评估技术指南	制定完成
GB/T 28449–2018	信息安全技术 网络安全等级保护测评过程指南	制定完成
2017	信息安全技术 网络安全等级保护定级指南	修订
GB/T 25058–2019	信息安全技术 网络安全等级保护实施指南	修订

《关键信息基础设施安全保障指标体系》规定了用于开展关键信息基础设施安全保障的指标及其释义，适用于关键信息基础设施安全保障评价工作，为政府管理部门的信息安全态势判断和宏观决策提供支持，为关键信息基础设施的管理部门及运营单位的信息安全管理工作提供支持。《关键信息基础设施安全检查评估指南》提供了关键信息基础设施检查评估工作的方法、流程和内容，定义了关键信息基础设施检查评估所采用的方法，规定了关键信息基础设施检查评估工作准备、实施、总结各环节的流程要求，以及检查评估具体要求和内容。该标准适用于指导关键信息基础设施运营者、网络安全服务机构相关的人员开展关键信息基础设施检查评估相关工作。《关键信息基础设施网络安全保护基本要求》和《关键信息基础设施安全控制措施》规定了对关键信息基础设施运营者在识别认定、安全防护、检测评估、监测预警、应急处置等环节的基本要求和应实现的安全控制措施，适用于关键信息基础设施的规划设计、开发建设、运行维护、退

出废弃等阶段，为关键信息基础设施保护工作部门、关键信息基础设施运营者以及其他参与者提供参考。

为验证标准内容的合理性和可操作性，为关键信息基础设施安全检查评估工作摸索经验，2018 年 11 月全国信息安全标准化技术委员会启动了国家标准《信息安全技术关键信息基础设施安全检查评估指南》（报批稿）试点工作。试点工作选取了包含通信、互联网、交通、能源、金融、电子政务、公共服务等行业在内的 12 家关键信息基础设施运营者作为标准试点单位。中国互联网络信息中心、中国信息安全测评中心、国家计算机网络与信息安全管理中心、国家信息技术安全研究中心、国家工业信息安全发展研究中心和中国电子技术标准化研究院等 6 家第三方测评机构作为检查评估方。来自关键信息基础设施安全防护相关领域的 8 位行业和地方专家组成标准试点专家组，指导试点工作开展。[①]

2019 年 5 月，国家标准《信息安全技术 网络安全等级保护基本要求》发布，同时将基础信息网络（广电网、电信网等）、信息系统（采用传统技术的系统）、云计算平台、大数据平台、移动互联、物联网和工业控制系统等作为等级保护对象，在原有通用安全要求的基础上新增了主要针对云计算、移动互联、物联网和工业控制系统的安全扩展要求，进一步完善了信息安全等级保护工作的标准。《网络安全等级保护测评要求》和《网络安全等级保护安全设计技术要求》主要包括通用设计要求和针对云计算、移动互联网、互联网、工业控制系统等的具体要求。《网络安全等级保护定级指南》规定了网络安全等级保护的定级方法和定级流程，用于指导网络运营者开展等级保护对象的定级工作。

四、开展不同层面的关键信息基础设施保护实践

关键信息基础设施的重要性越来越凸显，从国家的顶层设计到行业的具体运营实践都十分重视对其的安全保护工作。前文从国家制定的法律法规和政策标准方面论述了目前我国关键信息基础设施的保护现状，这些都是国家层面保护关键信息基础设施的重要实践，除此之外，近年来国家层面和相关行业层面都在实践中不断探索关键信息基础设施保护的有效路径。

---

① 国家标准《信息安全技术关键信息基础设施安全检查评估指南》试点工作启动［EB/OL］. 全国信息安全标准化技术委员会，https：//www.tc260.org.cn/front/postDetail.html?id=20181109160222.

1. 国家层面的关键信息基础设施保护实践

习近平总书记在网络安全和信息化工作座谈会上的讲话中强调了关键信息基础设施的重要性，提出了安全保护的具体要求："要全面加强网络安全检查，摸清家底，认清风险，找出漏洞，通报结果，督促整改。"以此为指导，国家层面开展了一系列关键信息基础设施保护的实践工作。

（1）组织全国范围的关键信息基础设施网络安全检查工作。2016年7月，经中央网络安全和信息化领导小组批准，中央网信办牵头组织了我国首次全国范围的关键信息基础设施网络安全检查工作。此次检查工作是在网络安全新形势下，针对全国关键信息基础设施网络安全保护开展的全局性、基础性工作，对于关键信息基础设施风险防范、识别和化解具有重要意义。[①]此次检查从金融、能源、通信、交通、广电、教育、医疗、社保等涉及国计民生的关键业务入手，对1.1万个重要信息系统安全运行状况进行抽查和技术检测。各省（区、市）网信办依据《关键信息基础设施确定指南（试行）》统筹组织检查工作，相关部门在网站类、平台类和生产业务类三个大类中认定本地区、本部门、本行业的关键信息基础设施，填报《关键信息基础设施登记表》，形成基础数据，以此厘清可能影响关键业务运转的信息系统和工业控制系统，准确掌握我国关键信息基础设施的安全状况，科学评估面临的网络安全风险，以查促管、以查促防、以查促改、以查促建，为构建关键信息基础设施安全保障体系提供基础性数据和参考。[②]此次检查的相关文件中还设置了关键信息基础设施风险评估项目，从对国外产品和服务的依赖程度、面临的网络安全威胁程度和网络安全防护能力三个方面对重点行业的关键信息基础设施网络安全风险进行了评估，提出整改建议4 000余条。检查工作层层落实，环环相扣，为关键信息基础设施风险治理工作提供了第一手数据来源和宝贵经验。

（2）开展"一法一决定"实施情况检查工作。全国人大常委会执法检查组将强化关键信息基础设施保护及落实网络安全等级保护制度的情况作为执法检查的五个重点之一。检查组实地考察了部分网络安全指挥平台和关键信息基础设施运营单位，在实地检

---

① 封化民，孙宝云. 网络安全治理新格局［M］. 北京：国家行政学院出版社，2018：112.

② 全国范围关键信息基础设施网络安全检查工作启动［EB/OL］. 国家互联网信息办公室，http：//www.cac.gov.cn/2016-07/08/c_1119185700.htm.

查的 6 个省（区、市）各选取 20 个重要信息系统，委托中国信息安全测评中心进行漏洞扫描和模拟攻击。执法检查组现场抽查时发现，许多单位没有依照法律规定留存网络日志，这可能导致发生网络安全事件时无法及时进行追溯和处置；有的单位从未对重要信息系统进行风险评估，对可能面临的网络安全态势缺乏认知。检查还发现，在许多单位，内网和专网安全建设没有引起足够重视，有的单位对内网系统未部署任何安全防护设施，长期不进行漏洞扫描，存在重大网络安全隐患。[①] 检查中发现的上述网络安全风险和隐患为关键信息基础设施安全保护敲响了警钟，并提出了有针对性的建议。

2. 行业层面的关键信息基础设施保护实践

关键信息基础设施遍及公共通信和信息服务、能源、交通、水利、金融、公共服务、电子政务等重要行业和领域，关系国计民生。各行业都十分重视关键信息基础设施安全保护，以下选取其中几个行业领域，介绍其近年来的安全保护实践。

（1）互联网行业开展网络基础设施摸底工作。工业和信息化部开展了网络基础设施摸底工作，全面梳理网络设施和信息系统，目前全行业共确定关键网络设施和重要信息系统 11 590 个。2017 年以来，监督抽查重点网络系统和工业控制系统 900 余个，通知整改漏洞 78 980 个。远程检测方面，检查组随机选取了 120 个关键信息基础设施（60 个门户网站和 60 个业务系统）进行了远程渗透测试和漏洞扫描，检测报告显示，120 个关键信息基础设施共存在 30 个安全漏洞，包括高危漏洞 13 个，其中某省级部门互联网监管综合平台存在越权上传、越权下载、越权删除文件等 3 个高危漏洞，严重威胁了系统及服务器安全，也存在严重的用户信息泄露风险。远程检测还发现，多个设区的市政府门户网站存在页面被篡改风险。[②]

（2）金融行业明确主管部门，落实等级保护制度。中国人民银行在关键信息基础设施保护方面做了诸多有益的探索实践，管理职责上，《中国人民银行职能配置、内设机构和人员编制规定》明确规定，科技司指导协调金融业网络安全和信息化建设以及金融业关键信息基础设施建设。具体工作在自主可控、风险管理、互联网治理、安全合规管

————————
①② 王胜俊.全国人民代表大会常务委员会执法检查组关于检查《中华人民共和国网络安全法》、《全国人民代表大会常务委员会关于加强网络信息保护的决定》实施情况的报告［EB/OL］.人大新闻网，http://npc.people.com.cn/n1/2017/1225/c14576-29726949.html.

理活动、一体化终端管理、应用安全治理、态势感知、安全运营管理等方面开展。近年来，中国人民银行专项开展网络安全保障体系规划设计，聚焦新技术、新应用的要求开展网络安全保障体系总体规划和各个专项规划，努力实现可知可信、可管可控、智能防护的安全保障目标。[①] 在等级保护方面，中国人民银行作为公安部等级保护和评估工作的首批试点单位之一，2003 年率先验证等级保护标准、评估工具、测评方法、测评内容以及定级依据，2011 年发布了《人民银行信息系统信息安全等级保护指引》和《人民银行信息系统信息安全等级保护测评指南》，2012 年发布了《金融行业信息系统信息安全等级保护指引》，在这些文件的指导下，人民银行每年都开展等级保护测评工作，与信息系统日常运营维护的风险管理工作有机结合，根据测评结果查漏补缺，不断完善银行信息系统安全保障体系。

（3）电力行业发布指导意见，加强人才队伍建设。2018 年 9 月，国家能源局发布了《关于加强电力行业网络安全工作的指导意见》，提出强化关键信息基础设施安全保护，加强行业网络安全基础设施建设，提高网络安全态势感知、预警及应急处置能力等 12 方面共 30 条意见。其中，第四条意见强化关键信息基础设施安全保护具体要求落实关键信息基础设施重点保护要求，研究制定电力行业关键信息基础设施认定规则、保护规划及标准规范，开展关键信息基础设施认定工作，实行重点保护。加强关键信息基础设施网络安全监测预警体系建设，提升关键信息基础设施应急响应和恢复能力。同时要求推进行业网络安全审查，进一步完善电力监控系统安全防护体系。[②] 该意见还提出，要加快推进密码基础设施、网络安全仿真验证环境等行业网络安全基础设施建设；建立行业、企业网络安全态势感知预警平台和行业网络安全应急指挥平台等。在加强电力行业网络安全人才队伍建设方面，国家电网公司建立了覆盖网络安全技术研究、研发、检测全环节，稳定可靠、职责清晰、素质过硬的网络安全队伍，近 300 名支撑人员全面支撑公司网络安全工作。

---

① 关键信息基础设施安全防护的几个最佳实践［EB/OL］.网易新闻，http：//news. 163. com/19/0719/11/EKEOMFJK000189DG. html.

② 国家能源局关于加强电力行业网络安全工作的指导意见［EB/OL］.国家能源局，http：// zfxxgk. nea. gov. cn/auto93/201809/t20180927_3251. htm.

第三节　国外关键信息基础设施保护的主要做法

关键信息基础设施保护是一个全球性问题，欧美发达国家先于我国在战略设计、立法、政策和组织保障等方面做了很多探索，本节主要梳理了美国、欧盟、英国等国家为保护关键信息基础设施开展的工作，供我国关键信息基础设施保护实践参考和借鉴。

一、加强顶层设计，制定国家战略

关键基础设施是网络运行的重要支撑。为了防范针对关键基础设施的攻击，避免对国家的安全威胁，世界很多国家和地区都重视关键基础设施的保护，采取了一系列行动。

1. 美国

美国是世界上首个倡导关键信息基础设施保护的国家。美国政府发布的关键基础设施保护相关的战略文件见表8-3。

表8-3　美国关键基础设施保护相关的战略文件

时间	战略名称
2003 年	《保护至关重要的基础设施和关键资产的国家战略》
	《关键基础设施和重要资产物理保护国家战略》
2011 年	《网络空间行动战略》
	《确保未来网络安全的蓝图：国土安全相关实体网络安全战略》
2017 年	《国家安全战略》
2018 年	《国家网络空间安全战略》

美国 2003 年发布的《保护至关重要的基础设施和关键资产的国家战略》，明确界定了关键基础设施是指那些维持经济和政府最低限度的运作所需要的物理和网络系统，包括信息和通信系统、能源、银行与金融、交通运输、水利系统、应急服务、公共安全等部门以及保证联邦、州和地方政府连续运作的领导机构。同年，美国发布了《关键基础设施和重要资产物理保护国家战略》，标志着美国从国家安全的高度全面推行关键基

础设施与资产保护计划。[①]2011 年，美国发布了《网络空间行动战略》和《确保未来网络安全的蓝图：国土安全相关实体网络安全战略》，以加强重要基础设施的网络安全保护。2017 年，美国公布了总统特朗普任内首份《国家安全战略》，提出要识别和重点关注六个领域关键基础设施的风险，包括国家安全、能源、金融、健康、通信和交通领域，构建防御型的政府网络，负责的部门要有必要的权限、信息和能力来保护关键基础设施免受攻击，与关键基础设施提供商实现信息共享。2018 年，美国《国家网络空间安全战略》在保护关键基础设施方面概述了保护主体的角色和责任，根据识别的风险来确定保护行动的优先级，指出要充分发挥信息和通信技术提供商的作用，加大对技术研发投资的支持力度，指出要改善交通和海洋运输领域的关键基础设施网络安全。

2. 欧盟

2004 年，欧盟启动了"欧盟关键基础设施保护规划"，随后欧盟出台了一系列顶层设计的战略文件（见表 8-4），给予关键基础设施保护以较高的政治关注和政策支持。

表8-4　欧盟关键基础设施保护相关战略文件

时间	文件名称
2004 年	《反对恐怖主义中的关键基础设施保护》
2004 年	《保护关键基础设施的欧洲计划》
2006 年	《关于欧盟理事会制定识别、指定欧洲关键基础设施，并评估提高保护的必要性指令的建议》
	《欧洲关键基础设施保护规划》
2009 年	《保护欧洲免受大规模网络攻击和中断：预备、安全和恢复力的通讯》
2011 年	《关键信息基础设施保护："成就与进步：面向全球网络安全"通讯》

2004 年 6 月，欧洲理事会要求欧盟委员会准备一项整体战略以增强关键基础设施保护；10 月，欧盟委员会发布的通讯《反对恐怖主义中的关键基础设施保护》在明确关键基础设施面临的恐怖袭击威胁的基础上，界定了欧洲的关键基础设施的含义、范围和安全管理方法，总结了之前欧盟层面的关键基础设施保护工作进展，规划了建设关键基础设施预警信息系统（CIWIN），提出通过制定和实施《欧洲关键基础设施保护规划》

---

① 程工，等.美国国家网络安全战略研究［M］.北京：电子工业出版社，2015：2-3.

（EPCIP）来增强欧洲关键基础设施保护能力。欧洲理事会于 2004 年 12 月通过了"关于恐怖威胁和攻击后果的欧盟团结计划"，提出保护关键基础设施的欧洲计划，同意成立关键基础设施预警信息网络委员会。

2006 年，欧盟委员会发布了通讯《欧洲关键基础设施保护规划》，该规划的行动方案包含战略层面、部门层面和支持欧盟成员国国家基础设施保护三个方面。规划中还涉及关键基础设施保护信息共享、相互依存关系的识别、国家关键基础设施认定等方面的问题。

2009 年，欧盟发布了《保护欧洲免受大规模网络攻击和中断：预备、安全和恢复力的通讯》，这是欧盟重大信息基础设施保护的一项战略，指出信息通信部门能给所有社会部门提供支撑，是最为关键的一个部门，而信息基础设施面临的网络攻击已上升到一个前所未有的复杂水平。对此建议重点采取以下行动：准备和预防、监测和响应、减灾和灾后恢复、国际和欧盟范围内的合作、ICT 部门的标准。[①] 该通讯中还提出了建立欧盟可恢复公私合作机制（EP3R）。

3. 英国

2003 年，英国信息保障中央局提出了《国家信息保障战略》，重点保护关键信息基础设施安全，以保障国家的数据安全。2009 年发布的《英国网络安全战略：网络空间的安全、可靠和可恢复性》指出，网络空间的风险会威胁到关键基础设施的运行安全，进行关键基础设施安全保护是英国网络空间安全战略的重要内容；国家基础设施保护中心定义的关键基础设施涵盖提供基本服务的九个领域：能源、食品、水、交通、通信、政府和公共服务、应急服务、健康和金融。[②]2011 年底发布的《英国网络安全战略：在数字化世界中保护和推动英国发展》要求，政府部门与国家关键基础设施所有者和运营部门合作，确保关键数据和信息系统的持久安全和可恢复性，降低关键基础设施的脆弱性；该战略还引用了某知名杀毒软件公司于 2011 年 3 月发布的《关键基础设施保护报告》中的数据，指出将近三分之二的关键基础设施公司定期报告发

[①] 严鹏，王康庆.欧盟关键基础设施保护法律、政策保障制度现状及评析［J］.信息网络安全，2015（9）.

[②] Cyber Security Strategy of the United Kingdom safety, security and resilience in cyber space ［EB/OL］. Gov.UK，https：//www. gov. uk/government/uploads/system/uploads/attachment_data/file/228841 /7642. pdf.

现了企图破坏他们系统的恶意软件，反映了关键基础设施安全形势的严峻性。[1]2016年底，英国内阁办公厅、国家安全情报部、财政部联合发布的《国家网络安全战略（2016—2021）》指出，英国坚持主动网络防御原则，其目的之一是强化英国关键基础设施和公民服务以应对网络威胁。2018年11月，英国上下议院联合委员会发布了《英国国家关键基础设施网络空间安全》的国家安全战略，指出保护国家关键基础设施免于网络攻击是一个非常棘手的问题，要构建国家关键基础设施网络空间快速恢复能力。该战略指出，持续的更新计划和减少潜在攻击的影响将成为国家关键基础设施保护的新常态。

二、强化法律保障，依法依规保护

法律是保障关键基础设施安全运行的重要依据，各国通过网络安全立法或制定专门法律来界定关键基础设施范围，规范关键基础设施运营管理。以下分别介绍美国、欧盟、英国、德国和澳大利亚在关键基础设施法律保护方面的做法。

1. 美国

美国是世界上最早通过立法保护关键基础设施的国家，不仅在国家安全、信息安全和网络安全方面的法律中规定加强关键基础设施保护，还制定了专门的关键基础设施信息安全法案（见表8–5）。2001年《关键基础设施信息安全法案》旨在通过提升联邦政府与私营部门关键基础设施信息共享的程度，鼓励对关键基础设施信息进行分析，以预防、监测和发布涉及关键基础设施的安全事件，并及时响应。[2]2002年出台的《国家安全法》规定成立国土安全部，负责统一管理关键信息基础设施。《2002年国土安全部法案：关键基础设施信息法案》规定美国政府在关键基础设施保护中主要扮演服务者的角色，鼓励私营组织自愿参与关键基础设施保护计划，开展公私合作，共享信息。2018年颁布的《国土安全部网络事件响应小组法案》授权由国土安全部国家网络安全与通信整合中心下的网络狩猎及事件响应小组帮助关键基础设施所有者和运营者响应网络攻

---

① The UK Cyber Security Strategy Protecting and promoting the UK in a digital world［EB/OL］. Gov.UK, https：//www. gov. uk/government/uploads/system/uploads/attachment_data/file/60961/uk–cyber–security–strategy–final. pdf

② S. 1456-Critical Infrastructure Information Security Act of 2001［EB/OL］. CONGRESS.Gov，https：//www. congress. gov/bill/107th-congress/senate-bill/1456/text

击，并提供网络安全风险的防控策略。

表8-5　美国关键基础设施保护相关法律

时间	法律名称
2001 年	《关键基础设施信息安全法案》
2002 年	《国家安全法》
	《2002 年国土安全部法案：关键基础设施信息法案》
2014 年	《联邦信息安全现代化法案》
	《网络安全加强法案》
	《国家网络安全保护法案》
2018 年	《国土安全部网络事件响应小组法案》

2. 欧盟

2005 年，欧盟委员会正式通过了《关键基础设施保护计划绿皮书》，明确了欧洲关键基础设施保护防范、准备和应对的方案，提出了回应欧洲议会要求制定《欧洲关键基础设施保护规划》和建设关键基础设施预警信息系统的方案；明确了欧洲关键基础设施保护应该防范的问题、应遵循的重要原则、关键基础设施所有者 / 运营者的角色等重要事项。2008 年，欧洲议会发布关于识别欧洲关键基础设施和改进其保护的需求评估的 2008/114/EC 指令，指令内容涉及欧洲关键基础设施识别和界定、操作者安全计划、安全联络人、欧洲关键基础设施保护相关的敏感信息等。2013 年，欧盟发布《关键信息基础设施保护："面向全球网络安全"的决议》，进一步呼吁成员国建立国家网络事件应急计划，强调成员国应当实施适当的协调机制，并在国家层面建立协调框架，重视建立可信环境，加强成员国之间的合作。

3. 英国

英国 2018 年施行的《网络与信息系统安全条例》为提高交通、能源、水资源、公共卫生、通信和互联网等关键基础设施的整体安全水平提供了法律措施。该条例共包括六个部分，详细规定了能源、交通、公共卫生、饮用水、数字化基础设施等行业和领域的国家主管部门及其职责，规定了政府通信总局作为负责英国网络和信息系统安全的唯一站点以及计算机网络安全应急小组的职责。该条例对部门之间以及与北爱尔兰之间的信息共享条件作了明确规定，对基础服务运营商的认定、撤销、安全责任、事故通知责任进行了明确阐述，对数字化服务提供商的职责及成员之间的合作提出了具体要求。制定该条例是耗资 19 亿英镑的英国国家网络空间安全战略的一部分，对保障英国网络空间和关键基础设施安全具有重要意义。

4. 德国

德国将关键信息基础设施视为所有关键基础设施的核心，十分重视关键信息基础设施保护工作中的公私合作和信息共享；同时扩展关键基础设施保护执行计划确立的合作范围，通过立法强化关键基础设施保护执行计划的约束力。2015 年 7 月，德国联邦参议院通过了新的《联邦信息技术安全法》，其重点是加强对关键信息基础设施的保护力度。整部法案由十个部分组成，堪称系统完备的关键信息基础设施保护制度体系。该法案第一次在法律上对德国关键基础设施进行定义，明确了其范围，第二条第十款规定："本法所述的关键基础设施是指下列的机构、设施或部门：（1）分属于能源、信息与通信、交通运输、卫生保健、供水、食品以及金融保险部门；（2）对于社会运行具有重要意义，因为它们的停运或受损将造成严重供应不足或危及公共安全。"[①]据此规定，被认定为关键基础设施的运营者会受到重点保护，同时也明确了关键基础设施运营者的责任。法案授权联邦内政部制定关键基础设施的机构、设施或部门的认定标准；明确了联邦信息技术安全局（BSI）作为国家信息安全主管机构，具有安全警示、安全调查、信息评估和促进信息共享的职能，以及向联邦内政部报告的义务。

5. 澳大利亚

2018 年，澳大利亚发布《关键基础设施安全法案》，是全球主要国家和地区中较晚出台的关键基础设施安全法案。该法案包括七个部分，内容涵盖关键基础设施的界定、信息采集与使用、预算、部长指导、强制执行措施、维护等方面，阐述如何保护关键基础设施，使之免受敌对势力的网络破坏、威胁和间谍攻击等威胁，对政府、关键基础设施所有者和运营者等不同主体提出了安全要求。该法案结合澳大利亚国内各州的关键基础设施情况，提出了相关的条例和安全解决方案，并给出了示例。澳大利亚不仅在国家立法层面保护关键基础设施安全，在州政府层面，维多利亚州制定了《关于

---

① 刘山泉. 德国关键信息基础设施保护制度及其对我国《网络安全法》的启示［J］. 信息安全与通信保密，2015（9）.

维持维多利亚政府辖内关键基础设施可恢复性之临时战略》，指导辖区内的关键基础设施风险防控和恢复措施。

三、完善政策支持，提供组织保障

1.美国

克林顿政府时期保护关键基础设施的行动催生了美国的网络安全政策，政府陆续出台了一系列关键基础设施保护的政策文件（见表8-6）。1996年7月，《关键基础设施保护》宣布成立关键基础设施保护总统委员会（PCCIP）。1997年，PCCIP发布报告《关键基础：保护美国基础设施》指出，关键基础设施的脆弱性伴随着相互依赖程度的增大而显现出来，"网络"基础设施成为保护策略的一个新的焦点。[①]1998年5月，《克林顿政府对关键基础设施保护的政策》指出："我们的经济越来越依靠那些相互依赖的、由计算机和网络支撑的基础设施，对我们的基础设施和信息系统的非常规攻击有可能使我们的军事和经济力量遭到巨大伤害。"[②]

表8-6　美国关键基础设施保护相关政策文件

时间	文件名称
1996年	《关键基础设施保护》
1998年	《克林顿政府对关键基础设施保护的政策》
2001年	《信息时代的关键基础设施保护》
2003年	《关键基础设施标识、优先级和保护》
2006年	《国家基础设施保护计划》
2009年	《网络空间政策评估：保障可信和强健的信息和通信基础设施》
2011年	《实现能源输送系统网络安全路线图》
2013年	《维护关键基础设施的安全性和可恢复性》
2013年	《增强关键基础设施网络安全》
2014年	《提升美国关键基础设施网络安全的框架规范》
2015年	《促进民营部门网络安全信息共享》
2018年	《加强联邦网络和关键基础设施的网络安全》

---

① President's Commission on Critical Infrastructure Protection. Critical Foundations：Protecting America's Infrastructures［R］. 1997.

② 程工，等.美国国家网络安全战略研究［M］.北京：电子工业出版社，2015：1.

"9·11"事件后，布什政府出台了一系列政策文件，对关键基础设施的重视程度达到了空前高度。2001 年发布的《信息时代的关键基础设施保护》宣布成立总统关键基础设施保护委员会，代表政府全面负责国家的网络空间安全工作。2003 年《关键基础设施标识、优先级和保护》确立了"联邦各部局用来标识美国的关键基础设施和重要资源，并对其进行优先级排序和保护，防治恐怖分子袭击的国家政策"，同时规定，所有联邦部门和机构负责人负责本部门的关键基础设施和核心资源的保护工作，严格落实《2002 年联邦信息管理法》有关信息安全保护和风险防范的要求。在这一时期，美国建立起了以国土安全部为主导、各部门职能分工明确、公私协作的关键信息基础设施保护组织体系。

2009 年，奥巴马政府公布了《网络空间政策评估：保障可信和强健的信息和通信基础设施》的报告，认为应建立事件响应框架，加强事件响应方面的信息共享。2013 年《增强关键基础设施网络安全》行政令旨在保护国家基础设施免受网络攻击。"棱镜门"事件之后，美国政府于 2014 年发布了《提升美国关键基础设施网络安全的框架规范》，这是美国启动保护关键信息基础设施以来第一个基础性框架文件，分为识别、保护、监测、响应、恢复五个层面。2015 年，《促进民营部门网络安全信息共享》的行政令要求美国政府与运营关键性基础设施的合作伙伴加强信息共享，共同建立和发展一个推动网络安全的实践框架。[①]

2018 年初，美国总统特朗普签署了《加强联邦网络和关键基础设施的网络安全》，相关联邦机构和部门据此发布了一系列理解和应对网络空间安全风险的报告，其中，《为面临巨大风险且支持市场公开性的关键基础设施提供支撑》的报告明确了支撑关键基础设施网络安全的机构职责，评估了电力系统的应急响应能力。

2. 欧盟

根据《欧洲网络与网络安全机构设置条例》的规定，2004 年，欧盟设置了欧盟网络与信息安全局（ENISA），负责欧盟网络与网络安全事务，主管欧盟关键信息基础设施保护，总部位于希腊，其下设的欧盟可恢复公私合作机制任务组于 2013 年列出的相关术语定义及关键信息基础设施资产分类清单，对关键信息基础设施分类具有重要参考。

---

① 程工，等.美国国家网络安全战略研究 [M].北京：电子工业出版社，2015：5-9.

欧盟重视关键基础设施保护网络和系统的建设并给予政策支持。关键基础设施预警信息门户网站于 2013 年 1 月开始运行，作为关键基础设施保护相关信息的资源库，为共享威胁和漏洞信息，交流关键基础设施保护的观点、措施、策略和研究等提供了基于互联网的多层次系统。欧洲关键基础设施保护查询网络（ERNCIP）为研究机构和实验室提供共享知识和专业技术的框架，利用整个欧洲的科研能力网络培育创新的、适用的、高效的、有竞争力的关键基础设施保护安全解决方案。关键基础设施备灾和恢复能力研究系统（CIPRNet）作为欧洲基础设施模拟和分析中心的基础，为一国或跨国应急管理部门、关键基础设施运营者、政策制定者等利益相关者提供研究和开发服务。

此外，在科研项目的支持方面，欧盟委员会在恐怖主义和其他安全风险的防灾、备灾和后果管理计划（CIPS）框架之下资助了很多关键基础设施保护和危机管理项目，为支持关键基础设施保护实践提供专业知识和科学研究基础。项目研究主题分布在威胁和风险评估、反对恐怖主义中的关键基础保护以及交通、水电资源、危险品供应链等部门的关键基础设施保护方面。

3. 英国

英国关键信息基础设施保护的责任主要由内政大臣承担，很多其他政府机构也发挥着重要作用，包括信息保障中央局（CSIA）、民事应急局（CCS）、内阁办公厅政策局、内政部和政府通信总局（GCHQ）等。2018 年《网络与信息系统安全条例》规定了具体行业和领域关键基础设施的主管部门。英国在关键信息基础设施保护方面开展广泛的公私合作，信息保障咨询理事会、英国计算机学会、互联网安全论坛、国家计算中心等部门在保护关键信息基础设施工作中的作用也不容忽视。各机构在关键信息基础设施保护工作中承担着不同的职责，既有分工也有合作，英国设立了国家基础设施保护中心（CPNI），为英国企业和组织的基础设施提供安全咨询保护，同时设有国家基础设施安全协调中心（NISCC），协调各机构之间关于关键信息基础设施保护的相关工作。

4. 俄罗斯

俄罗斯从关键基础设施软硬件开发和应用、技术研发和管理等方面提供政策支持，加大力度研发能够防范网络攻击的国产化软件和设备，研究风险防控方法手段，建设风险防范的技术评估系统，对关键基础设施和重要信息系统中使用的软硬件进行统一登记备案，建立关键基础设施使用的标准软件库。2013 年 1 月，普京签署总统令，要求俄罗斯联邦安全局建立国家计算机信息安全机制，用来监测、防范和消除计算机信息隐患，机制要点包括评估国家信息安全形势、保障重要信息基础设施的安全、对计算机安全事故进行鉴定、建立电脑攻击资料库等内容。为强化关键网络基础设施建设，2013 年 8 月，俄联邦安全局公布《俄联邦关键网络基础设施安全》草案及相关修正案，建立国家网络安全防护系统，建立联邦级计算机事故协调中心，以对俄境内的网络攻击进行预警和处理。

第九章 网络安全人才培养

第一节 网络安全人才的内涵与重要性

一、网络安全人才的内涵

1. 人才的内涵

早期学者对于人才的定义不同，但对于人才所具有的贡献性特质达成了一致。较具代表性的是叶忠海在《人才学概论》中对人才的定义，即那些在各种社会实践活动中，具有一定的专门知识、较高的技能和能力，能够以自己的创造性劳动，对认识、改造自然和社会，对人类进步作出某种较大贡献的人。[①] 近年来，学术界对人才的定义比较认同王通讯在《人才学新论》对人才的定义，即不仅有才能的人，而且是才能高于一般人的人；除了才能外，还强调进行创造性劳动和为社会作出较大贡献。[②] 可见，学术界对于人才的内涵界定聚焦于有一定才能、能进行创造性劳动、能为社会与人类发展作出贡献等特质。

自从人才这一概念被提出，有关人才培养的理论也相应出现。目前国内外比较主流的人才培养相关理论包括人力资本理论、胜任力模型理论、素质冰山模型等。

人力资本理论由美国芝加哥大学教授西奥多·舒尔茨提出，舒尔茨因此被誉为"人力资本之父"。人力资本理论认为，"人力"同其他物质一样，也是一种资源，人力资源的获取也需要消耗一定的稀缺资源，即有"成本"的，只有对人力资源进行投资，才能获得掌握一定知识和技能的人才，形成"人力资本"。人力资本比物质、货币等资本具

[①] 叶忠海.人才学概论 [M].长沙：湖南人民出版社，1983：59.

[②] 王通讯，人才学新论 [M].北京：蓝天出版社，2005：37.

有更大的增值空间。同时该理论提出，人力资本的投资形式至少包含以下五个方面，即健康投资、教育投资、职业培训、人力迁移投资和信息投资。

其中，健康投资指人们通过对医疗、卫生、营养、保健等方面进行投资以恢复维持或改善提高人的健康水平，从而增进人的生产能力。由于人的健康状况是人力资本赖以存在的生理基础，健康投资就成为其他各种人力资本投资的重要前提和基础。教育投资指在校接受正规教育的形式出现的教育投资，它是整个人力资本投资中最核心的组成部分。教育投资通过提高受教育者的技能、改善受教育者的认知能力与判断能力、培养受教育者的发明创造能力、塑造受教育者的道德品格等方式实现人力资本的积累。职业培训与正规教育投资相对应，也被称为非正规教育投资，是指在正式的学校以外由工作单位或其他机构为其职工和劳动者提高生产技术、学习和掌握新技能而举办和提供的教育和培训。可见，这种人力资本投资形式与生产实践联系得更紧密。人力迁移投资指通过花费一定的成本支出来实现劳动力的迁移与流动，通过变更就业机会，从而发挥更大的人力资本价值的过程。人力资本的实现是依托于个人能力的最终运用，即人力资本的价值得以实现，而人力迁移则体现了对人力进行最初配置、不断调整和重新配置的动态过程。信息投资指通过花费一定的成本来获取有关合适的就业机会等市场经济活动中的信息，以实现人力资源配置最优化的过程。在人才和合适岗位实现匹配的过程中，合适岗位信息的获得也是需要花费成本的。然而，现实中的市场是信息不完全的，为了使个人决策更加科学合理，人们需要进行信息投资。因此信息投资也是极为重要的人力资本投资方式。

胜任力 (competency) 这一概念最早由哈佛大学教授戴维·麦克利兰于 1973 年正式提出，指能将某一工作中有卓越成就者与普通者区分开来的个人的深层次特征，包括动机、特质、自我形象、态度或价值观、某领域知识、认知或行为技能等任何可以被测量的，并且能显著区分优秀绩效与一般绩效的个体特征。胜任力分为基准性胜任力（threshold competency）和鉴别性胜任力（differentiating competency）。其中，基准性胜任力是任职者容易通过后天教育和培训来发展的知识、技能；鉴别性胜任力是高绩效者在职位上获得成功所必需的条件，这种胜任力在短期内较难改变和发展，包括动机、自我概念、态度、价值观等，一般而言，鉴别性胜任力能够将绩效一般者与绩效优异者区分开。

可见，根据人力资本理论的观点，网络安全人才作为维护国家网络空间安全的重要人力资本，其资本增值也可以通过健康投资、教育投资、职业培训、人口迁移投资、信息投资五种主要方式实现。根据胜任力模型的观点，提升网络安全人才的胜任力是实现网络强国战略的重要前提，网络安全人才的胜任力模型不但可以作为网络安全人才培养的方向，而且可以作为网络安全人才招聘与考核的重要依据。

2. 网络安全人才的内涵

人才是网络安全第一资源。2016年4月，习近平总书记在网络安全和信息化工作座谈会上的讲话中提出，网络空间的竞争，归根结底是人才的竞争。建设网络强国，没有一支优秀的人才队伍，没有人才创造力迸发、活力涌流，是难以成功的。念好了人才经，才能事半功倍。习近平总书记的论述体现了网络安全人才的特殊地位及重要性。我国也非常重视网络安全人才的培养，出台了一系列相关政策和法律法规用以推进网络安全人才的建设。2015年6月，国务院学位委员会、教育部决定增设"网络空间安全"一级学科。2016年6月，中央网信办、教育部等六部委联合印发了《关于加强网络安全学科建设和人才培养的意见》。2016年12月，国家颁布了《国家网络空间安全战略》，首次以国家战略文件形式，要求"实施网络安全人才工程，加强网络安全学科专业建设""形成有利于人才培养和创新创业的生态环境"。2017年，国家互联网信息办公室发布的《关键信息基础设施安全保护条例（征求意见稿）》中，反复强调了网络安全人才对于关键基础设施的重要作用。

网络安全人才这一专业术语最初出现在国家法律体系，始于《网络安全法》。《网络安全法》第一章第三条提出，国家坚持网络安全与信息化发展并重，遵循积极利用、科学发展、依法管理、确保安全的方针，推进网络基础设施建设和互联互通，鼓励网络技术创新和应用，支持培养网络安全人才，建立健全网络安全保障体系，提高网络安全保护能力。

目前，国内学术界对网络安全人才的定义尚不多见，康建辉和宋振华提出，网络安全人才指受过计算机网络技术、信息安全教育或培训，懂得计算机技术或是网络安全方面的知识并且能够解决实际问题的专门人才。[①]这在一定程度上源于目前国内学术界对网络安全人才与信息安全人才的界定尚未明晰，对于两者的区分并不严格。

---

① 康建辉，宋振华.高校网络安全人才培养模式研究［J］.商场现代化，2008（1）.

二、网络安全人才的重要性

1. 网络安全人才是支撑网络强国战略的基础

网络空间已成为继海、陆、空、太空之外的第五空间。2018 年 4 月，习近平总书记在全国网络安全和信息化工作会议上深入阐述了网络强国战略思想。党的十八届五中全会明确指出，具体化实施网络强国战略以及与之密切相关的"互联网 +"行动计划。网络强国战略包括网络基础设施建设、信息通信业新的发展和网络信息安全三个方面。要实现网络强国的宏伟目标，关键是网络安全要建设好 [①]。新时代落实网络强国战略部署，要求我们必须以习近平新时代中国特色社会主义思想特别是网络强国战略思想为指导，把人才工作摆在更加突出的战略位置，进一步提高网络安全人才工作的重要性和紧迫性，利用大国优势和制度优势，把提升全社会信息安全意识和能力，尤其是提升网络安全从业人员专业能力的工作推向前进。

在信息时代，信息资源日益成为重要生产要素和社会财富，信息掌握的多寡成为国家软实力和竞争力的重要标志。然而，信息资源的采集为人所利用，信息资源的价值为人所挖掘，信息资源的利用为人所掌握。归根结底，网络安全人才是网络安全建设的核心资源，人才的数量、质量、结构和作用的发挥，直接关系到网络安全建设水平的高低和保障能力的强弱。因此，高素质的网络安全人才队伍是实现网络空间安全、支撑网络强国战略的重要保障。

2.网络安全人才是落实国家网络安全观的抓手

网络安全观是总体国家安全观的重要组成部分，尤其在物联网、区块链等新技术层出不穷的背景下，维护好网络空间这一非传统领域的安全，关乎国家政治、经济、文化等各个领域的良好发展。落实国家网络安全观的关键在于人，习近平总书记明确指出，人才是第一资源；网络空间的竞争，归根结底是人才竞争。

建立一支规模宏大、结构优化、素质优良的网络安全人才队伍已成为落实国家网络安全观和建设网络强国的核心需求。因为各项网络安全保障的工作，都是要由网络安

---

① 尹丽波 . 重视网络安全人才培养向网络强国目标迈进［J］. 信息安全与通信保密，2014（12）.

人员来落实和推动的。目前，世界各国的网络安全威胁已经严重影响到国家关键基础设施正常运转和社会稳定发展，成为国家安全的新前沿和各国战略博弈的新领域。世界上大多数国家也普遍高度重视网络安全人才问题，并把网络安全人才建设问题上升到国家级人才战略层面。可见，网络安全人才是保障国家网络安全的基础和先决条件，也是落实国家网络安全观的关键抓手。

3. 网络安全人才是信息化社会有序运行的关键

当代信息网络通信技术的广泛应用，既给人们的生产、生活带来莫大的好处，同时也带来了诸多风险和伤害，如侵犯公民个人隐私和知识产权、网上盗取公民财产等。同时，在以主权国家为主的国际关系现行体系下，信息网络技术在国家经济、政治、外交、国防、传播和社会管理等领域的应用日益广泛。信息化社会意味着整个社会是现实空间与网络空间的重合，社会活动将极大依赖于网络并在网络环境中进行。

对信息化社会或网络化社会来说，安全风险和重大威胁主要来自网络空间而不是现实空间。信息安全是信息化社会有序运行的基石，做好信息安全工作的关键在于人才。网络安全人才直接关系到我国信息安全事业的兴衰，因为信息化社会的维护与安全运行需要有一支较高专业知识与技能水平的人才队伍。因此，网络安全人才是保证信息化社会有序运行的关键。

第二节　我国网络安全人才培养现状

一、网络安全人才培养的发展脉络

在网络安全人才之前，学术界与实践界称之为信息安全人才，目前，学术界对于信息安全人才与网络安全人才的区分并不非常严格。国家层面出台的首个关于信息安全人才的文件是《国家信息化领导小组关于加强信息安全保障工作的意见》，该意见提出的"加快信息安全人才培养，增强全民信息安全意识"的指导精神，重点强调了信息安全人才培养的重要性。

从 20 世纪 70 年代开始，我国普通高校已开始培养信息安全人才。武汉大学于

2000年获得教育部批准，次年建立了我国第一个信息安全本科专业。截至2013年，全国已有80多所高校设置了信息安全本科专业。经过多年发展，我国信息安全人才已形成从本科、硕士到博士的完整体系。早在2013年工信部预测，未来5年我国从事信息安全应用的专业人才的需求将达到60万～100万，而现有的信息安全专业人才总数不足20万，^①可见，网络安全人才匮乏的形势十分严峻。

目前，我国网络安全人才培养分为学历教育和非学历教育两种方式。其中，学历教育为非学历教育提供必要的基本文化科学知识，非学历教育为学历教育提供发展的方向性引导。网络安全非学历教育主要分为继续教育和职业培训两种形式。继续教育和职业培训以培养网络安全岗位技能型人才为目的，主要包括技术和技能的学习和提升，这是普通高校本专科教育无法独立完成的，必须由高校以外的社会机构所提供的非学历教育和培训来承担。

经过十多年的发展，我国网络安全继续教育形成了以各种认证为核心，各种职业技能培训为辅的培养模式。如，由国家信息化工程师认证考试管理中心与美国国家通信系统工程师协会合作的认证考试，考生通过国家信息安全技术水平考试后，可获得相应证书；由中国信息安全测评中心的推出注册网络安全专业专家资质认证项目，系国家对网络安全人员资质的最高认可。职业培训以用人单位的二次培训为主要形式。一方面，普通高等教育、高等职业教育培养出来的网络安全人才无法快速适应用人单位的需求，用人单位通过对高校毕业生进行二次培训，以提高网络安全人才的可用性；另一方面，网络安全技术更新速度非常快，用人单位通过二次培训以实现持续更新信息安全技能与知识的目的。

2015年6月，国务院学位委员会发布《教育部关于增设网络安全一级学科的通知》，提出为实施国家安全战略，加快网络空间安全高层次人才培养，根据《学位授予和人才培养学科目录设置与管理办法》的规定和程序，决定在"工学"门类下增设"网络空间安全"一级学科，授予"工学"学位。

2016年12月，国家互联网信息办公室发布《国家网络空间安全战略》，该战略旨在贯彻落实习近平总书记关于推进全球互联网治理体系变革的"四项原则"和构建网络空间命运共同体的主张，提出要实施网络安全人才工程，加强网络安全学科专业建设，打造一流网络安全学院和创新园区，形成有利于人才培养和创新创业的

---

① 余以胜，曾玮. 我国信息安全人才继续教育与职业培训研究［J］. 电子商务，2015（7）.

生态环境。要办好网络安全宣传周活动，大力开展全民网络安全宣传教育。要推动网络安全教育进教材、进学校、进课堂，提高网络媒介素养，增强全社会网络安全意识和防护技能，提高广大网民对网络违法有害信息、网络欺诈等违法犯罪活动的辨识和抵御能力。

2017年，7所高校成为首批一流网络安全学院建设示范项目高校，包括西安电子科技大学、东南大学、武汉大学、北京航空航天大学、四川大学、中国科学技术大学、战略支援部队信息工程大学。这是继2015年中央网信办会同教育部开展了网络安全人才培养基地试点项目之后建设的首批示范项目，北京邮电大学、上海交通大学等是进入首批试点示范的高校。

2017年12月，全国人民代表大会常务委员会执法检查组关于检查《中华人民共和国网络安全法》《全国人民代表大会常务委员会关于加强网络信息保护的决定》的实施情况报告对当前我国网络安全人才总体情况进行了细致梳理，指出目前我国能够熟练从事网络安全防护的专业技术人匮乏，现有网络安全人才对网络安全风险的监控、应急处置和综合防护能力不足，难以适应保障网络安全的需要。报告同时建议要高度重视网络安全人才培养工作，不仅要培养精通信息系统使用和维护的技术人才，还要培养大批能够开展网络安全风险监控、应急处置和综合防护的人才，从而满足《网络安全法》实施的要求。此外，要进一步加强网络安全学科建设，优化师资队伍结构，改革人才培养模式，培养更多满足实践需要的应用型人才。报告同时鼓励网络和信息化人才发展体制机制改革先行先试，研究建立网络安全特殊人才培养、管理和激励制度，加大对网络安全高端人才、紧缺人才的培养、引进和支持力度，使党政机关、关键信息基础设施运营单位能够招得进、用得好、留得住精通网络安全技术的"高、精、尖"专业人才。

二、网络安全人才培养的政策法规

（1）《关于加强网络安全学科建设和人才培养的意见》。网络安全人才培养是国家信息安全保障体系建设的基础和先决条件，网络安全学科建设则是高层次创新型网络安全人才培养的关键。2016年6月，中央网络安全和信息化领导小组办公室联合国家发展和改革委员会、教育部、科学技术部、工业和信息化部、人力资源和社会保障部联合发布《关于加强网络安全学科建设和人才培养的意见》，在肯定党的十八大以来国家网络安全人才建设取得重要进展的基础上指出，总体上我国网络安全人才还存在数量缺口较大、能力素质不高、结构不尽合理等问题，存在与维护国家网络安全、建设网络强国的要求不相适应的现状，针对加强网络安全学院学科专业建设和人才培养，提出以下几点意见：一是加快网络安全学科专业与院系建设，加强网络安全师资队伍与网络安全教材建设。在学科与院系建设方面，在已设立网络空间安全一级学科的基础上，加强学科专业建设，完善本专科、研究生教育和在职培训网络安全人才培养体系。在师资队伍建设方面，积极创造条件，吸引和鼓励专业素质高的人员从教，鼓励和支持符合条件的高等院校承担国家网络安全科研项目，对高等院校网络安全专业教师开展在职培训。在教材建设方面，编写体现党和国家意志，体现网络强国战略思想，体现中国特色治网主张的网络安全教材，抓紧建立完善网络安全教材体系，设立网络安全优秀教材奖。二是创新网络安全人才培养机制与配套措施。采取特殊政策，创新网络安全人才评价机制，建立灵活的网络安全人才激励机制，鼓励支持网络安全科研人员参加国际学术交流活动。鼓励高等院校适度增加相关专业推荐优秀应届本科毕业生免试攻读研究生名额，支持高等院校开设网络安全相关专业"少年班""特长班"，鼓励高校开设网络安全基础公共课程，支持网络安全人才培养基地建设，发挥专家智库作用等途径创新网络安全人才培养机制。三是推动高等院校与行业企业合作育人、协同创新。鼓励企业深度参与高等院校网络安全人才培养工作，推动高等院校与科研院所、行业企业协同育人，支持高校网络安全相关专业实施"卓越工程师教育培养计划"。四是加强网络安全从业人员在职培训。建立党政机关、事业单位和国有企业网络安全工作人员培训制度，提升网络安全从业人员安全意识和专业技能，制定网络安全岗位分类规范及能力标准。五是加强全民网络安全意识与技能培养。主要通过国家网络安全宣传周、网络安全科普读物、网络安全技能和知识竞赛等方式实现。

《关于加强网络安全学科建设和人才培养的意见》从以上几个方面提出我国网络安全人才培养的方向，以期为实施网络强国战略、维护国家网络安全提供强大人才保障。

（2）《网络安全法》。2017年6月起施行的《网络安全法》第三条中提到了网络安全人才培养的概念，这是首次以法律条款的形式对网络空间安全领域的人才问题进行规定；第二十条提出国家支持企业和高等学校、职业学校等教育培训机构开展网络安全相关教育与培训，采取多种方式培养网络安全人才，促进网络安全人才交流；第三十四条第二款提出关键信息基础设施的运营者还应当定期对从业人员进行网络安全教育、技术培训和技能考核，体现了国家立法层面对网络安全人才的重视。

（3）《2006—2020 年国家信息化发展战略》。2006 年 5 月，中共中央办公厅、国务院办公厅印发《2006—2020 年国家信息化发展战略》，为我国网络安全人才的培养提出了宏伟目标：建设国家信息安全保障体系，加快信息安全人才培养，增强国民信息安全意识。提高国民信息技术应用能力。提高国民受教育水平和信息能力。培养信息化人才，构建以学校教育为基础，在职培训为重点，基础教育与职业教育相互结合，公益培训与商业培训相互补充的信息化人才培养体系。

（4）《一流网络安全学院建设示范项目管理办法》。2017 年 8 月，中央网络安全和信息化领导小组办公室秘书局、教育部办公厅印发《一流网络安全学院建设示范项目管理办法》。该办法旨在贯彻习近平总书记关于加强一流网络安全学院建设的重要指示精神，落实《网络安全法》《关于加强网络安全学科建设和人才培养的意见》明确的工作任务，加强和创新网络安全人才培养，争创一流网络安全学院。该办法共 12 条，具体界定了中央网信办、教育部决定在 2017—2027 年实施一流网络安全学院建设示范项目的战略规划，建设一流网络安全学院建设示范项目的总体思路和目标、原则、主要任务、申报条件、申请要求等指导性意见。

三、网络安全人才的职业培训

当前我国网络安全人才培养主要以学历教育与职业培训为主，由于网络安全教育起步较晚，高校网络安全实践型人才储备不足，网络安全人才职业培训的形式日益多样化，主要包括政府牵头的职业培训机构（如，国家网络安全人才与创新基地）、网络安全企业开办的职业培训机构（如，绵阳基地）、以网络安全认证为核心的职业培训机构等形式。

（1）国家网络安全人才与创新基地。国家网络安全人才与创新基地是在中共中央网络安全和信息化委员会办公室的指导和支持下，由武汉市承接的我国网络安全领域的重点布局项目。该基地位于湖北省武汉市临空港经济技术开发区（东西湖区），目前基地规划建设有网络安全学院、网络安全人才培训中心、网络安全研究院等。该基地旨在建设集学历教育、在职培训、研发中心、孵化平台为一体的"科教 + 科创"人才高地，打造成网络安全人才培养的"黄埔军校"。2019 年 7 月 20 日，项目首座标志性建筑——展示中心在武汉正式投入使用。截至 2019 年 7 月，国家网络安全人才与创新基地已注册企业95家，已开工项目15个，总投资约2 000亿元^①，基本形成了从数据存储到数据传输、处理和应用的网络安全产业链。

（2）企业设立的培训基地。目前我国网络安全企业也陆续建立了相应的培训基地。360企业安全集团在四川绵阳建设的网络安全人才培养绵阳基地，作为全国首个致力于培养具备实战能力的网络安全工程师，并在人才培养和用人单位之间形成闭环的网络安全人才培养基地，主要为政府、教育、金融、能源等各个行业培养网络安全工程师，安全运营服务工程师。绵阳基地采用"管、产、学、用"一体化的网络安全人才培养模式，通过邀请具有丰富实战经验的技术专家担任讲师，结合网络安全行业的最新需求，在网络安全企业进行实战演练，建立快速、规模化培养实战型网络安全人才的机制，实现了从选才、培养到使用的人才培养生命周期的紧密协同。

（3）以认证为核心的职业培训机构。我国信息安全行业的职业培训已基本形成了以各种认证为核心的培训体系。目前，国内的信息安全认证主要有政府相关管理部门的认证（如国家信息安全技术水平考试）、相关大学的认证（如北京邮电大学信息安全中心认证）以及信息安全企业的技能认证。目前，信息安全培训可分为以下几类：第一类是政府主导的信息安全认证培训。例如，中国信息安全测评中心对信息安全专业人才进行资质培训，相关资质包括注册信息安全专业人员、注册信息安全员等。第二类是依托国内外信息安全企业开展的第三方培训。例如，国外的思科认证培训，国内的华为认证培训、瑞星认证培训等。第三类是独立的第三方机构培训。例如，安博教育针对国际注册信息系统安全专家认证开展培训。^②可见，随着国家顶层设计层面对网络安全的日益重视，国内网络安全职业认证已然呈现多渠道，多主体共同参与的态势。

第三节 国外网络安全人才培养的主要经验及启示

目前，我国的网络空间安全方面的人才培养主要集中在以本科生为主的基础教育，缺少硕士生、博士生为主的研究人才，更缺少院士、长江学者、国家杰青等领军型高层次人才，同时网络空间师资力量不足。由于网络安全人才能力评价具有特殊性，而传

---

① 国家网络安全基地展示中心7月20日投用［EB/OL］http：//hb.cri.cn/2019-07-19/ab4f1436-a8d1-cafe-50f3-a83e413717f9.html.
② 刘金芳，冯伟，刘权.我国信息安全人才培养现况观察［J］.信息安全与通信保密，2014（5）.

统人才评价方式偏重于知识考查，目前我国网络安全类人才培养质量标准尚未健全。[①]
习近平总书记指出，对于特殊网络安全人才"不要都用一把尺子衡量"。而现在我国对
于网络空间人才的培养与评定，还主要停留在"唯学位""唯论文"的阶段，对于网络
空间人才的认定过于局限。[②] 国外尤其是美国、英国的网络安全人才队伍建设已相对成
熟，对于我国网络安全人才队伍建设颇具借鉴价值。

一、美国网络安全人才培养的主要经验

在网络安全职业标准方面，美国继 2010 年发布《信息技术安全关键知识体系
（EBK）：IT 安全劳动力发展的胜任力和职能框架》、《国家网络空间安全教育计划》（简
称"NICE"）[③]，2013 年正式发布《NICE 网络安全人才框架》，可见美国网络安全人才队
伍的职业标准体系日趋完善。在网络安全职业界定方面，美国人事管理局、美国国家安
全局联合多部门构建了网络安全职位识别及编码机制、网络安全人才缺口识别及修补机
制。在网络安全职业认证方面，为保证认证的时效性与有效性，美国认证机构根据内外
环境变化适时更新网络安全认证内容与认证项目。

（一）美国网络安全职业标准体系

2017 年国际标准化组织发布了《信息安全专业人员的胜任力框架》，标志着世界
各国已将网络安全人才的职业标准纳入重要地位。美国网络安全人才的职业标准体
系构建已经相对成熟，主要经历了以下三个阶段。

1. 第一阶段：美国网络安全职业标准的雏形阶段

2008—2010 年，美国国土安全部与来自学术界、政府和私营部门的专家共同发布
《信息技术安全基本知识体系：信息技术安全劳动力发展的能力和功能框架》，该框架初
步界定了信息安全人员应具备的基本知识与技能。

在职位角色方面，该框架将信息安全角色被分为两类角色：管理类角色与技术类角

---

① 李晖，张宁. 网络空间安全学科人才培养之思考 [J]. 网络与信息安全学报，2015（1）.
② 马建峰，李凤华. 信息安全学科建设与人才培养现状、问题与对策 [J]. 计算机教育，2005
（1）.
③ NICE 是美国于 2010 年 4 月启动的国家网络空间安全教育计划（national initiative of
cybersecurity education）的简称，该计划旨在通过信息安全常识普及、正规学历教育、职业化培训和认
证等方面提高美国的信息安全能力。

色。管理类角色包括首席信息安全执行官、隐私官、信息安全经理和合规官；技术类角色包括信息工程师、信息安全专家、信息安全操作和维护人员、信息安全系统管理人员。

在职位职能方面，该框架将信息安全职能分为四类：管理职能，侧重于较高水平上监督信息安全项目，确保其面临风险和环境威胁时保持稳定性；设计职能，侧重审查信息安全项目或开发项目执行的程序、过程和结构体系；实施职能，侧重将程序、过程或政策付诸实践；评估职能，侧重评估程序、政策、流程或服务实现预定目标的有效性。

基于职位角色与职位职能，该框架提出了16种信息安全胜任力：数据（信息）安全、数字取证、组织体系架构、灾难恢复、应急事件管理、信息安全培训和意识、信息安全系统操作与维护、网络与电信安全、物理和人身安全、（信息保障）政策、标准、合规性、隐私、采购、安全风险管理、战略安全管理、系统及应用安全。

同时，该框架界定了信息安全胜任力所包含的指标及其分级水平，具体分为：0级（不适用），知识、技能及能力水平与信息安全职业的要求不匹配；1级（入门级），任职者的知识技能及能力水平基本满足该信息安全职业领域的基本知识和技能，任职者能理解和讨论专业术语、概念和原则，在执行任务时需要帮助或指导，需要提高专业水平（如培训）；2级（中级），任职者具有扎实的信息安全知识和技能，能够处理常规工作任务，掌握专业知识领域中相关程序、流程的基本原理，可独立执行任务；3级（高级），任职者具备该专业领域的法律法规、政策、程序标准等知识，并能将其应用于复杂任务，可独立开展工作并可广泛执行专业任务，该类任职者是组织内公认的权威专家。

2. 第二阶段：美国网络安全职业标准的成熟阶段

2013年，美国国家标准与技术研究所正式发布《NICE网络安全人才框架》，该框架更新了网络安全职位的工作描述与任职标准，提供了分类和描述网络安全职位的通用术语。

该框架将网络安全职业分为以下七个领域，并界定了其职能范围：一是安全提供（概念化、设计和构建安全IT系统，负责系统开发的某些方面）；二是操作和维护（提供必要的支持、管理和维护，以确保有效、高效的IT系统性能和安全性）；三是保护和防御（识别、分析和降低对内部IT系统或网络的威胁）；四是调查（调查网络事件或IT系统、网络和数字证据的罪行）；五是收集和操作（收集和识别可用于情报开发的网络安全信息）；六是分析（高度审查和评估网络安全信息以确定其对情报的可利用性）；七是监督和发展（提供领导、管理、指导、发展或宣传）。

该框架定义了 369 种不同的胜任力标准，其 KSA 要求涵盖 65 个专业领域，部分要求具有普遍性如刑法、计算机语言、信息管理等；部分要求与网络安全密切相关，如计算机取证、计算机网络防御、漏洞评估等。

为更好理解《NICE 网络安全人才框架》的通用术语，举例其中的两个胜任力标准——基于漏洞评估的胜任力和基于计算机取证的胜任力。基于漏洞评估的胜任力的知识要求包括：应用程序漏洞、软件和硬件逆向工程技术、包级分析、笔测试原理 / 工具和技术、逆向工程概念、系统和应用程序安全威胁和漏洞（如，缓冲区溢出、移动代码）等；技能要求包括应用白、黑客入侵 / 安全审计技术、程序和工具、评估安全系统和设计的强健性、进行漏洞扫描以识别安全系统中的漏洞、设计识别风险的对策，识别系统 / 软件漏洞等；能力要求包括通过分析脆弱性和配置数据识别系统安全问题的能力；适用领域为在计算机网络防御分析和基础设施支持、数字取证、安全程序管理、技术研究和开发、脆弱性评估和管理、事故响应、调查。

3. 第三阶段：美国网络安全职业标准的完善阶段

为进一步加强网络安全队伍建设，2014 年，美国国家标准与技术研究所正式发布《NICE 网络安全人才框架》修订版进一步完善了网络安全职位的类别、专业领域、工作角色、工作任务及任职者的知识、技能和能力。该修订版在《NICE 网络安全人才框架》的基础上，扩展了网络安全职业所需的能力及影响职业胜任力的软技能（个人效能、学术能力、工作情境所需的其他技能）、特殊职业所需的特殊技能、管理能力等。

《NICE 网络安全人才框架》修订版通过以下方面界定了网络安全职位的角色和职责：类别——网络安全共同职能的高位阶分组，分为安全提供、操作和维护、保护和防护、调查、收集和操作、分析、监督和管理 7 类；专业领域——网络安全职业的不同领域，共 33 个；工作角色——网络安全职业的具体名称，共 52 个；任务——每个工作角色所执行的具体工作任务；知识、技能和能力——执行工作任务所需的基本要求。

《NICE 网络安全人才框架》修订版通过界定网络安全职位的胜任力标准，为确定职位的关键需求提供了参考，也为网络安全劳动力需求与宏观网络安全框架（如网络安全框架、美国劳动力胜任力模型、美国教育部就业技能框架）的衔接搭建了桥梁。

（二）美国网络安全职业界定机制

除构建网络安全人才的任职标准外，美国在网络安全职业界定方面也力图统一。这在一定程度上源于 2011 年美国审计总局发布报告称，来自不同机构的网络安全人才统计数据差异较大，如，2011 年美国审计总局报告的网络安全从业者为 8 159 名，而美国人事管理局报告的网络安全从业者为 18 955 名，并进一步提出这些统计数据的不一致一定程度上源于对网络安全职业缺乏统一的界定。2014 年，美国联邦政府出台《2014 年网络安全劳动力评估法案》，该法案要求美国国土安全部界定、分类、编码所有网络安全职业。在网络安全职位界定方面，美国国家标准与技术研究院分别于 2013 年、2014 年发布两个版本的《NICE 网络安全人才框架》，该框架提供了定义和描述网络安全职位的标准、职责及任职要求。

在网络安全职位编码方面，美国人事管理局与美国国家标准与技术研究所联合发布《数据标准指南：人力资源》，该指南对《NICI 网络安全人才框架》中七个类别及其专业领域的职位进行编码，并在此基础上增加了三个类别：网络安全项目管理；网络安全监督、管理与领导；不适用（职位不包括任何网络安全职能相关工作），该编码为所有联邦网络安全职位分类的一致性打下了基础，以便联邦机构依靠代码识别网络安全职位。[①] 值得一提的是，为了支持联邦网络安全劳动力数据库的建立，美国人事管理局最初基于 NCWF 1.0 发布的网络安全职位代码为 2 位数字，继美国国家标准与技术研究所发布 NCWF 2.0 后，同年美国人事管理局根据 NCWF2.0 将网络安全职位的职业代码改为 3 位数字，如安全控制评估员的职位代码为 SP–RSK–002。

在联邦网络安全劳动力数据库方面，2013 年 6 月，美国人事管理局倡议建立现有和未来的网络安全职位的综合数据库，该倡议被称为"特殊网络安全劳动力项目"，旨在缩小网络安全劳动力的技能差距。[②] 该项目包括三个阶段：建立所有联邦网络安全职位的数据库、评估该数据库的准确性、使用该数据库识别并解决联邦网络安全人员的需求。

在网络安全劳动力技能缺口评估方面，《2014 年网络安全劳动力评估法案》要求美国国土安全部分类、编码所有网络安全职位的代码，并进一步识别和报告网络安

---

① OPM. The Guide to Data Standards, Part A: Human Resources [EB/OL]. http://www.opm.gov/policy-data-oversight/data-analysis-documentation/data-policy-guidance/reporting-guidance/part-human-resources.pdf.

② OPM, memorandum from Elaine Kaplan, OPM Acting Director, to the heads of executive departments and agencies, "Special Cybersecurity Workforce Project" [EB/OL]. https://www.chcoc.gov/content/Special—cybersecurity workforce-project.

全人才队伍的关键技能缺口。与此同时，2015 年 10 月，美国行政管理和预算局发布了《网络安全战略和实施计划》[①]，该计划主要通过以下步骤确定网络安全人才队伍的技能缺口：一是所有机构利用美国人事管理局的网络安全劳动力数据库识别其网络安全人才缺口；二是美国人事管理局、美国国土安全部和美国行政管理和预算局发布报告统计整体网络安全人才队伍状况，识别网络安全人才队伍的技能缺口并提出解决对策。

（三）美国网络安全职业认证机制

职业资格认证是职业化过程的关键一步，对于提高从业者技能、规范职业市场运行具有重要意义。美国政府高度重视网络安全职业资格认证，并将 2017 年 11 月 13–18 日设为首个全国网络安全职业意识宣传周，旨在宣传美国的网络安全职业资格认证与职业培训。

目前美国网络安全职业资格认证方式主要包括五种：一是虚拟考试，即使用虚拟环境模拟真实世界场景测试候选人的能力；二是口试，即用口语提问和回答以确定候选人的能力；三是试卷考试 – 叙述形式，即叙述形式的试卷评估；四是试卷考试 – 多项选择，即多项选择形式的试卷评估；五是资质审查，即审查个人的工作经历和工作经验。[②]不同网络安全认证项目采用的认证方式不同，部分网络安全认证项目只采用一种认证方式，如美国电子商务委员会的安全程序员认证（ECSP）采取多项选择形式的试卷评估。部分网络安全认证项目采用两种以上认证方式，如国际信息系统安全认证联盟发起的信息系统安全专家认证采用多项选择形式的试卷评估与资质审查两种认证方式。全球著名的网络产品供应商思科公司的网络关联安全认证采用虚拟考试、多项选择形式的试卷评估与资质审查三种认证方式。

此外，为保证网络安全职业认证的有效性与时效性，美国职业认证机构适时根据

---

① U. S. Office of Management and Budget（hereafter OMB），memorandum from Shaun Donovan，Director of OMB，and Tony Scott，Federal Chief Information Officer，to the Heads of Executive Departments and Agencies，"Cybersecurity Strategy and Implementation Plan（CSIP）For the Federal Civilian Government"［EB/OL］. https：//www. whitehouse. gov/sites/default/files/omb/memoranda/2016/m-16-04. pdf.

② Knowles，W.，Such，J. M.，Gouglidis，A.，Misra，G.，& Rashid，A. All that glitters is not gold：on the effectiveness of cybersecurity qualifications［J］. Computer，2017（12）.

威胁态势、技术更新、行业标准、市场需求等环境变化更新其认证内容与认证项目。在威胁态势方面，如国际电子商务顾问局及其认证的道德黑客考试会定期更新考试材料的威胁态势，包括恶意黑客正在使用的攻击向量、工具和技术。国际信息系统安全认证联盟于 2015 年更新其注册信息系统安全专家认证和系统安全认证领域知识，以作为对信息安全领域的技术变化与威胁态势的不断改变的回应；在技术更新方面，如 2015 年美国国际信息系统安全认证联盟新增设云安全专家认证认证，并针对编码人员提供全球信息保证认证；在行业标准方面，如美国网络安全认证机构会根据国际标准化组织标准、支付卡行业数据安全标准等新标准纳入注册信息系统安全专家认证考试；在市场需求方面，如国际信息系统安全认证联盟根据调查全球网络安全劳动力市场的云安全认证需求，将云安全材料纳入注册信息系统安全专家认证的基本知识体系。

二、英国网络安全人才培养的主要经验

（一）英国网络安全人才培养的发展历程

1. 探索起步阶段（布朗政府时期）

英国网络安全人才培养体系的建设起步于布朗政府时期。在具体建设措施方面，一是培养和提升公民的网络安全意识。2008 年英国政府出台了《未成年人网络安全计划》，提出了加强青少年群体的网络安全行动举措。2011 年 9 月，英国将网络安全意识教育纳入中小学阶段的必修课程内容，面向不同年龄阶段的青少年进行不同侧重内容的网络安全教育。二是加强专业人员的技术能力。2011 年 3 月，英国通信电子安全工作组发布了《信息安全保障专业人员认证框架》，对信息安全保障专业人员按不同的专业角色方向和工作职责要求进行了系统梳理，并明确了各级岗位所需的技术能力等级。

2. 全面发展阶段（卡梅伦政府时期）

卡梅伦政府时期的国家网络安全战略同时强调了维护本国网络安全和加强网络安全产业竞争力。在这样的战略背景下，英国网络安全人才培养体系的建设进入全面发展

阶段。[①]2012 年，英国政府通信总部牵头，联合多家大学的网络安全学术团队成立了网络安全研究机构，以实现网络安全领域前沿研究的协同效应。目前该机构下设四个研究所：网络安全科学研究所、自动化程序分析和验证研究所、可信工业控制系统研究所及安全硬件系统研究所。同年 9 月，英国政府分别在牛津大学和伦敦皇家霍洛威大学开设网络安全博士生培训中心，致力于为从事尖端网络安全研究的研究生提供专业技能和培训。2015 年 3 月，英国政府通信总部启动了"网络优先"学生资助项目，该项目旨在选拔培养下一代网络安全专家。

3. 完善提升阶段（特蕾莎政府时期）

2016 年，英国特蕾莎政府上台后发布了新一轮国家网络安全战略，此阶段国家安全战略的重点转向更为有力的干预措施以解决人才和技能短缺问题。2017 年 2 月，英国国家网络安全中心宣告成立，成为英国负责网络安全的权威官方机构。为推动英国网络安全行业发展和技术能力提升，英国国家网络安全中心设立了"行业百人"人才跨界交流计划和网络学校中心试点项目，促进英国网络安全人才交流和能力建设。此外，此阶段的英国政府也加大了对本土青少年人才的培养力度，如 2018 年 2 月，英国儿童互联网安全委员会发布了《连接世界的教育框架》，围绕八个不同层面的在线安全教育内容，界定了不同年龄阶段的儿童和青少年应具备的数字知识和技能。

（二）英国网络安全人才培养的特点

1. 多元主体协同参与的人才培养模式

英国政府重视与产学研机构建立有效的合作机制，以共同应对网络安全人才的短缺问题。一是通过设立专项计划促进公私部门的人才交流。如，英国国家网络安全中心推动设立了"行业百人"跨界人才交流计划，邀请私营企业的技术精英到中心从事短期的兼职工作，以期促进公私部门人力资源的交流与合作。二是提供资金支持激励产学研机构开展相关合作项目。如，英国政府长期资助网络安全挑战赛组织方为计算机专业学生提供网络训练营实习项目，以强化实践训练，此外，2015 年，英国政府资助高等教育学会设立了专项发展基金，以激励高校与产业界密切合作开展网络安全教育创

---

① 李艳，孙宝云，刘崇瑞 . 英国网络安全人才培养机制及其对我国的启示［J］. 电子政务，2019（5）.

新项目。

2. 开放包容的人才招募机制

英国政府通过启动专才选拔资助项目、创新人才招聘形式大力挖掘和培育下一代网络安全人才，以从根本上应对"人才荒"。一是启动专才选拔资助项目招募年轻人才。如，2015 年 9 月，英国网络安全挑战赛创新性地采用了大型多人在线游戏（MMOG）的竞赛模式，以虚拟任务通关的形式模拟现实中复杂多变的网络安全环境，以测试竞赛者的网络安全综合技能。二是通过人才招聘形式的创新挖掘网络安全顶尖后备人才。如，英国政府通信总部早在 2007 年就采用了在热门网络间谍游戏《细胞分裂：双重间谍》中插播招聘广告的形式在游戏玩家中招募特工人才。此外，英国国家网络安全中心还与警方开展合作，通过举办研讨会、组织训练营、提供高薪工作机会等干预和激励措施，引导青少年黑客学习了解相关法律知识，发挥专长协助维护网络安全。

3. 标准、规范的职业化建设

英国政府通过建立规范的职业认证及培训体系推进网络安全行业的职业化进程建设。一是建立规范的职业认证及培训体系。如英国通信电子安全工作组在英国信息安全专业人员协会的信息保障技能标准的基础上，发布了信息安全保障专业人员认证框架，确立了对网络安全专业人才进行能力认证的基准，并修订框架内容。自 2011 年 3 月发布第一版认证框架起，截至 2018 年 7 月，英国已对认证框架进行了 9 次修订。二是组建在线网络安全职业中心。网络安全职业中心网站于 2015 年上线，该网站立体呈现了网络安全行业的职业发展路线，并汇聚了与职业培训、技能发展和工作岗位招聘等相关的职业信息等内容。此外，针对高校大学生，英国政府资助开发"毕业生前景（the graduate prospects）"职业网站，该网站也发布网络安全行业的职业发展信息。

三、对我国的启示

（一）构建精准的网络安全职业胜任标准体系

网络安全的竞争归根结底是人才的竞争，目前我国尚未对网络安全专业人才建立规范统一的定义，各部门在职业、岗位和职责描述等方面存在很大差异。中央六部委《关于加强网络安全学科建设和人才培养的意见》明确提出，要制定网络安全岗位分类规范及能力标准。美国网络安全人才的职业标准体系已相对成熟，借鉴美国网络安全职业标准体系建设经验，立足我国国情，建设网络安全人才所需要的知识、技能等职业标准，是支撑网络安全人才队伍建设的重要保障。

（二）构建全面的网络安全人才职业生涯机制

网络安全人才队伍的稳定发展有赖于从"人才进入"到"人才退出"的职业生涯管理。美国网络安全人才的职业界定与职业发展机制在立法层面与政策层面已相对成熟，其完善的职业生涯管理机制通过职业识别、职业评估、职业技能提升等保障了网络安全人才队伍的稳定发展，也打开网络安全人才的职业生涯通道。因此，要建立人才招聘、人才培训、人才使用、人才退出等覆盖整个职业生命周期的网络安全人才发展机制，确保网络安全人才队伍发展环环相扣，是促进网络安全人才发展的有效路径。

（三）构建完善的网络安全职业认证机制

网络安全职业认证是网络安全人才队伍建设的重要组成部分。我国当前网络安全职业认证体系存在体制不健全，认可度不高等问题，这成为阻碍我国网络安全人才队伍建设的重要因素。美国网络安全执业资格认证与管理机制相对成熟，为保证职业认证的有效性与权威性，美国职业认证机构根据威胁态势、技术更新、市场需求等环境变化适时更新认证及形式。为加快完善我国网络安全职业认证体系，要定期更新职业认证项目与认证内容、不断树立职业认证机构的权威性，以推进我国网络安全人才队伍建设。

（四）构建公私部门深度合作的人才培养机制

目前我国产学研合作存在着诸多定位上的分歧，导致我国网络安全人才培养工作与用人单位的实际需求相脱离，难以满足网络安全行业技术更新与规模发展对专业人才的迫切需求[1]。我国政府可效仿英国的做法，牵头抽调各界专家组建专家顾问团队开展教

---

[1] 李艳，孙宝云，刘崇瑞.英国网络安全人才培养机制及其对我国的启示［J］.电子政务，2019（5）.

育应通过政策设计引导并激励公私部门合力推进网络安全人才培养工作。一是优化制度体系建设,通过政策创新移除阻碍公私部门人才流动的体制性障碍因素,在有效盘活和整合现有人力资源的基础上,最大限度地挖掘现有人才的潜能,实现公私部门人才资源的互补与共享。二是激励产学研机构聚合优势资源合作开展富有特色的教改、培训、实践和科研项目,采取联合(定向)培养技术人才、合作构建实践平台、建立前沿研究社区等方式,通过合作共赢的方式实现网络安全人才培养、技术创新与产业发展的良性互动,以提升相关人才解决实际问题的综合能力。

第十章　网络安全技术

第一节　网络安全技术概述

一、网络安全技术的含义与内容

1.网络安全技术的含义

网络安全技术是指保护网络空间安全的所有相关保障技术。从广义上讲，网络安全技术可指一切防止网络空间遭到破坏、攻击的技术，同时也包括对网络安全其他方面提供支撑的所有技术。网络安全技术是保障网络空间安全的基础，离开了网络安全技术，就没有网络安全，更没有国家安全。因此，各国都在致力于发展和应用网络安全技术，来提高国家安全保障能力，提升综合竞争能力。

网络安全技术涉及网络空间中电磁设备、信息通信系统、运行数据、系统应用所包含的技术体系，也包括防止互联网、电信网与通信系统、传播系统与广电网、计算机系统、工业控制网络系统及其所承载的数据免遭破坏、防止攻击网络基础设施和重要信息系统的防护技术。[①] 只有正确地采用网络安全技术，对各种安全问题积极应对，才能确保网络基础设施、重要信息系统及其所承载数据的保密性、完整性、可鉴别性、可用性、可靠性、可控性得到保障。例如，针对保密性、完整性等安全目标，通常采用传统的密码技术、访问控制、防火墙、入侵检测、恶意代码检测、安全漏洞发现等技术来保障。

---

① 全国信息安全标准化技术委员会，大数据安全标准特别工作组.大数据安全标准化白皮书〔R/OL〕.中国电子技术标准化研究院，http://www.cesi.ac.cn/201804/3789.html.

当前，随着大数据、云计算、物联网、工业互联网等的发展与应用，网络安全技术也在不断更新与融合。基于这些新兴技术而发展的攻击态势感知、威胁情报分析等新技术为网络安全提供了新的途径与方法，同时，新技术与新应用也在不断与传统技术融合，共同来保障网络空间的安全。

2. 网络安全技术的内容

从研究内容角度，网络安全技术涵盖密码学、信息对抗、软件安全、内容安全、信息隐藏等。密码学又分为现代密码理论与技术、量子密码与量子信息。现代密码理论与技术主要研究密码算法和协议的相关问题，以及基于密码的各种应用技术，比如加密算法、验证算法等。量子密码与量子信息主要研究各种量子密码协议的设计与分析，以及量子隐形传态、量子编码、量子计算、量子信息论等相关的量子信息问题。信息对抗主要是研究黑客攻击防范、系统安全性分析与评估技术、入侵检测、取证与监控技术、恶意代码分析与防范技术、网络信息内容分析与监控技术等。软件安全主要研究软件代码保护、Java 和 . NET 代码的加密保护、软件安全漏洞与软件代码审计、软件安全性检测等。内容安全主要研究内容过滤与检测技术、文本和多媒体内容搜索技术、内容安全保护技术等。信息隐藏和数字水印主要研究信息隐藏算法、匿名技术、信息检测算法、数字水印算法及应用等。

二、网络安全技术发展的特点

随着信息技术的迅速发展，网络安全的涵盖范围不停在扩充，网络安全技术的研究内容与研究方向也随之在不断变化。

1. 技术层面不断增多

网络通信从早期的单机时代，逐步发展到局域网、广域网，再到移动互联网、物联网，整个发展历程促进了网络由简单到复杂，由单一到多元的发展。在网络发展初期，由于线路和终端都相对固定，网络的结构也较为简单，此时网络安全主要关注数据传输过程的安全问题，主要是在物理层采用密码技术，即在通信两端设置加 / 解密机进行加 / 解密，这种方法成本高，可扩展性低。随着通信网络的发展，原来的一条物理线路可以同时容纳多个信道，此时网络安全技术更关注链路层防护问题，如采用电路交换网络。而后当网络逐步大规模铺建和应用时，网络安全技术逐步开始关注网络层和会话层的安全技术，如因特网协议安全性、安全传输层协议等。随着网络应用的迅速发展，网络业务的数量和功能日益增多，网络的多样性发展促使应用层的安全防护问题日益突出，应用层安全技术也得到关注。网络安全需求随着网络和业务的发展而不断变化，促使网络安全技术覆盖的层面不断增多。

2. 研究内容不断扩充

随着网络技术的发展，网络安全技术的关注领域越来越广，研究内容也不断扩充。在通信安全时期，通信技术还不完善，计算机普及度还不高，网络节点较少，网络组成比较简单，网络安全技术仅限于保证计算机的物理安全以及数据传输的通信安全。随着半导体和集成电路的发展，计算机和网络大规模投入使用，此时进入计算机安全时期。网络安全以保密性、完整性和可用性为安全目标，网络安全技术开始关注物理安全、计算机病毒防护等。由于互联网技术的飞速发展，网络已经渗透到各行各业。在网络时代，安全目标逐步衍生为可控性、抗抵赖性、真实性等，网络安全技术涵盖的内容也越来越多，主要涉及防护、检测、响应等多方面，相关安全技术包括防火墙、入侵检测、安全评估、安全审计、身份认证等。随着信息技术和互联网技术发展不断深入，进入 21 世纪后的网络与信息安全保障时代，网络安全技术向着入侵防御、下一代防火墙、高级可持续性攻击检测等新技术、新产品、新模式演变。

3. 从单一技术向整体防御转变

网络安全技术起源于密码技术，随着网络的普及和应用，网络安全技术扩展到以认证和授权为核心的安全技术，并产生了一系列安全协议。由于网络的开放性，容易导致安全漏洞的产生，因此安全设备应运而生，如防火墙、入侵检测系统等。但是单一技术和设备难以面对日益严峻的安全问题，难以满足日益复杂的安全需求，因此网络安全技术将朝着整体防御的方向发展，安全平台为安全设备的联动和管理提供了一体化解决方案。

4. 从被动防御向主动防御发展

被动防御是根据已知的攻击方式，在网络中寻找与之匹配的行为特征，从而起到发现或阻挡攻击的作用。而主动防御主要对正常的网络行为建立模型，再把所有的网络数据和正常模式相匹配进而作出处理，优点是可以阻挡任何未知的攻击。由于信息技术和互联网技术的发展日新月异，新的攻击层出不穷，传统的被动防御难以阻挡新型网络攻击，将会导致系统和重要信息数据面临很大的安全风险。所以为了避免信息资产造成重大损失，网络安全技术必须从被动防御走向主动防御。

经过十几年的努力和不断探索，我国在网络安全技术方面取得了一定进步。我国对网络安全的分析，从早期的只有单一的防火墙，到现在拥有报警、防护、恢复、检测等多个方面的网络安全管理系统，并在此基础之上建立了PPDRR网络安全模型，[①]我国网络安全技术已经取得了巨大的进步，同时为用户提供了更加多样化的选择。但这并不意味着我国网络安全已经没有威胁，而是还存在着更大的挑战。

三、网络安全技术面临的挑战

以云计算、物联网、大数据、人工智能等为代表的互联网新技术新应用不断催生网络技术融合性、跨越式发展。在这种冲击之下，我国网络安全技术领域面临很多全新的威胁和挑战。

1. 互联网技术迅速发展带来的挑战

随着人工智能、物联网等新兴技术快速发展，其在安全领域的应用能够引领了新的发展方向，同时也带来了新的安全问题。由于新型技术的出现，网络攻击呈现出规模更大、效率更高的趋势，直接对传统防御体系提出了巨大的挑战。人工智能技术应用在软件漏洞挖掘和利用中，攻击者能够大幅提高网络攻击的精度与效率，而且随着人工智能技术朝着自动化和智能化的方向演化，由此导致的网络攻击所带来影响将更加巨大。另外，人工智能系统的广泛应用也带来了新的安全风险。由于人工智能系统是依靠训练数据集来保障自身系统的有效性，若数据集存在缺陷或被篡改，系统将被误导，从而导致决策错误，如果将其应用于重要部位，那么造成的后果不可想象。而对于被广泛应用的物联网技术，同样面临巨大的安全问题与风险。[②]例如，黑客如果控制大量物联网设备，

① 陆国浩，朱建东，李街生.网络安全技术基础［M］.北京：清华大学出版社，2017：12–14.
② 人工智能安全白皮书［EB/OL］.中国信息通信研究院，http://www.caict.ac.cn/kxyj/qwfb/bps/201809/P020180918473525332978.pdf.

如网络摄像头、家庭路由器，甚至某些联网的工业控制系统、电信系统等，并扩展成智能僵尸网络，实施规模化的攻击，极易造成大范围的分布式拒绝服务攻击，其带来的影响和危害将不可估量。

这些新技术在应用时带来了新的安全问题，对传统防御体系提出新的课题，传统的防御技术已经不能满足新的安全需求，亟须提出应对这些问题的安全策略，也需要对安全领域中新技术的应用研究不断深入，进一步完善这些网络安全技术。

2. 大数据安全面临挑战

随着云计算技术的不断成熟与推进，其以高性能、低成本的突出特点推进了各行业的信息化应用，政府部门与企业都逐步将业务迁移至云端。伴随着物联网技术的蓬勃发展，万物互联的时代已经来临，物联网终端能够持续采集用户数据，并推送至云端进行分析、处理和存储。因此，物联网终端设备、大数据平台和云服务平台中保存的核心敏感数据具有较大价值，极易成为被攻击和窃取的目标。而且数据存在共享交换、交易流通等多种过程，这些阶段数据将脱离数据所有者的控制，因此可能存在数据滥用、权属不清等安全风险。例如，携程网"杀熟"和滴滴打车的空姐被害等事件，都表明网络数据的使用不当，监管不严，将造成重大社会危害。因此，从技术角度来看，针对新形势的数据安全保护技术亟待研究与应用，进一步形成完善的数据安全保护体系，同时需要结合监管手段，加强数据安全管理。

3. 核心技术受控所带来的挑战

根据《2018 中国信息技术产品安全可控年度发展报告》显示，由于技术复杂性等原因，我国对核心技术的掌控能力仍相对较弱，国内信息技术产品的供应链可控性仍处于较低水平，国内信息技术产品缺乏大量用户的长期验证，在安全性方面所做的工作相对较少，国内信息技术产品大都与国际主流产品存在较大差距。其中，核心技术可控是我国信息技术实现安全可控的关键。

我国网络和信息核心技术受制于人，技术自主创新能力不足，对国外信息技术产品的依托承担还很高。在关键芯片、器件、设备、操作系统等基础软硬件产品上，国产技术支撑能力还不足。目前，我国中央处理器主要来源是英特尔公司和超微半岛体公司等西方发达国家的厂商，内存主要依赖三星、镁光等厂商，硬盘主要依赖希捷、东芝、日立等厂商；我国涉及国计民生的重要行业所使用的数据库系统也多是依赖于进口品牌，主要有微软的数据库管理系统、甲骨文的 oracle 数据库系统、IBM 的 DB2 数据库系统以及赛奥斯公司的数据库系统；在服务器方面，美国的 IBM、惠普等公司占据我国大型服务器 80% 以上的市场[①]；PC 端的操作系统主要是被微软垄断，而手机端操作系统主要是 IOS 和安卓。这些应用于我国各行各业的软硬件的核心技术都掌握在其他国家手中，一旦被远程控制或是注入木马，造成的影响将不可估量。

由此可见，我国缺乏核心技术积累，网络生态体系不完善，加之美国等国家利用网络安全审查、高科技禁运、打压我国高科技企业发展等手段造成的外部环境恶劣，未来我国实现核心技术自主可控任重而道远。

第二节　网络安全技术体系

一、网络安全体系结构

网络安全技术体系是一个纵深防御体系，在物理、网络、数据、应用等不同的层面上采用不同的安全技术，抵御各种威胁，降低系统的安全风险。近年来，随着对网络空间安全的重视，众多学者者也对网络安全技术体系有了进一步研究和完善，提出了多种体系框架。

基于 OSI（open system interconnection 简称 "OSI"，即开放系统互联）参考模型七层协议之上的安全体系结构是 OSI 安全体系，它用于保证进程与进程之间远距离交换信息的安全。其主要思想是将技术机制提供的安全服务应用于 OSI 协议层的一层或多层上，为通信实体、通信连接和通信进程提供身份鉴别、访问控制、审计和抗抵赖保护。在 OSI 七层协议中，安全服务通常配置在物理层、链路层、网络层、运输层、应用层。五大安全服务包括鉴别、数据保密性、数据完整性、访问控制抗抵赖性，安全机制有加密、数字签名、访问控制、数据完整性、认证交换、业务流填充、公证。

为信息系统提供全面保护的技术保障体系称为信息系统安全技术体系，它是为了保障和运行的安全，主要分为两类：物理安全技术和系统安全技术。物理安全技术包括通

---

① 周延森，周琳娜 . 网络空间安全面临的挑战及应对策略［J］. 中兴通讯技术，2016（1）.

过控制周围环境、机房条件机硬件设备条件达到要求的机械防护安全，通过控制设备及组件的电磁干扰和电磁泄漏满足设备正常运行安全。系统安全技术是采用安全措施控制信息系统与相关组件的操作系统，使得信息系统安全组件的软件工作平台达到相应的安全等级。以 OSI 七层模型作为协议层，信息系统安全技术体系在各层涉及的安全服务（安全机制）见图 10-1。

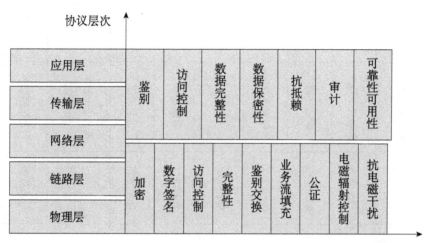

图 10-1　协议层与安全服务的对应关系

随着对网络安全空间的进一步研究，对网络安全技术体系的研究也更加细化。2016年，方滨兴提出四横八纵的网络空间安全技术的覆盖领域这一观点[①]，该体系纵向上分为设备层、系统层、数据层和应用层 4 个层次；横向上覆盖了信息安全、信息保密、信息对抗、云的安全、大数据、物联网安全、移动安全和可信计算 8 个主要领域。设备层的安全应对在网络空间中信息系统设备所面对的安全问题；系统层的安全应对在网络空间中信息系统自身所面对的安全问题；数据层的安全应对在网络空间中处理数据的同时所带来的安全问题；应用层的安全应对在信息应用的过程中所形成的安全问题。其中，各层次和领域所对应的安全问题和相应的安全技术见表 10-1。

---

① 方滨兴. 从层次角度看网络空间安全技术的覆盖领域［J］. 网络与信息安全学报，2015（1）.

表10-1　安全问题和安全技术对应关系

领域 层次	设备层		系统层		数据层		应用层	
	安全问题	安全技术	安全问题	安全技术	安全问题	安全技术	安全问题	安全技术
信息安全	物理设备损坏	物理安全技术	黑客攻击	运行安全	信息篡改	数据安全技术	有害信息传播	内容安全
信息保密	辐射泄密	干扰屏蔽技术	远程木马攻击	网络防护技术	密码破解	新型密码	信息汇聚	脱密鉴证技术
信息对抗	电磁破坏	电子对抗技术	僵尸网络攻击	网络对抗	情报窃取	情报对抗技术	制造舆论	传播对抗技术
云安全	平台崩溃	可靠的云	针对平台的攻击	安全云	操作抵赖	可信云	云平台滥用	可控的云
大数据	设备失效	稳定确保	运行干扰	系统确保	数据混乱	数据确保	隐私挖掘	服务确保
物联网安全	电子干扰	探针安全技术	传输干扰	传输安全	隐私泄露	信息确保	恶意渗透	控制安全技术
移动安全	终端被攻击	终端安全技术	传输阻塞	信道安全技术	电话窃听	通信安全技术（端对端）	支付冒充	移动终端应用安全技术
可信计算	底层设备故障	硬件可靠	软件故障	软件确保	非法程序	可信证明技术	信任缺失	信任可控技术

二、网络安全体系存在的问题

我国的网络空间安全技术体系的建立和发展，经历了从特征"辨伪"到身份"识真"的转变。[①] 特征"辨伪"就是对网络信息中的虚假信息进行辨别，排除虚假信息，以防止虚假信息对网络安全产生破坏。而身份"识真"则是以信任为基础的，目的在于打造真实安全的可靠网络空间。在身份"识真"状态下网络空间安全保护中，将网络边界的防护范围扩大到端对端的防护，全面保障网络信息安全。就我国而言，还面临着很多问题。

1. 体系基础先天不足

我国在理论研究中，针对协议和标准方面研究成果比较少，经验缺乏，因此在国际中话语权较弱。我国虽然是世界上互联网用户和访问量最大的国家，但是作为互联网根基的域名系统却均被国外控制，13台根域名服务器中的10台设在美国，另外3台分别在英国、瑞典和日本，这对我国的网络安全有很大威胁。[②] 而且我国实行的信息系统等级保护，是确保信息系统安全的重要举措，但其主体架构仍然无法脱离美国的信息系统安全等级保护等相关标准。

2. 体系结构仍不成熟

目前，基于安全的相关防护只集成在基础架构中，并没有嵌入其中，未实现与应用系统的有机嵌入和融合。防护技术的研究没有紧密结合应用系统的基础架构，二者之间只是集成应用。只有将核心的信息安全控制嵌入到虚拟基础架构，才能有效地提高整体安全性。因此亟须一套科学的、可操作的、有效的标准，指导防护体系与基础框架无缝衔接、一体化，从整体上来降低安全风险。

3. 主动防御体系待完善

传统的安全理念是以"防护"为基础，通常就是简单地部署一系列安全产品，而不是采取"积极防御"的思想，即主动检测、响应、恢复等。传统的安全防护技术一般称为被动防御，通常依赖于防火墙、入侵检测、防病毒网关和反病毒软件等，这些安全产品的特点是检测到入侵之后才能响应，也就是只有网络攻击发生后才能进行弥补。而面

---

① 杨丹.网络空间安全技术体系研究［J］.网络安全技术与应用，2014（1）.
② 刘吉强.我国网络安全技术体系的短板［J］.人民论坛，2018（13）.

对当今攻击的智能化、隐蔽性强、更新快等特点，传统防护技术明显难以胜任。因此亟须集"预警、保护、检测、响应、恢复"于一体的主动防御体系，通过预警和检测网络系统中的异常行为和状态，根据事态严重性，进而采取相应的措施。[①] 我国虽然已经开始重视这方面的研究工作，但是与国际先进水平还存在较大差距。我国的主动防御体系还需要与云计算、边缘计算、大数据、人工智能等新技术不断融合，与多种防御功能有机结合，不断完善，尽快形成可靠、有效的防御体系。

三、发展趋势

当前，信息技术迅速发展，网络空间安全技术体系也随着新技术、新应用同步发展。[②] 针对现有体系存在的问题及信息技术的发展方向，网络安全技术体系的发展呈现出以下趋势。

1. 加快构建主动防御体系

我国需要加快完成防护理念由被动防御向主动防御的转换，建设主动防御体系必然成为发展趋势。随着大数据技术、人工智能、安全情报收集、物联网等技术的成熟和应用，安全态势感知的分析、预测和预警将越来越准确，防护技术越来越智能、有效，网络安全防御将逐步实现预测、预警、响应、分析等的自动化、智能化，达到有效地检测和防范新型威胁的目的，最终形成一套成熟的主动防御体系。

2. 推进动态防御研究与应用

动态防御思想首先由美国国家科学技术委员会在 2011 年发布的《网络安全游戏规则的研究与发展建议》中提出的，现已逐渐成为网络安全的研究热点。它的主要思想是通过部署和运行不确定、随机动态的网络和系统，降低系统的确定性、相似性和静态性，增加了攻击者的难度，目的是不让攻击者发现目标或使用欺骗战术，设置一个诱饵，诱骗攻击者，从而触发攻击告警。[③] 动态防御的重要贡献是打破了攻防双方的不对称性，改变了网络防御被动的态势，实现"主动"防御。动态防御的研究还需要不断地

---

① 饶迎，曹佳，贺长宇.浅析网络安全主动防御技术及其发展趋势［J］.中国新通信，2018
（11）.

② 卜哲.网络安全新技术及发展趋势［J］.世界电信，2016（4）.

③ 马卫局.网络空间安全进入动态防御时代［J］.现代军事，2017（7）.

与新兴技术融合，并结合实际推动其广泛应用。

3. 进一步完善网络安全技术体系

当前，信息技术迅速发展，各种新技术、新应用都带来了新的安全问题，为了应对这些新趋势，今后需要不断加强技术创新，密切跟进各种新技术的发展，同时提出相适应的安全防护新措施。同时，网络安全涉及多领域、多学科、多层次，网络安全技术体系也需要综合考虑各方面因素，不断完善体系结构，进一步扩充体系内容，实现各要素的有机融合，共同发挥作用，保障网络安全。

第三节 网络安全技术与应用

2019 年发布的《中国网络空间安全前沿科技发展报告（2018）》中提及的前沿技术，就涉及密码学基础理论、多功能密码算法、后量子密码、网络安全、物联网系统安全、物联网传输与终端安全、云计算安全、大数据隐私保护、区块链、人工智能安全等多个新技术与新应用领域的前沿问题。随着云计算、大数据等新型计算模式和物联网、移动互联网等新型网络形态的应用和发展，网络安全技术与应用的涵盖范围也越来越大。本节主要介绍大数据安全、物联网安全、工业控制网和工业互联网安全的概念、关键技术及应用。

一、大数据安全

1. 大数据安全的概念

2018 年 4 月，全国信息安全标准化技术委员会在《大数据安全标准化白皮书（2018）》中对大数据安全的定义包含两个方面的内容。

（1）保障大数据安全，即保障数据不被窃取、破坏和滥用，以及确保大数据系统的安全可靠运行。这就需要构建包括系统层面、数据层面和服务层面的大数据安全框架，从技术保障、管理保障、过程保障和运行保障多维度保障大数据应用和数据安全。

（2）利用大数据保障网络空间安全，即将大数据技术应用于网络安全行业。大数据是实现网络空间安全保障的重要技术。综合考虑当前大数据应用的特点，利用大数据技术构建网络空间安全防护体系，建设以数据为核心的安全防护系统，集成态势感知、人工智能综合分析等功能，利用大数据技术工具，将传统的事中检测和事后响应防御体系转变为包括事前评估预防、事中检测和事后响应恢复的全面安全防护体系，为网络空间安全带来新的管理理念和技术创新，从而大幅提升网络空间安全治理能力。

2. 保障大数据安全的主要技术

保障大数据安全涉及三个层次，包含大数据平台安全、数据安全和个人隐私保护。[①]

（1）大数据平台不仅要保障其自身基础组件安全，还要为运行其上的数据和应用提供安全机制保障，包含数据传输交换安全、数据存储安全、计算安全、平台管理安全以及基础设施安全。数据传输交换安全可以采用接口鉴权等机制，对外部系统的合法性进行验证，采用通道加密等手段保障传输过程的机密性和完整性。数据存储安全可以使用数据备份与恢复机制，并采用数据访问控制机制来防止数据的越权访问。计算安全应采用身份认证和访问控制机制，确保只有合法用户才能使用计算组件。平台管理安全包括平台组件的安全配置、资源安全调度、补丁管理、安全审计等。基础设施的物理安全、网络安全、虚拟化安全是确保大数据平台安全运行的基础。

（2）数据安全防护技术是为业务应用中的数据流动过程提供安全防护手段。对于结构化的数据，主要采用数据库审计、数据库防火墙，以及数据库脱敏等数据库安全防护技术；对于非结构化的数据，主要采用数据泄露防护技术。在系统发生数据安全事件时，细粒度的数据行为审计与追踪溯源技术用于迅速定位，查缺补漏。

（3）隐私安全保护是在数据安全基础之上对个人敏感信息的安全防护。目前广泛应用的隐私保护技术是数据脱敏技术，主要分为三种：一是加密方法，加密后完全失去业务属性，属于低层次脱敏，适用于机密性要求高、不需要保持业务属性的场景；二是基于数据失真的技术，常用的是随机干扰、乱序等，适用于群体信息统计或需要保持业务属性的场景；三是可逆的置换算法，兼具可逆和保持业务属性的特征，适用于需要保持业务属性或需要可逆的场景。此外，匿名化算法、同态加密、安全多方计算等前沿技术也成为隐私保护方面的研究热点，用于解决隐私数据的安全问题。

---

① 大数据安全白皮书［EB/OL］. 中国信息通信研究院，http://www.caict.ac.cn/kxyj/qwfb/bps/201807/t20180712_180154.htm.

3.利用大数据保障网络安全的主要技术

随着大数据在安全领域的应用，安全行业正发生重大转变，利用大数据来保障网络空间安全是一种必然的趋势。目前，大数据技术已经广泛应用到网络空间安全中的网络安全态势感知、高级持续威胁（APT）检测、伪基站发现与追踪、反钓鱼攻击、金融反欺诈等领域，并不断有新的应用场景出现。下面介绍几种常用的安全应用大数据技术。

（1）网络安全大数据态势感知。由于网络威胁日益严峻，单一的网络安全防护手段已不能满足现在形式各样的攻击手段，所以网络态势感知应运而生。网络安全态势感知技术是基于对网络安全各要素进行采集、分析、评估，实现对网络安全的发展趋势的预测和预警，并为决策和行动提供依据。而大数据技术因其独特的优势为网络态势感知提供了一种新的机遇。

网络安全态势感知是对网络安全性定量分析的一种手段，是对网络安全安全性的精细度量，它从整体上动态反映网络安全情况并实施实时反馈。由于大数据技术的推动，数据融合、数据挖掘、智能分析和可视化技术等已经应用于网络安全态势感知中。这些技术使整个态势感知过程实现可视化，直观显示网络安全态势；在数据采集中能够有效地获取网络安全数据，为态势评估打下数据基础；实现有效地态势评估，从而为网络空间的安全状况和发展趋势提供安全预警防护和保障。通过网络态势感知，网络监管人员和网络用户可以及时地了解当前网络的安全状态和趋势、受攻击情况、攻击来源以及哪些服务器易受到攻击等情况，做好相应的防范措施并对发起攻击的网络采取相应的措施，避免和减少网络中病毒和恶意攻击带来的损失。

（2）高级可持续性攻击检测。高级可持续性威胁（APT）指某组织对特定对象展开的持续有效的攻击活动。这种攻击活动具有极强的隐蔽性和针对性，并实施先进的、持久的且有效的威胁和攻击，因此大多数传统的安全措施无法抵御这种新型攻击。

基于网络大数据分析的安全检测技术是检测 APT 攻击的有效途径，它可以实现海量网络安全数据的深度关联分析，并能基于宽时间窗内的多类型安全事件进行智能关联。常用的基于底层原始数据分析的检测技术主要是网络流量异常检测、主机恶意代码异常检测等。[①] 网络流量异常检测是指以网络流数据为输入，通过统计分析、数据

---

① 付钰，李洪成，吴晓平. 基于大数据分析的 APT 攻击检测研究综述 ［J］. 通信学报，2015（11）.

挖掘和机器学习等方法，发现异常的网络数据分组和异常网络交互等信息；恶意代码检测主要分为基于特征码的检测技术和基于启发式的检测技术。[①] 基于特征码的检测技术是通过对恶意代码的静态分析，找到该代码中具有代表性的特征信息，然后再利用该特征进行快速匹配；基于启发式的检测技术是通过对恶意代码的分析获得代码执行中的行为操作序列或结构模式，然后对其按照危险程度排序并设定不同的危险程度加权值，检测过程中若危险程度加权值总和超过某个指定的阈值，即判定其为恶意代码。

二、物联网安全

1. 物联网的概念

2005年，国际电信联盟（ITU）发布了《ITU互联网报告2005：物联网》，正式提出了"物联网"的概念，物联网被认为是一次新的技术革命。在2011年，我国工业和信息化部电信研究院发布的《物联网白皮书》对物联网的定义是：通信网和互联网的拓展应用和网络延伸，利用感知技术与智能装置对物理世界进行感知识别，通过网络传输互联，进行计算、处理和知识挖掘，实现人与物、物与物信息交互和无缝链接，达到对物理世界实时控制、精确管理和科学决策的目的。物联网将网络世界与物理世界紧密结合，打破了原有的传统边界，也被称为第三次信息技术浪潮。

据全球通信系统协会的研究机构预测，到2025年全球物联网设备数量将达到252亿，市场规模将达到目前的四倍。[②] 因此，物联网技术得到国内外越来越多的重视。美国将物联网技术列为40大前沿技术之首，其他西方发达国家也都纷纷提出物联网发展的战略、规划等。我国也不断推进网络强国、数字中国、智慧城市等国家战略的部署，尤其是随着5G技术的落地，将为物联网发展带来新的机遇，物联网未来的应用前景将十分广阔。据高德纳咨询公司（gartner）预测，从2020年到2021年，5G物联网终端将增长两倍以上，从2020年的350万台增长到2021年的1130万台，到2023年，5G物联网终端设备

---

① 陈铁明. 网络空间安全实战基础 [M]. 北京：人民邮电出版社，2018：311–318.

② IoT: the next wave of connectivity and services [EB/OL]. Sylwia Kechiche, https://www. gsmaintelligence. com/research/2018/04/iot-thenext-wave-of-connectivity-and-services/665.

将接近 4900 万台。①

2. 物联网安全

物联网安全主要体现在感知、传输和应用三个环节。在感知层，由于物联网暴露在复杂的网络环境中，极易受到来自各方的攻击，所以无法保证信息采集对象是可信的，而且物联网采集终端通常是低功耗、小型化，无法采用复杂的身份鉴别机制，因此存在身份被仿冒的风险，这可能会威胁整个物联网系统安全；在数据传输过程中，数据链路的加密强度、信道拥堵攻击等都影响整个系统的安全情况；在应用环节②，由于当前缺乏统一的强制性物联网信息安全检测标准，物联网产品的安全防护性能仅依靠研发厂商的技术能力和安全意识，当系统中应用多种不同产品和应用时，鉴于"短板效应"的存在，一旦某个应用节点被攻破将导致整个系统的崩塌。

我国高度重视物联网安全，不断推进物联网安全标准体系的建设。2018 年 12 月，国家信息安全标准化技术委员会发布了《信息安全技术物联网安全参考模型及通用要求》《信息安全技术物联网感知终端应用安全技术要求》《信息安全技术物联网感知层网关安全技术要求》《信息安全技术物联网数据传输安全技术要求》《信息安全技术物联网感知层接入通信网的安全要求》5 项涉及物联网安全的国家标准，这标志着基于物联网应用的安全性已经有安全标准可以遵循。同时，还有《智能卡安全技术要求》《智慧城市建设信息安全保障指南》《智慧城市安全体系框架》《智能家居安全通用技术要求》等多项物联网安全相关标准处于在研阶段。

3. 物联网安全问题

物联网给人们带来了便利的同时，也带来了安全问题。与其他传统网络相比，物联网感知节点大都部署在无人监控的场景中，具有能力脆弱、资源受限等特点，这使得物联网安全问题比较突出，并且当前物联网技术已经深入应用到智慧城市、智能农业、智能工厂、智能金融等领域，涉及关键信息基础设施各个方面，物联网安

---

① Gartner Predicts Outdoor Surveillance Cameras Will Be Largest Market for 5G Internet of Things Solutions Over Next Three Years [EB/OL]. Gartner.https：//www. gartner. com/en/newsroom/press-releases/2019-10-17-gartner-predicts-outdoor-surveillance-cameras-will-be.

② 中国电子信息产业发展研究院 . 2017—2018 中国网络安全发展蓝皮书 [M]. 北京：人民出版社，2018：68–70.

全是关键信息基础设施保护的重要内容之一。[1] 2018 年 9 月，中国信息通信研究院发布的《物联网安全白皮书》描述了以下几个物联网安全问题。

（1）易受网络攻击。当前，大量物联网设备及云服务端直接暴露于互联网，这些设备和云服务端存在的漏洞（如心脏滴血、破壳等漏洞）一旦被利用，可导致设备被控、用户隐私泄露、云服务端数据被窃取等安全风险，甚至会对基础通信网络造成严重影响。尤其是路由器、视频监控设备暴露数量较多，路由器暴露数量超过 3 000 万台，视频监控设备暴露数量超过 1 700 万台。其中，我国国产设备暴露严重。在路由器方面，华为暴露设备数量最多，逾 900 万台，远超特艺集团、华硕、普联技术等厂商。在视频监控设备方面，海康威视和浙江大华的视频监控设备暴露严重，海康威视暴露设备总量超过了 580 万台，浙江大华、友讯集团等厂商的视频监控设备暴露数量也达到了百万量级。[2]

（2）威胁用户隐私保护。智能家居设备部署在私密的家庭环境中，如果设备存在的漏洞被远程控制，将导致用户隐私完全暴露。例如，智能家居设备中摄像头的不当配置（缺省密码）与设备固件层面的安全漏洞可能导致摄像头被入侵，进而引发摄像头采集的视频隐私遭到泄露。

（3）冲击关键基础设施安全。若攻击者利用设备漏洞控制物联网设备发起流量攻击，可严重影响基础通信网络的正常运行。物联网设备基数大、分布广，且具备一定网络带宽资源，一旦出现漏洞将导致大量设备被控形成僵尸网络，对网络基础设施发起分布式拒绝服务攻击，造成网络堵塞甚至断网瘫痪。

3. 物联网安全技术

（1）轻量级防护技术。物联网常用便携式电子设备和无线射频识别、无线传感器网络等，相比于传统的台式机和高性能计算机，这些设备的资源环境通常有限，比如，计算能力较弱、计算可使用的存储较少、能耗有限等，导致传统密码算法无法很好地适用于这种环境，因此需要轻量级安全保护，包括轻量级密码算法、轻量级安全协议和轻量级认证技术。目前已知的轻量级密码算法包括 PRESENT 和 LBLOCK 等。虽然研究者已经设计出轻量级密码算法了，但实际使用时不仅仅是一个算法的问题，还需要管理密钥

---

[1] 王子睿.浅谈物联网安全问题及有关对策［J］.网络安全技术与应用，2017（3）.
[2] 物联网安全白皮书［EB/OL］.中国信息通信研究院，http：//www.caict.ac.cn/kxyj/qwfb/bps/201809/t20180919_185439.htm.

（密钥的建立、密钥的更新）、身份鉴别（确定通信的对方身份是真实的）、数据完整性保护（确保数据没有被修改，特别针对恶意修改的保护）、数据机密性（确保数据内容不被窃听者获取）和数据的新鲜性（用于检测攻击者的数据重放攻击，特别对控制指令数据的重放攻击）等技术。其实，相对比密码算法，身份认证技术更需要轻量化，因为其关系到通信过程，其消耗的资源（主要是功耗）远超过计算过程所消耗的资源。总的来说，应该尽快形成轻量级安全保护体系，整体的、系统的轻量级防护才是解决物联网安全问题的有效方案。

（2）去中心化认证。在物联网环境中，所有日常家居物件都能自发、自动地与其他物件、或外界世界进行互动，但是必须解决物联网设备之间的信任问题。[①] 传统的中心化系统中，信任机制比较容易建立，存在一个可信的第三方来管理所有的设备的身份信息。但是物联网环境中设备众多，未来可能会达到百亿级别，这会对可信第三方造成很大的压力。区块链技术为这一问题提供了可能的解决途径，它解决的核心问题就是在信息不对称、不确定的环境下，如何建立满足经济活动赖以发生、发展的"信任"生态体系。

（3）大数据安全分析。利用大数据分析平台对物联网安全漏洞进行挖掘，挖掘主要关注两个方面：一个是网络协议本身的漏洞挖掘；一个是嵌入式操作系统的漏洞挖掘。它们分别对应网络层和感知层，应用层大多采用云平台，属于云安全的范畴，可应用已有的云安全防护措施。在现在的物联网行业中，各类网络协议被广泛使用，同时这些网络协议也带来了大量的安全问题。这就需要利用一些漏洞挖掘技术对物联网中的协议进行漏洞挖掘，先于攻击者发现并及时修补漏洞，有效减少来自黑客的威胁，提升系统的安全性。操作系统不可避免存在设计上的缺陷和错误，如被攻击者利用，将可能导致信息泄露甚至系统崩溃，这就需要利用有效的大数据安全技术，进行安全风险的检测、分析，并采取相应的防御技术。

三、工业控制网和工业互联网安全

1. 定义

（1）工业控制网的定义。工业控制网络是将工业控制系统连接在一起的通信网络，

---

①　物联网安全综述报告［EB/OL］. Newtol，https：//blog. csdn. net/m0_37888031/article/details/84537876.

实现工厂各生产流程和控制系统的网络化、自动化。它以具有通信能力的传感器、执行器、测控仪表为网络节点，以现场总线或以太网等作为通信介质，采用规范的协议实现开放式、数字化、多节点的通信，从而实现系统的测量控制任务。

（2）工业互联网的定义。工业互联网是满足工业智能化发展需求，具有低时延、高可靠、广覆盖特点的关键网络基础设施，是新一代信息通信技术与先进制造业深度融合所形成的新兴业态与应用模式。其本质是以设置、原材料、控制系统、信息系统、产品以及人之间的网络互连为基础，通过对数据的全面深度感知和大数据分析相结合进行合理决策，实现智能控制、优化运营和生产组织方式的变革，从而能更有效地发挥出各机器的潜能，提高生产力。工业互联网最显著的特点是能最大限度地提高生产效率，节省成本，推动设备技术的升级，提高效益。

《工业互联网安全框架》定义工业互联网三大体系是网络、平台、安全。网络体系是基础。工业互联网将连接对象延伸到工业全系统、全产业链、全价值链，可实现人、物品、机器、车间、企业等全要素，以及设计、研发、生产、管理、服务等各环节的泛在深度互联。平台体系是核心。工业互联网平台作为工业智能化发展的核心载体，实现海量异构数据汇聚与建模分析、工业制造能力标准化与服务化、工业经验知识软件化与模块化，以及各类创新应用开发与运行，支撑生产智能决策、业务模式创新、资源优化配置和产业生态培育。安全体系是保障。建设满足工业需求的安全技术体系和管理体系，增强设备、网络、控制、应用和数据的安全保障能力，识别和抵御安全威胁，化解各种安全风险，构建工业智能化发展的安全可信环境。

（3）工业控制网与工业互联网的关系。随着互联网技术逐步渗透到工业领域，工业控制系统越来越多地与互联网连接，互联网为工业控制系统带来巨大创造力和生产力，可以说实现了信息技术和现代工业的有机融合，它推动工业控制网逐步由封闭独立走向开放、由单机走向互联、由自动化走向智能化。

工业互联网离不开工业控制系统，可以说工业控制系统是工业互联网的核心。工业控制系统主要应用于石化、钢铁、电力、交通、制造业等诸多涉及国家关键信息基础设施的领域，其重要性可见一斑。近年来，针对工业控制系统的网络攻击日益猖獗，已由个人或者黑客团体发起的零星攻击，扩大为由国家支持的、有组织的攻击，这些网络攻击严重威胁着关键信息基础设施的正常运行，甚至是国家安全。因此，工业控制网络的安全是工业互联网安全的重要部分。

我国高度重视工业控制系统的安全，并发布多个指导性文件。[①]工信部先后发布《工业控制系统信息安全防护指南》（2016年10月）、《工控制系统信息安全事件应急管理工作指南》（2017年6月）、《工业控制系统信息安业全防护能力评估工作管理办法》（2017年8月）、《工业控制系统信息安全行动计划（2018—2020）》（2017年12月12日），为做好工业控制信息系统的安全保障奠定了坚实基础。

2. 工业控制网安全

由于工业控制网络的特殊性，其不同于其他信息系统，具体主要体现在可靠性、实时性、安全性、分布性、系统性五方面的需求。工业控制网络的可靠运行是安全生产的基础和前提；工业控制网络需要用较短的周期完成数据的实时采集、控制指令的下达，实时性要求高；工业控制网络不仅要保障生产过程稳定安全，还要具有抵抗网络攻击的能力；工业控制网络各部分模块分散在不同位置，在生产过程中各模块要求实时通信，因此其在空间位置和处理能力上均具有分布性；系统性要求高是由于工业控制网络在时间、空间、技术、管理上多个层面都有不同需求。

因此，保障工业控制网络的安全需要建立一套完整的工业控制系统防护体系。根据工信部发布的《工业控制网络安全防护指南》的建议，工控系统安全防护体系包括：工业控制信息安全管理、工业控制安全风险评估、工业控制网络安全防护以及相应的管理制度等，确保工业控制网络信息的安全。其中，本节简要介绍以下技术。

（1）工业控制网络协议安全防护技术。工业控制网络中各节点之间的通信通常采用的是工业控制系统专用的协议，这些协议较为复杂、封闭，尤其是设计时重在解决效率问题，也就是实现大规模分布式系统的实时运行，而忽略其他功能需求。例如常用的Modbus协议、Profinet协议等虽然保障了通信的实时性和可靠性，却忽视了认证、授权和加密等安全功能，所以存在较高的安全风险。在我国工业控制系统中，普遍采用用于过程控制的对象连接和嵌入技术（object linking and embe-dding for process control，OPC）的通信服务，而大量的OPC服务器往往使用弱安全认证机制，以及过时的认证授权服务。按照《工业控制网络安全防护指南》[②]的指导建议，工业现场应该采用指令级工业

① 全国信息安全标准化技术委员会秘书处.国内外工业控制系统信息安全标准及政策法规介绍［Z］.2012.

② 工业和信息化部.工业控制系统信息安全防护指南［EB/OL］.http：//www.miit.gov.cn/n1146285/n1146352/n3054355/n3057656/n3057672/c5338092/content.html.

防火墙，其要求可以深度解析 OPC 协议到指令级别，能够跟踪 OPC 服务器和 OPC 客户端之间协商的动态端口，实现最小化开放端口，实时监测操作指令，及时拦截和报警有安全问题的指令，实现 OPC 单向只读控制，这些安全措施可以极大提升基于 OPC 协议的工业控制网络的网络安全。

（2）安全事件关联分析与态势评测技术。工业控制网络安全态势分析技术首先是获取各种影响网络安全性的网络要素，采用分类、合并、关联等信息分析手段进行信息整合，之后对处理过的安全信息进行综合分析与评估，得到当前网络的安全状态信息，最后根据已有的网络安全状态信息预测未来的网络安全态势。不同于一般的态势感知技术，工业控制网络中广泛使用了工业防火墙、入侵检测系统、漏洞扫描系统、安全审计系统等安全设备，每种网络安全设备都会产生众多安全事件信息，其中会出现大量的重复报警和误报警。又由于工业控制网络的异构性和复杂性，网络安全事件呈现多样性。[①]因此，在信息分析和处理阶段，需要综合考虑网络安全事件的关联性进行数据预处理，去掉冗余的事件，降低误报警和漏报警概率，从而提高网络安全状态评估和预测的准确性和高效性。常用的关联分析方法有告警关联、因果关联、属性关联等。

3. 工业互联网安全

2017 年 11 月国务院发布了《关于深化"互联网＋先进制造业"发展工业互联网的指导意见》（简称《指导意见》），标志着我国工业互联网顶层设计正式出台，对于我国工业互联网发展具有重要意义。《指导意见》提出了打造网络、平台、安全三大体系，推进大型企业集成创新和中小企业应用普及两类应用，构筑产业、生态、国际化三大支撑，即"323"行动。[②] 2018 年是中国全面实施工业互联网建设的开局之年，开启了三年（2018—2020 年）工业互联网建设行动。

工业互联网迅速建设和发展的同时，安全问题越来越突出。近年来，针对工业领域的网络攻击和威胁日益加剧，例如，2010 年的"震网"病毒，2012 年的"火焰"，2014

---

① 李平，李程程．工业控制网络安全防御体系的关键技术研究［J］．中国管理信息化，2019（1）．

② 国务院．国务院关于深化"互联网＋先进制造业"发展工业互联网的指导意见［EB/OL］．新华网，http：//www.xinhuanet.com//politics/2017-11/27/c_1122018555.htm.

年的 Hevax 病毒，2015 年的乌克兰电力系统大规模断电，2018 年美国电网被入侵等[①]，给国家和用户安全造成了严重威胁。

安全是工业互联网发展的前提和保障，只有构建覆盖工业互联网各防护对象、全产业链的安全体系，完善满足工业需求的安全技术能力和相应管理机制，才能有效识别和抵御安全威胁，化解安全风险，进而确保工业互联网健康有序发展。

我国对工业互联网安全也极度重视，于 2019 年 7 月由十部委共同印发了《加强工业互联网安全工作的指导意见》（以下简称《安全指导意见》）[②]。在"互联网＋先进制造业"的新时代背景下，《安全指导意见》以全面保障工业互联网安全为出发点，对制度机制、技术手段、产业发展等方面制定相关目标，充分体现了工业互联网领域的统筹指导原则，依法构建科学严密规范的监管制度，最大限度地保障工业互联网的安全。《安全指导意见》正式颁布，是我国工业互联网安全体系建设的一个重要进步，意味着我国工业互联网安全建设进入到法治化、制度化、专业化的新阶段，标志着中国工业互联网安全体系基本形成。

同时，我国工业互联网的安全问题也比较突出，工业控制系统的复杂化、IT 化和通用化加剧了系统的安全隐患，潜在的更大威胁是我国工业领域综合竞争力不强，嵌入式软件、总线协议、工业控制软件等核心技术受制于国外，缺乏自主的通信安全、信息安全、安全可靠性测试等标准。

---

① 东北大学"谛听"网络安全团队 . 2018 年工业控制网络安全态势白皮书［EB/OL］. https：// www. freebuf. com/articles/ics-articles/196647. html.

② 工业和信息化部，教育部，人力资源和社会保障部，等 . 加强工业互联网安全工作的指导意见［EB/OL］. http：//www. miit. gov. cn/n1146285/n1146352/n3054355/n3057724/n3057728/c7280760/ content. html.

参考文献

1. 中共中央党史和文献研究院.习近平关于总体国家观论述摘编［M］.北京：中央文献出版社，2018.

2. 杨合庆.中华人民共和国网络安全法解读［M］.北京：中国法制出版社，2017.

3. 沈昌祥，左晓栋.网络空间安全导论［M］.北京：中国工信出版集团、电子工业出版社，2018.

4. 方滨兴.论网络空间主权［M］.北京：科学出版社，2017.

5. 马民虎.网络安全法律遵从［M］.北京：中国工信出版集团、电子工业出版社，2018.

6. 李雪峰.中国特色公共安全之路［M］.北京：国家行政学院出版社，2018.

7. 封化民，孙宝云.网络安全治理新格局［M］.北京：国家行政学院出版社，2018.

8. 中央电视台.互联网时代［M］.北京：北京联合出版公司，2015.

9. 鲁传颖.网络空间治理与多利益攸关方理论［M］.北京：时事出版社，2016.

10. 李艳.网络空间治理机制探索——分析框架与参与路径［M］.北京：时事出版社，2018.

11. 王艳.互联网全球治理［M］.北京：中央编译出版社，2017.

12. 马民虎.网络安全法适用指南［M］.北京：中国民主法制出版社，2018.

13. 王永为，廖根为.网络空间安全法律法规解读［M］.西安：西安电子科技大学出版社，2018.

14. 惠志斌.全球网络空间信息安全战略研究［M］.上海：世界图书出版公司，2013.

15. 北京邮电大学互联网治理与法律研究中心.中国网络信息法律汇编［M］.北京：中国法制出版社，2017.

16. 陈铁明. 网络空间安全实战基础［M］. 北京：人民邮电出版社，2018.

17. 李敏，卢跃生. 网络安全技术与实例［M］. 上海：复旦大学出版社，2013.

18. 中国网络空间研究院，中国网络空间安全协会. 网络安全技术基础培训教程［M］. 北京：人民邮电出版社，2016.

19. 郭宏生. 网络空间安全战略［M］. 北京：航空工业出版社，2016.

20. 程工，孙小宁，张丽，石瑾. 美国国家网络安全战略研究［M］. 北京：电子工业出版社，2015.

21. 中国网络空间研究院. 中国互联网 20 年发展报告［M］. 北京：人民出版社，2017.

22. 中国网络空间研究院. 中国互联网发展报告 2017［M］. 北京：中国工信出版社和电子工业出版社，2018.

23. 中国网络空间研究院. 中国互联网发展报告 2018［M］. 北京：中国工信出版社和电子工业出版社，2019.

24. 中国网络空间研究院. 世界互联网发展报告 2017［M］. 北京：电子工业出版社，2018.

25. 中国网络空间研究院. 世界互联网发展报告 2018［M］. 北京：电子工业出版社，2019.

26. 郭启全，等. 网络安全法与网络安全等级保护制度培训教程［M］. 北京：电子工业出版社，2018.

27. 沈昌祥. 信息安全导论［M］. 北京：电子工业出版社，2009.

28. 封化民. 保密管理概论［M］. 北京：金城出版社，2013.

29. P. W. 辛格，艾伦·弗里德曼. 网络安全：输不起的互联网战争［M］. 中国信息通信研究院译，北京：中国工信出版集团、电子工业出版社，2015.

30. 俞可平. 走向善治：国家治理现代化的中国方案［M］. 北京：中国文史出版社，2016.

31. 美国网络安全法［M］. 陈斌，等，译. 北京：中国民主法制出版社，2017.

32. Robert J. Domanski. 谁治理互联网［M］. 北京：中国工信出版集团，2018.

33. 刘建飞. 中国特色国家安全战略研究［M］. 北京：中共中央党校出版社，2016.

34. 钮先钟. 战略家［M］. 桂林：广西师范大学出版社，2003.

35. 王利明 . 人格权法新论 [M] . 长春：吉林人民出版社，1994.

36. 个人信息保护课题组 . 个人信息保护国际比较研究 [M] . 北京：中国金融出版社，2017.

37. 维克托 · 迈尔 – 舍恩伯格，肯尼思 · 库克耶 . 大数据时代：生活、工作与思维的大变革 [M] . 杭州：浙江人民出版社，2013.

38. 郎庆斌，孙毅，杨莉 . 个人信息保护概论 [M] . 北京：人民出版社，2008.

39. 沈昌祥，张鹏，李辉，等 . 信息系统安全等级化保护原理与实践 [M] . 北京：人民邮电出版社，2017.

40. 中国电子信息产业发展研究院 . 2017—2018 中国网络安全发展蓝皮书 [M] . 北京：人民出版社，2018.

41. 中国信息安全产品测评认证中心 . 信息安全理论与技术 [M] . 北京：人民邮电出版社，2003.

42. 陆国浩，朱建东，李街生 . 网络安全技术基础 [M] . 北京：清华大学出版社，2017.

43. 姚羽，祝烈煌，武传坤 . 工业控制网络安全技术与实践 [M] . 北京：机械工业出版社，2018.

44. 左晓栋，等 . 美国网络安全战略与政策二十年 [M] . 北京：电子工业出版社，2018.

45. 王世伟 . 论信息安全、网络安全、网络空间安全 [J] . 中国图书馆学报，2015（3）.

46. 王世伟，曹磊，罗天雨 . 再论信息安全、网络安全、网络空间安全 [J] . 中国图书馆学报，2016（9）.

47. 闫晓丽 . 网络治理的概念及构成要素 [J] . 网络空间安全，2018（5）.

48. 马振超 . 总体国家安全观：开创中国特色国家安全道路的指导思想 [J] . 行政论坛，2018（4）.

49. 刘跃进，范传贵 . "总体国家安全观" 提出之背后深意 [N] . 法制日报，2014–4–21（04）.

50. 张晓松，朱基钗 . 敏锐抓住信息化发展历史机遇 自主创新推进网络强国建设 [N] . 人民日报，2018–04–22（01）.

51. 阙天舒. 网络空间中的政府规制与善治：逻辑、机制与路径选择［J］. 当代世界与社会主义，2018（4）.

52. 约瑟夫·奈. 机制复合体与全球网络活动管理［J］. 汕头大学学报（人文社会科学版），2016（4）.

53. 王胜俊. 全国人民代表大会常务委员会执法检查组关于检查《中华人民共和国网络安全法》《全国人民代表大会常务委员会关于加强网络信息保护的决定》实施情况的报告——在第十二届全国人民代表大会常务委员会第三十一次会议上［J］. 中国人大，2018（5）.

54. 张宝山. 切实维护国家网络空间安全和人民群众合法权益——全国人大常委会网络安全"一法一决定"执法检查综述［J］. 全国人大，2017（23）.

55. 王比学. 共建安全平台 共享网络文明——全国人大常委会网络安全"一法一决定"执法检查侧记［N］. 人民日报，2017-12-13（18）.

56. 李艳，孙宝云，刘崇瑞. 英国网络安全人才培养机制及其对我国的启示［J］. 电子政务，2019（5）.

57. 卿斯汉. 关键基础设施安全防护［J］. 信息网络安全，2015（2）.

58. 顾伟. 美国关键信息基础设施保护与中国等级保护制度的比较研究及启示［J］. 电子政务，2015（7）.

59. 张超，马建光. 应对网络安全 俄罗斯网军加速成型［J］. 唯实，2014（1）.

60. 薄贵利. 论国家战略的科学化［J］. 国家行政学院学报，2016（2）.

61. 齐爱民. 论个人信息的法律保护［J］. 苏州大学学报，2005（2）.

62. 蒋坡. 公共事务管理活动中个人数据保护的法律问题研究［A］. 上海市行政法制研究所. 2004年政府法制研究［C］. 2004.

63. 胡馨予. 论"互联网＋政务服务"中的个人信息保护［J］. 河南社会科学，2018（6）.

64. 刘云. 欧洲个人信息保护法的发展历程及其改革创新［J］. 暨南学报（哲学社会科学版），2017（2）.

65. 宛玲. 国外个人数据保护官的概念、职责与能力素质［J］. 图书情报工作，2018（17）.

66. 黄建军. 从体制与制度关系看经济体制概念［J］. 江西财经大学学报，2001（1）.

67. 汪玉凯．中央网络安全和信息化领导小组的由来及其影响［J］．中国信息安全，2014（3）．

68. 左晓栋．由《国家信息化发展战略纲要》看我国网络安全顶层设计［J］．汕头大学学报（人文社会科学版），2016（4）．

69. 郭启全．深化国家信息安全等级保护制度 全力保卫国家关键信息基础设施安全［J］．网络安全技术与应用，2016（9）．

70. 陈剑勇．网络安全技术发展趋势研究［J］．电信科学，2007（2）．

71. 卢文杰．网络安全主动防御技术［J］．网络安全技术与应用，2015（4）．

72. 陆首群．中国互联网口述历史 互联网在中国迈出的第一步［J］．汕头大学学报（人文社会科学版），2016（4）．

73. 许祎玥，陈帅，方兴东．信息社会世界峰会的演进历程及发展现状［J］．汕头大学学报（人文社会科学版），2017（7）．

74. 何增科．理解国家治理及其现代化［J］．马克思主义理论与现实，2014（1）．

75. 王浦劬．国家治理、政府治理和社会治理的含义及其相互关系［J］．国家行政学院学报，2014（3）．

76. 王利明．法治：良法与善治［J］．中国人民大学学报，2015（2）．

77. 孔伟艳．制度、体制、机制辨析［J］．重庆社会科学，2010（2）．

78. 赵理文．制度、体制、机制的区分及其对改革开放的方法论意义［J］．中共中央党校学报，2009（5）．

79. 全国信息安全标准化技术委员会．大数据安全标准化白皮书［EB/OL］．中国电子技术标准化研究院．http：//www.cesi.ac.cn/201804/3789.html.

80.《国家网络空间安全战略》全文［EB/OL］．国家互联网信息办公室，http：//www.cac.gov.cn/2016-12/27/c_1120195926.htm.

81. 关键信息基础设施网络安全产业发展研究报告［EB/OL］．搜狐网，http：//www.sohu.com/a/282793922_465915.

后 记

网络空间安全是一个新兴学科。2015年，为实施国家安全战略，加快网络空间安全高层次人才培养，我国在"工学"门类下增设"网络空间安全"一级学科，学科代码为"0839"，授予"工学"学位。2016年，29所高校获得首批网络空间安全一级学科博士学位授权资格，此后，越来越多的高校积极加入网络空间安全学科队伍，其中包括笔者所在的北京电子科技学院。北京电子科技学院隶属于中共中央办公厅，是一所为全国各级党政机关培养信息安全和办公自动化专门人才的普通高等学校，拥有网络空间安全一级学科学术型硕士授权点。我们是一群以文科背景为主的教师，从研究网络安全法律法规入手，逐步深入到网络安全体制、机制和政策领域，并开展网络安全人才队伍建设的系统研究，我们发现，在网络空间安全一级学科建设中，文科教师同样可以找到用武之地并大有作为。

本书是集体智慧的结晶，团队成员包括孙宝云、漆大鹏、张臻、李波洋、李艳、于洁、刘崇瑞、黄雨薇、刘飔9人。历时两年时间，经过多次修改，终于完成了本书的撰写任务，具体分工如下：

孙宝云：前言、第一章、第三章、第六章（与漆大鹏合作）、后记

漆大鹏：第五章、第六章（与孙宝云合作）

张臻：第二章

李波洋：第四章

李艳：第七章

于洁：第八章

刘崇瑞：第九章

黄雨薇、刘飔：第十章

感谢北京电子科技学院领导对团队研究工作的支持。在学院明确"专而特""专

而精""专而优"的发展理念后，团队找到了与专业契合的特色研究方向，年轻教师有了奋斗的动力。感谢学院各级管理部门的领导和老师们的帮助，尤其是科研处和财务处的领导和同事，从课题立项，到调研申报，再到出版审批，每当我们遇到困难的时候，他们总是及时伸出援手，感恩学术攀登的道路上有他们倾力相助。

特别感谢团队的全体老师，这是一支非常年轻的团队，在时间紧、任务重、各种研究课题叠加的情况下，年轻的教师们没有气馁，以饱满的热情、高质量完成了本书的撰写任务，给奋斗中的作者们点赞。

最后，衷心感谢周长春教授、谢四江教授、周韩处长在本书出版审查过程中给予的大力帮助。特别感谢国家行政管理出版社和本书责编为这本教材的顺利出版付出的很多努力。

囿于学识所限，书中的疏漏、错误之处，尚祈各位专家、同人批评指正！

孙宝云
2019 年 12 月